全国高校安全工程专业本科规划教材

安全工程概论

（第二版）

教育部高等学校安全工程学科教学指导委员会组织编写

主　编　王凯全

副主编　毕海普　纪　虹

中国劳动社会保障出版社

图书在版编目(CIP)数据

安全工程概论/王凯全主编. -- 2版. -- 北京：中国劳动社会保障出版社，2022
全国高校安全工程专业本科规划教材
ISBN 978-7-5167-5493-1

Ⅰ. ①安… Ⅱ. ①王… Ⅲ. ①安全工程-高等学校-教材 Ⅳ. ①X93

中国版本图书馆 CIP 数据核字(2022)第 174024 号

中国劳动社会保障出版社出版发行
（北京市惠新东街 1 号 邮政编码：100029）
*
三河市华骏印务包装有限公司印刷装订 新华书店经销
787 毫米×960 毫米 16 开本 20.5 印张 356 千字
2022 年 10 月第 2 版 2022 年 10 月第 1 次印刷
定价：50.00 元

营销中心电话：400-606-6496
出版社网址：http://www.class.com.cn

内 容 提 要

本书以系统安全工程为理论基础，以能量意外释放的事故致因为分析主线，概括性阐述了安全工程的基本思想、基本知识，从化工、建筑、机械、电气以及道路交通运输等方面介绍了预防事故的基本原理和基本技术。

全书共分为七章。第一章介绍了安全与事故的基本概念，分析了能量、危险源与事故的关系；第二章介绍了安全工程的基本概念和系统框架、功能模式及其系统分析技术；第三章简要介绍了火灾、爆炸和毒害品的基本概念，分析了火灾、爆炸和毒害品的特点及危害，阐述了火灾、爆炸和中毒事故的原因；第四章介绍了建筑事故的成因和建筑事故的类型，分析了建筑施工常见事故的预防对策以及建筑物本体事故的预防方法；第五章分析了机械能意外释放的原因及其危险性，介绍了机械类事故的预防和控制技术；第六章分析了电能释放的危险性，介绍了供电系统事故的预防和控制技术以及防止静电、雷电事故的技术措施；第七章说明了交通事故发生的机理，介绍了保障交通安全，实现人、车、道路环境三要素安全可靠的主要技术。

本书强调知识的完整性、章节的独立性以及内容的实用性，各章均配有学习目标、小结和复习思考题，可供从事安全工程技术及管理的人员使用，也可供非安全工程类专业高校师生学习和参考。

前　言

安全是人类生存的基本条件，也是人类生产活动中必须解决的关键问题。从这个意义上说，人类生存与生产的发展史就是消灭和克服所面临的危险因素，预防和控制各类意外事件的奋斗史。

人类在认识世界和改造世界的进程中，伴随着对安全的不懈追求，积累了大量预防和控制各类意外事件的经验教训，形成了一系列对策、手段、方法、措施，构成了保障人类生存和生产的安全工程，并因此建立了“安全工程技术科学”（简称安全工程）学科。

安全工程学科的生命力在于其鲜明的实践特征。安全工程学科因人类的安全需求而诞生，就必然要以解决实践中的安全问题为目标，安全工程既是一门抽象的理论学科，更是一项具体的工程技术。“实践——认识——再实践——再认识”是安全工程发展之道，也是安全工程从业者的基本遵循。

系统安全工程是指导安全工程的理论基础。系统安全工程运用系统论、风险管理理论、可靠性理论和工程技术手段辨识系统中的危险源，评价系统的危险性，并采取控制措施使其危险性最小，从而使系统在规定的性能、时间和成本范围内达到最佳的安全程度，清晰地概括了任何具体的安全工程所应遵循的设计目标、逻辑程序和实施步骤。

能量意外释放理论是实施安全工程技术措施的重要依据。能量意外释放理论从事故发生的物理本质出发，深刻阐述了事故是一种不正常的或不希望的能量向人身或物体的释放和转移，明确指出了人们防止伤害事故就是防止能量意外释放，防止人体（或需要保护的财产、设备等）接触能量。

基于以上认识，本书以系统安全工程为基础，以能量意外释放事故致因分析为主线，以指导安全工程实践为目的，概括性地阐述了安全工程的基本原理和逻辑路线，分章介绍了各主要工程领域危险源特征和预防能量意外释放事件的基本技术。

作为通论式的著作，本书注重将具有普遍意义的安全工程原理与解决具体的工程领域安全问题相结合，既突破了以行业安全工程（如化工安全工程、建筑安全工程、矿山安全工程等）为内容的分块式编章带来的安全工程知识局限及不成系统的欠缺，又克服了以事故外在表现（如防火防爆、压力容器安全、电气安全、通风除尘等）为内容的分点式编章带来的知识零散、互不联系的弊端。另外，考虑交通安全日益得到社会的重视，且已被列入国家注册安全工程师考试内容，本书用专章予以介绍，以期使读者或学生较系统全面地、较逻辑清晰地掌握安全工程与技术的核心和精髓，达到安全工程师的基本知识水平。

作为工程类本科的专业基础课教材，本书突出了对工程素质的培养。书中适当介绍了近年来国内外安全工程新进展、行之有效的安全工程新经验，并配以事故案例，以反映学科发展的最新成果；书中既保留了相对成熟的理论和专业技术知识，又反映了前沿学术动态和先进技术及交叉学科技术，以满足不同专业教学的需要；书中各章前后分别编排学习目标、习题和思考题，并配备教学课件，以方便学生学习。

本书是以2010年版《安全工程概论》为基础，经较大幅度的修编撰写的。其中，常州大学王凯全编写第一章、第二章、第七章，毕海普编写第三章，袁雄军编写第四章，杨克编写第五章，纪虹编写第六章，王柏林也参与了编写，全书由王凯全统稿。

在教材编写过程中，参考、引用了大量国内外文献资料，在此向文献作者们表示诚挚的谢意。由于编者水平有限，书中不当之处在所难免，敬请批评指正。

编　者

2021年8月

目　录

第一章 绪论

本章学习目标

1. 掌握安全、危险和风险的概念，事故的基本概念及其特性，能量、两类危险源与事故的关系，危险源与事故和事故隐患的关系；熟悉防止能量意外释放的基本知识。

2. 了解工程及其负效应，安全工程及其属性、思维基础；掌握安全工程的基本原则；熟悉“安全工程技术科学”的学科内涵及其在安全科学技术学科中的地位。

第一节 安全、危险与风险

一、安全

1. 安全的概念

“无危则安，无损则全”。安全，一般被认为是不至于对人的身体造成伤害、精神构成威胁和使财物导致损失的状态。

安全是人类生存与发展活动中永恒的主题，也是当今乃至未来人类社会重点关注的重要问题之一。人类在不断地发展进化的同时，也一直与生存发展活动中所存在的安全问题进行着不懈的斗争。人类社会的发展史在某种意义上也可以看成是解决安全问题的奋斗史。

随着对安全问题研究的逐步深入，人们越来越清醒地意识到，“无危则安，无损则全”不是安全的科学定义。这是因为，绝对“无危、无损”的状态只是主观上的理想，任何生产、生活过程都存在一定的危险性。另外，所谓“无危、无损”的状态是个模糊的概念，不能用科学的定量标准来衡量。

最先赋予安全一个较为科学解释的是美国安全工程师学会（ASSE）。在其编写的《安全专业术语辞典》中认为：安全是“导致损伤的危险度是能够容许的、较为不受损害的威胁和损害概率低的通用术语”。著名安全专家 A. 库尔曼在《安全科学导论》中进一步指出：“安全的定义包含着危险和危急所引起的可能的损害不会发生的可信程度。”日本著名安全专家井上威恭指出：“安全是指判明的危险性不超过允许的限度。”

总之，安全是指在生产、生活系统中，能将人员伤亡或财产损失的概率和严重程度控制在社会可接受危险度水平之下的状态。

这一概念的科学价值在于，运用客观、严谨的数学语言来量化地表述安全这一抽象、模糊的概念。基于“危险无处不在”这个基本认识，将可量化的安全指标引入主观世界与客观世界的对立统一关系之中，以“损失的概率和严重程度”来表达客观系统的危险性，而以“社会可接受危险度水平”来表达人们主观上的安全标准，通过辨识、评价这些可以量化的指标值，在主观标准与客观状态的比较中确定系统的安全程度，从而使安全成为可以系统化和公式化的知识，安全也因此成为一门科学。

这一概念的工程技术价值在于，面对一个个具体的安全工程问题，可以通过运用各种数学方法和工程检测手段来量化测定该系统中的危险因素、识别其安全程度，量化地分析和预测各类可行对策措施及其效果，实施可靠、有效的工程技术措施，从而为解决安全工程问题、实现系统化的安全目标提供科学理论指导的解决方案。

2. 安全的特征

安全的科学概念蕴含着以下基本特征。

（1）安全是主观和客观的统一

安全是人们对客观系统危险性的认识程度及主观上对其容忍程度的综合反映。作为客观存在，系统中的危险因素引发的事故在何时、何地、以何种方式发生，造成何种恶果，有其自身的运动规律；作为对客观存在的主观认识，系统的危险性及其运动规律需要人们通过研究事故发生的条件和统计数据来认识。事故发生概率和损害程度的增加或（和）人们内心对事故的容忍程度降低都会产生不安全的感觉，而“实事求是”是正确认识系统安全程度、准确掌握客观系统危险规律的关键。

（2）安全是相对的

这不但体现在主观认识和客观实际的相对性上，还表现在系统危险因素和人们安全需求的相对性上。世界上任何系统都包含有不安全的因素，都具有一定的危险性，没有任何系统是绝对安全的。“安全的”系统并不意味着已经杜绝了事故和事故的损失，不可能是“事故为零”的极端状态，而是事故发生的可能性相对较低，事故损失的严重性相对较小。安全的相对性源于客观系统危险因素的发展变化和人们对客观系统危险因素及其发展再认识的深化。安全需要人们不断克服系统中的危险因素，追求相对“更高的安全程度”。

（3）安全需要以定量分析为基础

从安全的科学概念可知，安全的定量分析（又称为风险分析）涉及三个重要指标，即系统事故发生的概率、事故损失的严重度、可接受的危险水平。为了确认系统安全程度，人们必须首先确定系统事故发生的概率及其损失的严重度，再与可接受的危险水平相比较；为了实现系统安全，人们需要针对损失发生的概率及其严重度，有重点地采取控制、降低事故概率和损失严重度的措施。可以说，安全定量分析的准确程度，决定了安全对策措施的有效程度。

3. 系统安全

安全科学的价值在于应用。安全概念运用于具体生产、生活实践中，不再是抽象的解释，而是针对某一特定系统的安全实践，是实现该系统安全性的过程。

系统安全就是指在特定的系统生命周期内应用系统安全工程和系统安全管理方法，辨识系统中的隐患，并采取有效的控制措施使其危险性最小，从而使系统在规定的性能、时间和成本范围内达到最佳的安全程度。

系统安全是人们为解决系统的安全性问题而研究出来的安全理论、方法体系，是系统工程与安全工程结合的完美体现。系统安全的基本原则就是在一个新系统的构思阶段就必须考虑其安全性的问题，制定并执行安全工作规划（系统安全活动），属于事前分析和预先的防护，与传统的事后分析并积累事故经验的思路截然不同。系统安全活动贯穿于整个系统生命周期，直到系统报废为止。

简单地说，系统安全就是某系统在功能、时间、成本等规定的条件下，实现人员和设备所受到的伤害和损失为最少的理论和方法。

二、安全与危险

1. 危险

危险是安全的对立状态。危险是指在生产、生活系统中一种潜在的，致使人员伤亡或财产损失的不幸事件（即事故）发生的概率及其严重度超出可接受水平的状态。危险发生的概率是指危险发生（转变）事故的可能性即频度或单位时间危险发生的次数；危险的严重度或伤害、损失或危害的程度则是指每次危险发生导致的伤害程度或损失大小。

2. 安全与危险的关系

由于安全是相对的，任何系统都存在着一定的危险性。那么，假定系统的安全性概率为 S，危险性概率为 R，则有：

$$S=1-R \tag{1-1}$$

显然，R 越小，S 越大；反之亦然。若在一定程度上消减了系统的危险，就等于创造了安全。当危险性小到可以被接受的水平时，就可以认为系统是安全的。

安全性与危险性的关系可以参照图 1-1 来说明。其中，左右两端的圆分别表示系统处于绝对危险或绝对安全状态。任何实际系统都不可能绝对安全或绝对危险，总是处于两者之间，具有一定的危险性和一定的安全性，可以用介于左右两圆中的一条垂线表示，垂线的上半段表示其安全性，下半段表示其危险性。当实际系统处于“可接受的危险水平”线（图中虚线）的右侧时，这样的系统被认为是安全的。

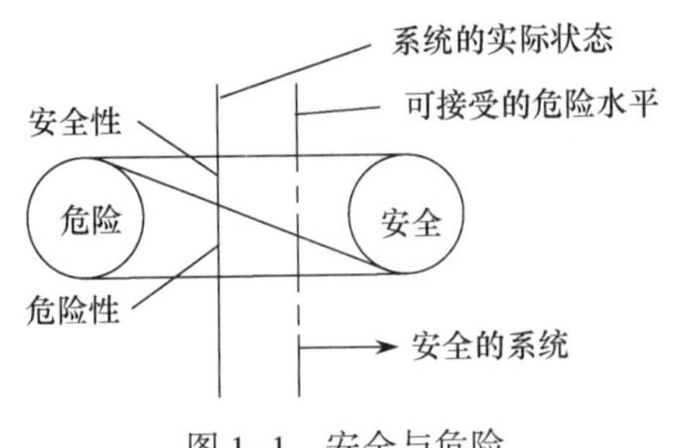

图 1-1　安全与危险

3. 安全领域的基本矛盾

通常，客观系统的危险性是不断增长的。一方面，生产活动在创造物质财富的同时带来大量不安全不卫生的危险因素，并使其向深度和广度不断拓展，增加了发生火灾、爆炸、毒物泄漏、空难、原子辐射、大气污染等事故的可能性；另一方面，技术进步使生产的集中度和关联度提高，一旦发生事故，其影响范围和严重程度也有所增加。因此，在图 1-1 上表现为客观系统的实际状态有向左方（即危险方向）移动的趋势。

同时，人们对客观系统危险性的承受能力是不断降低的。人们在满足了基本生活需求之后，不断追求更安全、更健康、更舒适的生存空间和生产环境。人类对安全目标的向往和努力具有永恒的生命力。因此，在图 1-1 上表现为社会可接受的危险水平有向右方（即安全方向）移动的趋势。

危险因素的持续增多和人们对各类灾害在心理、身体上承受能力的持续降低构成了安全领域的一对基本矛盾。在这对矛盾中，后者是人类进步的表现，无可厚非；而前者则是安全工作者要认真研究的主要矛盾方面。安全工作的艰巨性在于既要不断深入地控制已有的危险因素，又要预见并控制可能和正在出现的各种新的危险因素，以满足人们日益增长的安全需求。

三、安全与风险

1. 风险

风险也是安全的对立状态。风险既有危险的含义，还有不安定、不确定的成分，与危险相比，风险的内涵更加宽泛。针对系统的不同状态以及人们对系统的认识程度，风险被理解为以下几个方面。

（1）风险是描述系统危险性的客观量

当系统的可知性和可控性较强时，风险是不幸事件将要发生，且后果可以预见的状态。根据国际标准化组织的定义，风险是衡量危险性的指标，是某一有害事故发生的可能性与事故后果的组合。

（2）风险是损失的不确定性

当系统的可知性和可控性较弱时，风险是不幸事件发生的不确定、发生后出现何种损失事先难以预知的状态。美国学者威特雷认为，风险是关于不愿意发生的事件发生的不确定的客观体现。具体地说，风险是客观存在的现象，风险的本质与核心具有不确定性，风险事件是人们主观所不愿发生的。社会、经济系统是可知性和可控性较弱的自在系统，其风险更多地被理解为损失的不确定性。

以上两种风险概念的共同点在于都将风险看成是可能发生，且可能造成损失后果的状态。这时的风险，造成的结果只有损失的机会，而无获利的可能，称为纯粹风险。

（3）风险是危险和机遇伴生的状态

与纯粹风险相对应的是投机风险。投机风险是指既可能产生收益也可能造成损失的不确定性。经济系统的某些风险，其结果可能出现损失（危）和获利（机）的根本区别，以致危险和机遇并存，如投资、炒股、购买期货等。

作为安全工程主要研究对象的工业生产系统，是具有较强可知性和可控性的人为系统，因此，安全生产系统的风险是描述系统危险性的客观量。

安全生产系统所涉及的风险，理论上只能是纯粹风险，因为系统的危险性只存在造成事故损失结果的可能性，没有任何“好处”。但是在实践中却可能存在投机风险性质。例如，为预防和控制事故所付出的安全投入，是用实在的资金支出换取事故发生概率的降低，具有节省支出也可能不出事故的性质；违章操作具有发生事故的危险和作业便捷的诱惑。为了防止生产过程中的事故，必须努力防止和杜绝风险的投机性质。例如，落实安全投入法律法规，开展企业安全设施审查，加大处罚力度，提高违章成本等。

2. 风险的定量描述

风险与危险的区别在于风险是对系统危险的定量化描述。风险使系统危险状态得以定量化表达，相应地，也就实现了系统安全状态的可测性以及安全技术措施效果的可衡量，因此风险是科学意义上的危险。

（1）风险值

由于风险的大小 R 取决于不幸事件发生的概率 P 和事件后果的严重度 C 这两个属性不同的物理量，因此采用两者的逻辑乘积（表示两个因素要综合考虑）来评价，即：

$$R=P\times C \tag{1-2}$$

在安全生产领域，人们认识风险和管理风险的目的是要限制系统中客观存在的各种潜在的危险因素，使之趋于极小化，以提高系统的安全性。具体措施就是要降低不幸事件发生的概率，控制其可能造成的恶果。

由于式 1-2 不能以两因素乘积的直接结果来评估系统的风险，人们通常采用风险矩阵和风险矩阵图来表达风险的大小。

（2）风险矩阵

风险矩阵通常以严重度 C 为列、概率 P 为行构成，兼顾两者的大小确定风险的等级。典型的风险矩阵见表 1-1。对于具体生产系统存在的危险因素，可以在辨识、分析的基础上，根据表 1-1 中左侧第 1 列定性或定量确定其危险概率等级，再根据表 1-1 中下侧第 1 行定性或定量确定其危险严重程度等级，从而在风险分类区域找到该危险因素的风险类别。例如，某项危险因素很可能导致发生紧急程度的事故，对照表 1-1，是需要采取措施的风险。

（3）风险矩阵图

风险矩阵图是一种有效的风险管理工具，可用于分析系统风险的大小和分布。通常以严重度 C 为横轴，概率 P 为纵轴，建立直角坐标系来表达风险的大小。由

表 1-1　　风险矩阵

危险概率等级		风险分类			
定量	定性				
$y\times10^{-2}$/年	频繁	无法容忍	无法容忍	需要采取措施	需要采取措施
$y\times10^{-3}$/年	很可能	无法容忍	需要采取措施	需要采取措施	需要采取措施
$y\times10^{-4}$/年	偶然	需要采取措施	需要采取措施	需要采取措施	可以容忍
$y\times10^{-5}$/年	远期	需要采取措施	需要采取措施	可以容忍	可以容忍
$y\times10^{-6}$/年	不太可能	需要采取措施	可以容忍	可以容忍	可以忽略
$y\times10^{-7}$/年	难以置信	可以容忍	可以容忍	可以忽略	可以忽略
x，y 系数可根据应用需要调整		灾难	紧急	边缘	无关紧要
		$x\times10^{-1}$	$x\times10^{-2}$	$x\times10^{-3}$	$x\times10^{-4}$
		危险严重程度等级			

于风险严重度 C 和概率 P 都具有不确定性，因此在风险矩阵图上，通常以区块表示风险的大致位置，并由大到小分别涂以红色、橘红色、黄色、绿色。

显然，距离原点较远的区块风险值较大。根据风险是安全的对立状态的定义，在风险矩阵图上可按照距原点的距离划分出风险可接受区、ALARP（as low as reasonable practical，安全风险处在最低合理可行状态）区以及风险不可容忍区，并以此确定风险的对策措施。

典型的风险矩阵图如图 1-2 所示。

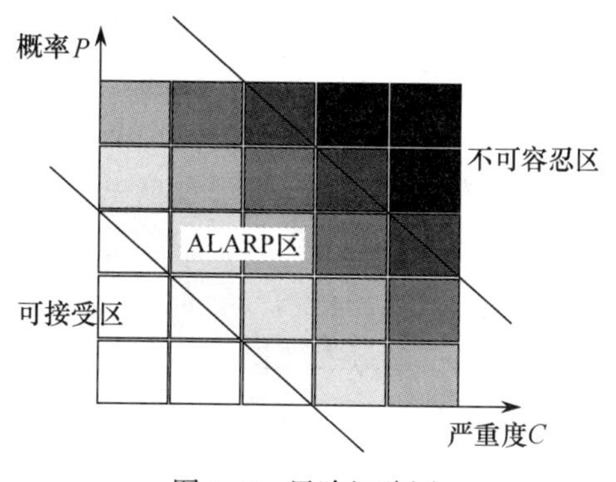

图 1-2　风险矩阵图

第二节　事故与能量

一、事故

1. 事故的概念

事故是指在生产活动中，由于人们受到科学知识和技术力量的限制，或者由于认识上的局限，当前还不能防止，或能防止但未有效控制而发生的违背人们意愿的事件序列。事故的发生，可能迫使系统暂时或较长期地中断运行，也可能造成人员伤亡和财产损失（又称为损伤），或者二者同时出现。

事故的概念具有以下含义。

（1）事故是系统内外部因素耦合作用的结果

任何生产活动都存在人流、物流和信息流之间的相互作用，其消极影响导致了人——机——环系统发生违背人们意愿的恶化，以致发生各类事故。人流的原因包括人本身的缺陷，知识、技能和管理的缺陷；物流的原因包括生产资料、劳动资料以及作业环境和自然环境等方面的缺陷；信息流的原因包括知识、技能、技术、法律及法规、管理制度、文件及其交流等方面的缺陷。将安全管理和事故防范的视野聚焦在对系统内外部因素耦合作用的预防上，有利于提高对事故防范的自觉性、有效性。

（2）事故是经历了动态发展的事件序列

事故不是一个独立的意外事件，事故的发生经历了隐患、故障、偏差直至事故触发的过程，事故的发展也经历了事故触发——事故萌芽——事故初发——事故扩大——事故发展——事故结束——系统恢复等阶段。事故发生、发展的过程和阶段是承前启后、互为因果的事件链。对事故不但要预防其发生，而且要控制其发展，针对整个事件链上采取措施，消除触发条件、遏制其萌芽、扑灭其初发、控制其发展、严防其扩大。从系统的宏观角度，动态、全面地研究和认识事故的规律，有利于在安全生产的实践中，全方位、全过程地提出解决安全问题的途径和方法，使事故的预防和控制措施更全面、更精准。

（3）事故是具有未遂、损伤等多种后果的意外事件

通常人们只把损伤事故（即产生直接的人员伤亡和财产损失后果的事故）当成事故看待，而轻视对未遂事故（即未产生直接的人员伤亡和财产损失后果的事故）的预防，这不但在认识上是错误的，对事故的预防也是不利的。美国安全工

程师海因里希从数万次事故的统计中得到著名的1∶29∶300法则，即未遂事故是事故的主要表现形式，损伤事故仅占10%左右，且具有随机性。因此，不重视对未遂事故的预防，不从大量未遂事故中探究其规律，就不可能有效地预防和控制事故。将一切非人们期望的、系统暂时或永久性中断的现象都作为事故看待，以减少未遂事故为起点分析事故原因、排查事故隐患，扩大事故管理的范围，才能实现本质化安全。

（4）事故的根本原因在于系统的缺陷

任何事故都不单是直接因素（即不安全行为和不安全状态）导致的，更存在着系统的缺陷。传统的事故调查仅注重分析事故的直接原因，仅追究事故中个人的责任，往往缺乏对事故深刻根源的挖掘和对系统整体缺陷的探究，因此，难以从根本上认识事故和预防事故，也难以避免同类事故的重演。正确的事故分析要以识别不安全行为、状态和事故演化过程为起点，研究为什么这个行为会在系统中发生、为什么这种状态会在系统中存在、为什么事故会如此演化，通过消除系统的这些缺陷，从根本上做到长期、有效地预防、减少和控制事故。

2. 事故的特征

事故具有因果性、随机性、潜伏性等特征。

（1）因果性

事故的因果性首先是指事故因果的关联性，即一切事故的发生都是有其原因的，这些原因就是潜伏的危险因素。事故因果性还表现在事故过程的继承性，即事故第一阶段的结果可能是第二阶段的原因，而第二阶段的结果又可能是第三阶段的原因。如具有可燃、可爆炸、有毒的化工物料发生泄漏这样一类潜在的危险因素1，就可能造成火灾2、爆炸3、毒害4事故，其因果关系如图1-3所示。

因果性说明事故的原因是多层次的。有的原因与事故有直接联系，有的则有间接联系，绝不是某一个原因就可能造成事故，而是诸多不利因素相互作用促成事故。因此，不能把事故原因归结为一时或一事，而应在识别危险时对所有的潜在因素（包括直接的、间接的和更深层次的因素）都进行分析。

事故的因果性还表现在事故从其酝酿到发生、发展具有一个演化的过程。事故发生之前总会出现一些可以被人们认识的征兆，人们正是通过识别这些事故征兆来辨识事故的发展进程，控制事故，化险为夷。事故的征兆是事故爆发的量的积累，表现为系统的隐患、偏差、故障、失效等，这些量的积累是系统突发事故和事故后果的原因。认识事故发展过程的因果性既有利于预防事故，也有利于控制事故后果。

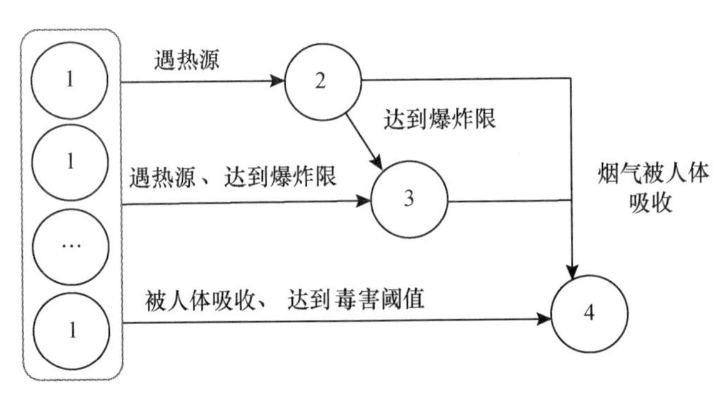

图 1-3　化工事故的因果关系

（2）随机性

事故的随机性是指事故的发生是偶然的。同样的前因事件随时间的进程导致的后果不一定完全相同。事故的发生服从于统计规律，可用数理统计的方法对事故进行分析，从中找出事故发生、发展的规律，认识事故，为预防事故提供依据。

事故的随机性还说明事故具有必然性。从理论上说，若生产中存在着危险因素，只要时间足够长，样本足够多，作为随机事件的事故迟早必然会发生，事故总是难以避免的。

但是在偶然的事故中孕育着必然性，必然性通过偶然事件表现出来。安全工作者可以通过客观的、科学的分析，从随机发生的事故中发现其规律，通过持续不懈的努力，使系统的安全状态不断改善，使事故发生的概率不断降低，使事故后果严重度不断减弱。

（3）潜伏性

事故的潜伏性是指事故在尚未发生或还没有造成后果时，各种事故征兆是被掩盖的，系统似乎处于“正常”和“平静”状态。

事故的潜伏性使得人们认识事故、弄清事故发生的可能性及预防事故成为一项非常困难的事情。这就要求人们必须百倍珍惜已发生的事故，探索和总结事故规律，从中汲取经验教训；要求人们在任何情况下都要把安全放在第一位，消除盲目性和麻痹思想，居安思危，明察秋毫，做到常备不懈，防患于未然。

二、能量的危险性

1. 能量做功及其两重性

任何生产过程都是能量的转化或做功的过程。近代工业的发展起源于将燃料的化学能转变为热能，并以水为介质转变为蒸汽，然后将蒸汽的热能转变为机械能输送到生产现场。这就是蒸汽机动力系统的能量转换情况。电气时代是将水的势能或蒸汽的动能转换为电能，在生产现场再将电能转变为机械能进行产品的制造加工。核电站则是将原子能转变为电能。

能量转化和做功过程失去控制就可能引起事故，造成人员伤害或设备损坏。

（1）机械能

意外释放的机械能是导致事故时人员伤害或财物损坏的主要能量。机械能包括势能和动能。位于高处的人体、物体或结构的一部分相对于低处的基准面有较高的势能，发生意外释放时，则可能造成坠落、砸伤事故；运动着的物体都具有动能，意外释放并作用于人体，则可能发生车辆伤害、机械伤害、物体打击等事故。

（2）电能

意外释放的电能会造成各种电气事故。意外释放的电能可能使电气设备的金属外壳等导体带电而发生所谓的“漏电”现象。当人体与带电体接触时会遭受电击，电火花会引燃易燃易爆物质而发生火灾、爆炸事故，强烈的电弧可能灼伤人体等。

（3）热能

失去控制的热能可能灼烫人体、损坏财物、引起火灾。火灾是热能意外释放造成的最典型的事故。在利用机械能、电能、化学能等其他形式的能量时也可能发生热能的转化。

（4）化学能

化学能的危险性主要表现为危险物质的毒性、可燃性和可爆性。有毒有害的化学物质使人员中毒，是化学能引起的典型伤害事故。在众多的化学物质中，相当多的物质具有的化学能会导致人员急性、慢性中毒，致病、致畸、致癌。火灾中化学能可转变为热能，爆炸中化学能可转变为机械能和热能。

（5）电离及非电离辐射

缺乏防护的电离及非电离辐射将伤害人类。电离辐射主要指 α 射线、β 射线和中子射线等，它们会造成人体急性、慢性损伤。非电离辐射主要为 X 射线、γ 射线、紫外线、红外线和宇宙射线等射线辐射。工业生产中常见的电焊、熔炉等高温热源放出的紫外线、红外线等有害辐射会伤害人的视觉器官。

2. 能量意外释放事故致因理论

吉布森（Gibson，1961）、哈登（Haddon，1966）等人提出了能量意外释放事故致因理论。他们认为，事故是一种不正常的或不希望的能量释放并转移于人体。人们在利用能量的时候必须采取措施控制能量，使能量按照人们的意图产生、转换和做功。从能量在系统中流动的角度，应该控制能量按照人们规定的能量流通渠道流动。如果由于某种原因失去了对能量的控制，就会发生能量违背人的意愿的意外释放或逸出，使进行中的活动中止而发生事故。如果事故时意外释放的能量作用于人体，并且能量的作用超过人体的承受能力，则将造成人员伤害；如果意外释放的能量作用于设备、建筑物、物体等，并且能量的作用超过它们的抵抗能力，则将造成设备、建筑物、物体的损坏。

能量意外释放理论阐明了伤害事故发生的物理本质，指明了防止伤害事故就是防止能量意外释放，防止人体（或需要保护的财产、设备等物质）接触能量。根据这种理论，预防事故可以从两方面考虑：一是控制生产过程中能量在非控制下的流动、转换，以及不同形式能量非控制下的相互作用，防止发生能量的意外释放或逸出；二是采取针对人体（或需要保护的财产、设备等物质）的屏蔽措施，防止其与过量的能量或危险物质接触。

美国矿山局的札别塔基斯依据能量意外释放理论，调查伤亡事故原因，发现大多数伤亡事故都是因为过量的能量，或干扰与外界正常能量交换的危险物质的意外释放引起的。而且，过量能量或危险物质的释放几乎毫无例外地都是由于人的不安全行为或物的不安全状态造成的。即人的不安全行为或物的不安全状态使得能量或危险物质失去了控制，是能量或危险物质释放的诱因。在此基础上建立了事故因果连锁模型，如图 1-4 所示。

表 1-2 为人体受到超过其承受能力的各种形式能量作用时受伤害的情况。

表 1-2　　　　能量类型与伤害

能量类型	产生的伤害	事故类型
机械能	刺伤、割伤、撕裂、挤压皮肤和肌肉，骨折，内部器官损伤	物体打击、车辆伤害、机械伤害、起重伤害、高处坠落、坍塌、冒顶片帮、放炮、火药爆炸、瓦斯爆炸、锅炉爆炸、压力容器爆炸
热能	皮肤发炎、烧伤、烧焦、焚化、伤及全身	灼烫、火灾
电能	干扰神经-肌肉功能、电伤	触电
化学能	化学性皮炎、化学性烧伤、致癌、致遗传突变、致畸胎、急性中毒、窒息	中毒和窒息、火灾
电离辐射	破坏细胞和亚细胞成分与功能	反应堆事故，治疗性与诊断性照射粉尘

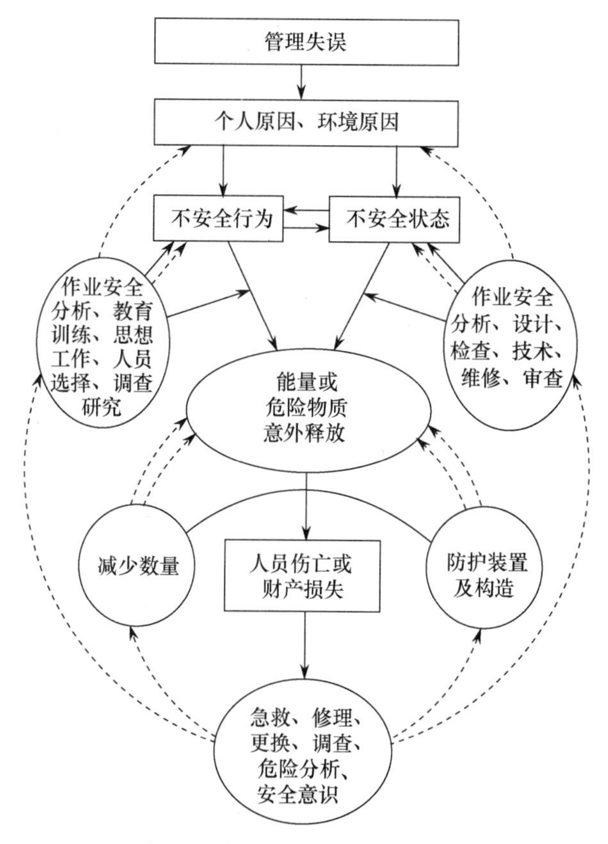

图 1-4 能量观点的事故因果连锁

第三节 两类危险源与事故

一、两类危险源

危险源即危险的根源，是可能导致人员伤害或财物损失事故的、潜在的不安全因素。由于系统中这些危险源的发展变化和相互作用，使能量发生了意外释放。根据危险源在事故发生、发展中的作用，可以划分为第一类危险源和第二类危险源两大类。

1. 第一类危险源

根据能量意外释放理论，事故是能量或危险物质的意外释放，作用于人体的过量的能量或干扰人体与外界能量交换的危险物质是造成人员伤害的直接原因。因此，把系统中存在的、可能发生意外释放的能量或危险物质称为第一类危险源。

一般地，能量被解释为物体做功的本领。做功的本领是无形的，只有在做功时才显现出来。因此，实际工作中往往把产生能量的能量源或拥有能量的能量载体作为第一类危险源来处理，如带电的导体、行驶的车辆等。

常见的第一类危险源有：

（1）产生、供给能量的装置、设备；

（2）使人体或物体具有较高势能的装置、设备、场所；

（3）能量载体；

（4）一旦失控可能产生巨大能量的装置、设备、场所，如强烈放热反应的化工装置等；

（5）一旦失控可能发生能量蓄积或突然释放的装置、设备、场所，如各种压力容器等；

（6）危险物质，如各种有毒、有害、可燃烧爆炸的物质等；

（7）生产、加工、储存危险物质的装置、设备、场所；

（8）人体一旦与之接触将导致人体能量意外释放的物体。

第一类危险源具有的能量越多，一旦发生事故其后果越严重。反之，第一类危险源处于低能量状态时会比较安全。同样，第一类危险源包含的危险物质的量越多，干扰人的新陈代谢越严重，其危险性也就越大。

2. 第二类危险源

在生产、生活中，为了利用能量，让能量按照人们的意图在系统中流动、转换和做功，防止其意外释放导致事故发生，必须采取约束、限制能量的措施，建立可靠的能量屏蔽系统。然而，绝对可靠的控制措施并不存在，在诸多因素的复杂作用下起约束、限制作用的能量屏蔽系统可能被破坏。各种导致能量屏蔽系统失效或破坏的不安全因素就是第二类危险源。

如前所述，札别塔基斯认为人的不安全行为和物的不安全状态是造成能量或危险物质意外释放的直接原因。从系统安全的观点来考察，使能量或危险物质的约束、限制措施失效、破坏的第二类危险源，除了人、物以外，还有环境、管理的因素。

（1）人的因素

人的因素主要表现为“人失误”。人失误是指人的行为的结果偏离了预定的标准，人的不安全行为可被看作人失误的特例。人失误可能直接破坏对第一类危险源的控制，造成能量或危险物质的意外释放。例如，合错了开关使检修中的线路带电，误开阀门使有害气体泄放等。人失误也可能造成物的故障，物的故障进而导致事故。例如，超载起吊重物造成钢丝绳断裂，发生重物坠落事故。

（2）物的因素

物的因素可以概括为物的故障。故障是指由于性能低下不能实现预定功能的现象，物的不安全状态也可以看作一种故障状态。物的故障可能直接使约束、限制能量或危险物质的措施失效而发生事故。例如，电线绝缘损坏发生漏电，管路破裂使其中的有毒有害介质泄漏等。有时一种物的故障可能导致另一种物的故障，最终造成能量或危险物质的意外释放。例如，压力容器的泄压装置故障，使容器内部介质压力上升，最终导致容器破裂。物的故障有时会诱发人失误，人失误有时也会造成物的故障，实际情况比较复杂。

（3）环境因素

环境因素主要是指系统运行的环境，包括温度、湿度、照明、粉尘、通风换气、噪声和振动等不良的物理环境，以及不良的企业和社会的软环境。不良的物理环境会引起物的故障或人失误。例如，潮湿的环境会加速金属腐蚀而降低结构或容器的强度；工作场所强烈的噪声影响人的情绪，分散人的注意力而发生人失误。

（4）管理因素

管理因素主要包括不良的企业的管理体制、管理制度、安全文化等。这些管理因素，影响或决定了人、物和环境因素的状态。

二、危险源与事故和事故隐患

1. 危险源与事故

事故的发生是两类危险源共同起作用的结果。一方面，第一类危险源的存在是事故发生的前提，没有第一类危险源就谈不上能量或危险物质的意外释放，也就无所谓事故；另一方面，如果没有第二类危险源使对第一类危险源的控制失效，也不会发生能量或危险物质的意外释放，第二类危险源的出现是第一类危险源导致事故的必要条件。

事故的发展也是两类危险源相互耦合的过程。第一类危险源在事故时释放出的能量是导致人员伤害或财物损坏的能量主体，决定事故后果的严重程度；第二类危险源出现的难易程度决定事故发生的可能性的大小。两类危险源共同决定危险源的危险性。图 1-5 为系统安全观点的事故因果链。

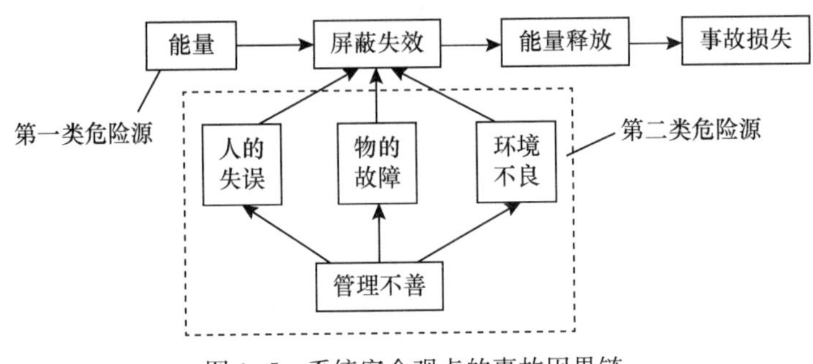

图 1-5　系统安全观点的事故因果链

在企业实际的安全管理工作中，由于第一类危险源已经在设计、建造时确定并采取了一定的控制措施，其数量和状态通常难以改变，因此，事故预防工作的重点是控制第二类危险源。

2. 危险源与事故隐患

隐患（hidden peril）是指隐藏的祸患。事故隐患即隐藏的、可能导致事故的祸患。

事故隐患包含在危险源的范畴之中，是危险源存在的基本方式，也是危险源与事故之间的必然节点。作为危险源存在的基本方式，可以通过查找系统中的事故隐患来辨识危险源，认清其所处的状态；作为危险源与事故之间的必然节点，可以通过治理系统中的事故隐患来预防事故，实现系统安全。

应该注意的是，如果在控制方面没有明显的缺陷，人们往往不把危险源当作隐患处理，在事故预防工作中可能被忽略，这对危险源控制是非常不利的。为了预防事故，查找、治理事故隐患是非常必要的，但是，为了控制系统中的危险源，仅此是不够的，因为事故隐患只是危险源的外在表现，是全部危险源中有明显问题的一部分，其余部分更隐蔽，可能更危险。

第四节　工程与安全工程

一、工程

1. 工程的概念

工程（engineering）是将自然科学的理论应用到具体工农业生产部门中形成的各学科的总称。工程是科学和数学的某种应用，通过这一应用，使自然界的物质和能源的特性能够通过各种结构、机器、产品、系统和过程，以最短的时间和最少的人力、物力做出高效、可靠且对人类有用的东西。于是工程的概念就产生了，并且逐渐发展为一门独立的学科和技艺，如机械工程、电子工程、控制工程、管理工程、石油工程、土木建筑工程、化工工程、核电工程、林业工程、通信工程、智能工程等各种工程领域。

工程具有以下属性。

（1）社会性

工程的目标是服务于人类，为社会创造价值和财富。工程的产物要满足社会的需要。所以工程活动的过程受社会政治、经济、文化制约，其社会属性贯穿工程的始终。

（2）创造性

工程的创造性是工程与生俱来的本质属性。在工程活动中，科学和技术综合应用于生产实践中，从而创造出社会效益和经济效益。

（3）综合性

工程的综合性一方面表现在工程实践过程中，必须综合应用科学和技术的各种知识，才能保证工程产出的质量和效率；另一方面也表现在工程项目实施过程中，除技术因素外，还应综合考虑经济、法律、人文等因素，才能保证工程能够获得最佳的社会效益和经济效益。

（4）科学性与经验性

遵循科学规律是保证工程顺利实施的重要前提。同时，为使工程能够达到预期效果，要求工程的设计和实施人员必须具备较为丰富的相关领域的实践经验。

（5）伦理约束性

工程的最终目的是造福人类，因此，为了确保工程的力量用于造福人类而不是摧毁人类，工程在应用过程中必须受到道德的监视和约束。

2. 工程的负效应

任何事物都具有两面性，工程项目在带给人们物质和精神利益的同时，也产生了许多负效应。工程的负效应是人们在设计、建造、使用、废弃各项工程过程中难以避免或没有意识到的，与预期效应相违背的，各种潜在的、不良的、有害的因素及其可能的恶果。

工程的负效应主要表现在以下方面。

（1）目的的偏离

这是指工程功能的偏离。工程在实现其特定功能的同时，可能出现了人们所不期望的事件。例如，煤矿在生产煤炭的同时，发生了瓦斯爆炸事故，这是人们不期望的。有时甚至工程本身功能还没有实现，就发生了人们所不期望的事件。例如，住宅楼还没有交付使用，就发生了整体倒塌；新机型在试飞过程中就发生坠毁事故等。

（2）技术的危害

技术从其产生至今，对社会经济发展所起的巨大作用是毋庸置疑的，正因如此，人们才不断开发技术和使用技术。但是，任何技术突破在带来福祉的同时也会带来负面效应。例如，化工生产技术的开发，使人们在获得更多化工产品的同时，带来更多火灾、爆炸的危险；汽车技术的发展，使人们出行更加便捷的同时，带来更多的交通事故。

（3）实体的隐患

作为实体的工程，在为人类生产、生存服务的同时，往往存在各种隐患，成为潜在的危险源。例如，三峡工程可能带来地质应力的恶化和泥沙沉积的隐患，西气东输工程可能发生天然气泄漏的危害等。

（4）群体的威胁

工程的群体性参与可能使工程的功能更快、更好地得以实现。但是，参与工程建造、使用、废弃的人员越多，工程目的偏离、技术危害、实体隐患等负效应影响的范围就越大。例如，各地纷纷开展化工园区建设工程，以促进地方经济的发展，但同时使化工事故发生的可能性和危害程度大大提高。工程功能群体受益可使社会广泛享受工程的成果，增加人们对工程的依赖。但是正因如此，一旦发生工程目的偏离、技术危害、实体隐患等负效应，很可能造成社会的危害。例如，随着城市自来水工程的发展，更多的居民饮水质量得到了保证，但若发生供水事故也可能造成大范围的恐慌。

工程及其负效应共生共存，任何工程技术人员在工程的设计、建造、使用、废弃等整个生命周期内都应顾及其两重性，以保证工程实现期望功能的同时，预防、避免、限制负效应因素的发生和发展。

著名的工业工程专家P．希克斯博士指出：“工业工程的目标就是设计一个生产系统及该系统的控制方法，使它以最低的成本生产具有特定质量水平的某种或几种产品，并且这种生产必须是在保证工人和最终用户的健康和安全的条件下进行。”显然，安全技术与管理知识对于一个工业工程师的重要性是不言而喻的。

二、安全工程

1. 安全工程及其属性

安全工程（safety engineering）是将安全科学的理论及其相关的自然科学、技术科学和管理科学的知识和成就，应用到人类生产、生活安全需要领域的学科。

安全工程的学科价值在于应用。安全工程的应用，是以其功能影响范围内生产、生活中发生的各种事故为主要研究对象，综合运用相关知识和技术，辨识和预测生产、生活中存在的各种危险、有害因素，并采取有效的控制措施防止其引发事故或减轻事故损失，为人员生命和健康免受伤害、设备和财产免遭损失，提供直接和间接的保障。

安全工程具有一般工程的共有属性。社会性表现在其基本功能是为人类安全生产、生活的社会需求提供安全保障；创造性表现在其防止事故发生或减轻事故损失的成果具有显著的社会效益和经济效益；综合性表现在安全工程的构建和运行需要综合运用安全科学等多学科知识和技术手段，兼顾经济、法律、人文等多因素，辨识和控制系统中存在的各种危险源，为生命和财产提供多重保护；科学性与经验性表现在安全工程师不但需要掌握安全科学技术知识、所在行业的专业知识，还要具有较丰富的工程技术和管理经验；伦理约束性表现在其始终以保障人民群众生命健康和财产安全，促进经济社会持续健康发展为目标。

安全工程也具有工程的负效应。其主要表现为，处于故障状态的、不可靠的安全工程，不但不能保障人身和财产安全，还可能麻痹人们的意识，如无水的消防系统、过期的灭火器等；而不安全的安全工程，甚至会带来新的事故隐患，如没有扣紧的安全带、失灵的刹车系统等。因此，任何安全工程都必须兼有自身安全和被保障系统安全的双重功能。为了及时、有效地预防、控制其功能影响范围内的危险源，实现对生命和财产的安全保障，安全工程必须克服自身的负效应，确保较高的安全、可靠度。绝不能因安全工程不可靠而影响其保障功能的实现，更不能因自身不安全而产生新的危险源。

2. 安全工程的思维基础

系统安全思想是安全工程的思维基础。系统安全（system safety）关键词是“系统”和“安全”，其寓意是“系统的”“安全”，即在系统观指导下的、系统全生命周期的、全局性的、协同的安全。

系统安全思想体现了科学的安全观和系统观的结合。表现在哲学上，是以整体性、辩证观去认识安全领域的客观世界；表现在工程实践上，是从事物之间相互联系的角度去改造不安全的客观世界。具体表现为著名的系统安全三命题。

（1）安全是相对的思想

系统安全思想认为，世界上任何事物都包含有不安全因素，具有一定的危险性，不可能彻底消除一切危险源和危险，安全意味着对系统危险性的容忍程度。因此，安全工程的目标不是（也不可能是）消除一切危险，而是要在主观认识能够真实地反映客观存在的前提下，整体上降低系统危险性的程度（即风险值），使其达到允许的安全限度。

（2）安全伴随着系统生命周期的思想

系统安全思想认为，由于安全是相对的，那么，安全工作就不应满足于阶段性或区域性的安全成果，而应追求贯穿于系统全要素的、贯穿生命周期的本质安全化。面对危险因素持续增长和人们承受能力持续降低的基本矛盾，要努力使系统在生命周期内始终保持可靠且稳定的安全品质特性、安全质量标准和完善的安全防护、救助功能，各要素始终处于最佳匹配和协调状态，系统安全状态始终处于动态的良性循环之中。

（3）系统中的危险源是事故根源的思想

系统安全思想认为，事故是系统危险源受到某些条件的触发导致的。因此，要实现系统本质安全化，就必须经常进行系统安全分析，辨识系统中显露或隐藏的、已知的或不被认识的、现存的或即将发生的各类危险源，堵漏洞、补短板，采取措施控制危险源和那些可能触发事故的不利因素。

3. 安全工程的基本原则

系统安全思维指导下的安全工程实践方法，应始终坚持以下原则。

（1）安全工程的功能整体化

从整体观念出发，应把研究对象视为一个整体，可以把系统分解为若干个子系统，每个子系统的安全性要求要与实现整个系统的安全性指标相符合。要抓住系统中主要危险源和主要危险因素，协调各子系统、要素的关系，改进系统的机构和功能，实现系统整体的安全功能的提升。

（2）安全工程的技术综合化

从系统观点出发，将系统内部要素间的关系和不安全状态，用互联网、大数据、云计算的现代技术量化表示，使人们能深刻、全面地了解和掌握系统安全发展趋势，综合、精准地应用多种学科技术，并使之相互配合，做出最优决策，保证整个系统能按预定计划达到安全目标。

(3) 安全工程的管理科学化

充分利用和不断创新现代安全管理理论和方法，寻找、发现系统事故隐患；预测由故障引起的危险；选择、制定和调整安全措施方案和安全决策；组织安全措施和对策的实施；对实施的效果进行全面的评价；持续改进，以求得最佳效果。

(4) 安全工程目标的本质安全化

从系统本质安全的目标出发，追求从根本上减小和控制系统的危险性。具有本质安全化特征的安全工程技术原则包括：最小化（intensification），尽可能少量使用危险物质，尽可能降低设备运转能量；替换（substitute），用危险性小的物质替换危险性大的物质，用更安全的装备和工艺路线替换危险装备和路线；缓和（moderate），缓解危险的条件，降低物料、作业的危险程度，或减缓能量释放影响的设备；简化（simplify），简化工艺路线、设备结构，消除不必要的复杂性，从而减少操作失误。

本章小结

本章介绍了安全工程的基本概念和基本知识；论述了安全与危险、安全与风险的关系，强调风险是危险的定量化描述，是科学意义上的危险；说明了能量做功的两重性，介绍了能量意外释放事故致因理论；阐述了两类危险源的构成及其特征，说明了两类危险源的共同作用导致了能量的意外释放；介绍了工程的属性及其负效应、安全工程的属性，强调系统安全思想是安全工程的思维基础，安全工程的基本原则是功能整体化、技术综合化、管理科学化和本质安全化。

复习思考题

1. 简述安全、风险、事故的基本概念。
2. 说明安全是客观存在和主观认识的统一、安全是相对的、安全需要以定量分析为基础的含义。
3. 浅谈对安全领域的基本矛盾的认识。
4. 举例说明在实践中如何描述和定量系统的风险。
5. 举例说明事故的因果性、随机性、潜伏性。
6. 简述能量意外释放理论的主要内容。

7. 简述两类危险源及其在事故发生、发展中的作用。
8. 举例说明工程的负效应。
9. 说明系统安全思想的主要内容。
10. 解释安全工程的基本原则。

第二章　安全工程技术基础

本章学习目标

1. 了解安全工程的结构；熟悉安全工程实体的模式及功能、安全工程技术的主要内容。

2. 掌握系统安全分析方法、步骤及其适用条件；能够灵活运用系统安全分析方法解决简单的安全工程问题。

3. 理解基本安全工程技术的理论源头、基本原理、主要内容及其适用性；能够初步运用基本安全工程技术解决简单的安全工程问题。

第一节　安全工程的结构

一、安全工程系统框架

为了在不同的场景、环境、状态、生产过程条件下，实现安全保障功能，安全工程需要具有各种不同类型的内部构造、外部形态、运行方式。但无论何类安全工程，都是由实体（硬件）和技术（软件）两个部分组成的，实体部分分为独立和嵌入两种模式，技术部分包含系统分析技术、基本技术、行业技术，如图 2-1 所示。

二、安全工程实体

安全工程实体即安全工程外在的物质部分，是以被保护对象的安全存在和运行的需要为条件，采用不同的材料、元器件、功能单元、设备设施组合而成的系统工程。

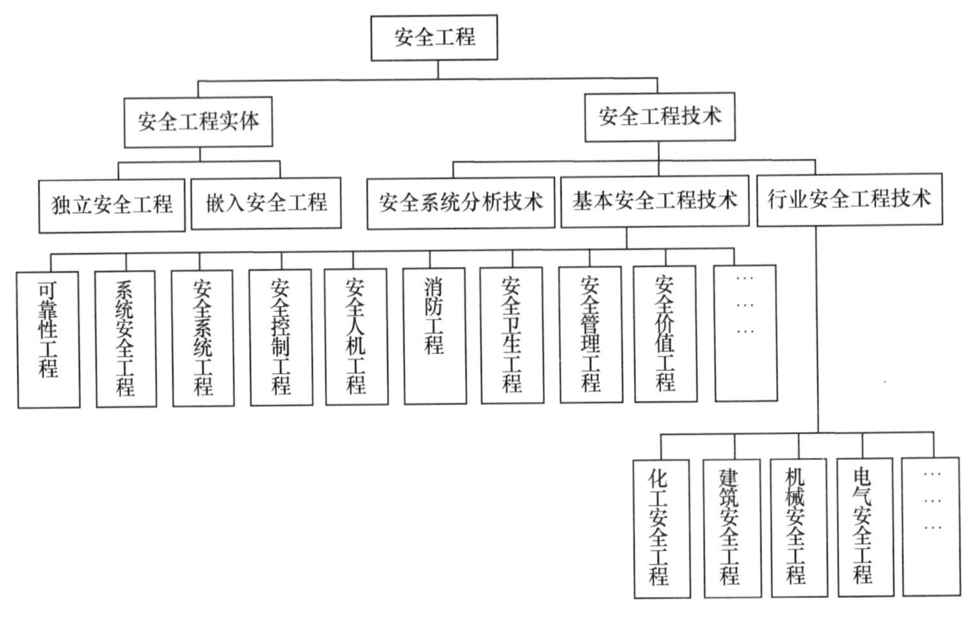

图 2-1　安全工程系统框架

1. 安全工程实体的功能模式

安全工程与被保护对象的关联方式可以分为独立安全工程模式、嵌入安全工程模式两种。

（1）独立安全工程模式

独立安全工程是分设于被保护对象之外的安全工程，又可称为安全相关系统（safety related system），以构建外在的、旁站式的安全保护为其存在和运行方式。独立安全工程不干预被保护对象自身输入、输出及功能的实现，而是作为其附加单元，观察、监督其运行状态，以被保护系统的安全特征参数为观测指标，以达到预设的阈值作为系统干预的依据，输出安全控制信息和指令（如声光报警、停止或减缓被保护对象的运行等），从而限制、约束其危险因素，保障其以安全的状态存在、运行。独立安全工程模式的结构如图 2-2 所示。

由于只有专门设定了独立安全系统的特定领域才具有这种结构和安全功能，因此，这是一种狭义的安全系统。

独立安全工程模式通常用于被保护系统危险程度较高或难以自身识别和控制的危险场景，其主要类型包括专设安全设施、安全监控系统等。

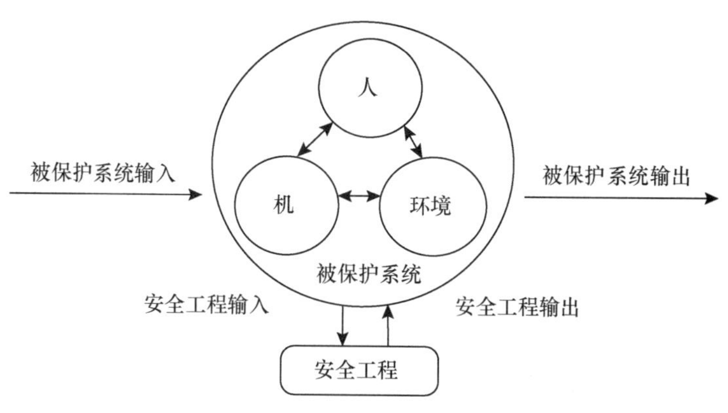

图 2-2　独立安全工程模式

专设安全设施主要包括信号报警及安全仪表等器件或单元，是保证系统安全的基本措施，通常用于对某种单一、特定的危险因素进行监测和控制。其工作原理是：不干预被保护系统正常运行，仅当其达到设定的危险状态时，采取报警或相应的保护措施，通常不具有对系统危险源的消除功能。例如，车辆行驶中的超速提示装置、发生碰撞时开启的安全气囊等能够起到报警或对司乘人员保护的作用，但不具有减速、避险的作用。

安全监控系统是由多个或多种器件和单元集成的复杂系统，其基本工作原理与专设安全设施相同，但监测和控制的危险因素更具系统性，可能涉及某一项工业流程或某一套生产装置，且通常具有系统危险源的消除功能。例如，应对化工生产流程危险的紧急停车系统（ESD——Emergency Shutdown System），在正常情况下处于静态，不干预生产过程。当监测到生产过程出现可能引发事故的偏差时，不仅进行多点、多方式报警，还会自动关断生产流程中的进料系统，降低反应温度、压力，启动消除或应对事故的各种措施，保证系统的安全、稳定。

大多数工业过程的独立安全工程都要求采用失效安全和耐用的设计原则。专设安全设施要定期核准、检查、更换；安全监控系统要具有自检测的功能，及时发现、处置自身故障。为了适应恶劣环境、减少失效，这些安全设施还需要具有防腐、防尘、防震、防电磁干扰、防爆等能力。

独立安全系统发展的趋势和目标是事故预防。通过持续优化安全系统的监督、控制内容和程度，改进监督、控制模式等，消除、减少该领域的危险、有害因素，降低各类事故发生的概率，减轻事故的恶果，实现系统安全功能。

（2）嵌入安全工程模式

嵌入安全工程是将安全工程的要素及其功能融入被保护系统，使安全保护和生产系统自有功能实现相互耦合、有机关联，成为“本质安全”的、具有安全工程特征的生产系统。在这类系统中，人、机、环境等诸因素均保持自身安全状态，并相互激励，在安全技术、职业卫生和安全管理等领域实施对生产系统的制约和引领，以保证该系统达到预定的安全水平。嵌入安全系统的结构如图 2–3 所示。

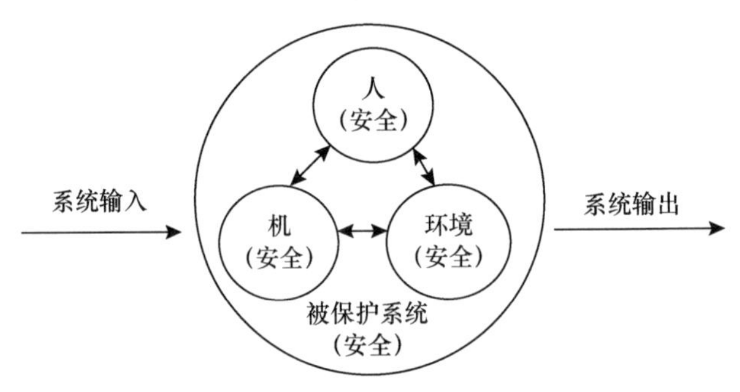

图 2–3　嵌入安全工程模式

任何被保护系统在其自身设计、构造、运行中都具有一定的安全性，在一定程度上都有某种安全系统的结构和功能与之相伴，因此，这是一种广义的安全系统。

嵌入安全工程的耦合性决定其除了具有一般系统的特点外，还有自己的结构特点。第一，它是以人为中心的人机匹配系统。在系统安全功能的实现过程中充分考虑人与机器的互相协调作用对系统安全功能实现过程的综合影响。第二，它是工程系统与社会系统相结合的系统。在实施工程技术手段的同时，重视安全因素以及相关的政治、文化、经济技术和家庭等社会因素对系统的影响。第三，它是自学习、自适应系统。能够对系统内事故（系统的不安全状态）的发生、发展具有正确、充分的判断能力，及时排除各类事故隐患。

嵌入安全系统发展的趋势和目标是本质安全化。通过持续不断的优化、改进被保护系统的结构和运行模式，巩固和完善其内在的安全水平，实现系统安全功能。

通常，对于被保护系统，为实现其本质安全和事故预防的目的，往往是嵌入安全系统和独立安全系统兼而有之，或各有侧重。

2. 安全工程实体功能结构

任何具体的安全工程，小到电气系统中的过流保护设施、大到水利工程中的溢洪系统，其内部都包含检测、判定、决策三个基本功能单元，组成串联逻辑结构，如图 2–4 所示。

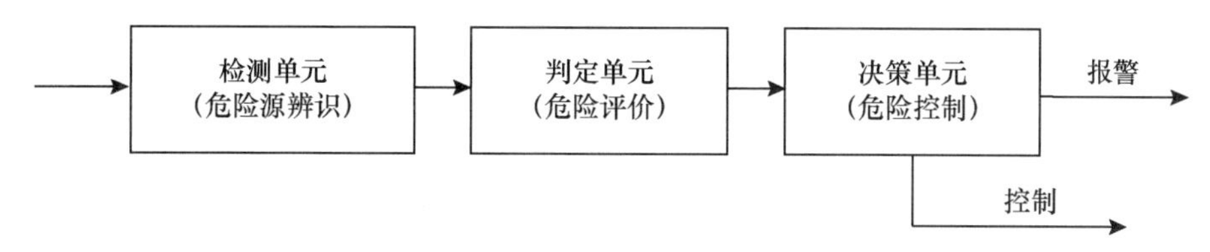

图 2-4　安全工程的逻辑结构

安全工程基本功能单元的相互关系体现在以下几个方面。

（1）检测单元，进行系统危险源辨识。通过对被保护系统进行特征检测，对表征其状态的各种信息进行整理、分析，判断和识别系统的危险源，确定其潜在的危险因素、事故隐患及其发展趋势。

（2）判定单元，在危险源辨识的基础上进行系统危险评价。对检测单元获取的状态参数及其发展趋势进行评价并与可接受的危险度水平或设定的安全阈值相比较，以判断系统是否发生功能偏差、偏差的发展趋势和程度。

（3）决策单元，又称执行单元，在危险评价的基础上确定系统危险控制策略。当系统偏差的发展趋势和程度可能引发事故风险时，决策单元根据系统的结构和运行状态，发出预报、预警信号；当确定事故风险出现时，落实事故预防和干预等各种必要的系统控制措施，实现被保护系统的安全运行。

应该注意的是，由于三个基本单元构成串联关系，其中任何单元发生故障，都将导致系统故障，因此，保证各基本单元及其串联系统达到预定的可靠程度，是对安全工程结构设计的最基本要求。

三、安全工程技术

安全工程技术是指内化、凝结于安全工程实体中的技术思想、手段、方法等。这些技术可概括为三类：系统安全分析技术、基本安全工程技术和行业安全工程技术。

1. 系统安全分析技术

系统安全分析技术是安全工程存在及其功能确定的根据。

系统安全分析是把生产过程或作业环节作为一个完整的系统，对构成系统的各个要素进行全面的分析，找出系统的薄弱环节，判明各种状况的危险特点及导致灾害性事故的因果关系，从而对系统的安全性做出预测和评价，为采取各种有效的手段、方法和行动消除危险因素创造条件。

系统安全分析的作用可概括为以下几个方面。

（1）能将导致灾害事故的各种因素，通过逻辑图做出全面、科学和直观的描述。

（2）可以发现和查明系统内固有的或潜在的危险因素，为安全设计、制定安全技术措施及防止发生灾害事故提供依据。

（3）使操作人员全面了解和掌握各项防灾控制要点。

（4）可对已发生的事故进行原因分析。

（5）便于进行概率运算和定量评价。

系统安全分析的技术方法主要有安全检查表、作业安全分析、预先危险分析、事件树分析、事故树分析等30余种。随着生产的不断现代化，系统安全分析技术方法也越来越多样化。

关于系统安全分析技术的主要方法将在本章第二节讲述。

2. 基本安全工程技术

基本安全工程技术是指以安全科学理论为指导，具有不同理论源头的工程技术。在实践中，基本安全工程技术决定着安全工程的设计思想、结构特征、技术路线等要素。

基本安全工程技术是以安全工程及相关专业领域为主要服务对象的工程技术。在科技的进步和社会的发展，特别是在安全科学理论的完善和安全工程的实践沉淀中，人们借鉴和引入风险管理、可靠性、系统安全工程等理论的要义和相关技术，使基本安全工程技术也在不断地充实、完善和进步。目前，被冠以“工程”之名的基本安全工程技术有可靠性工程、系统安全工程、安全系统工程、安全控制工程、安全人机工程、消防工程、安全卫生工程、安全管理工程、安全价值工程等。这些安全工程技术是安全工程科学技术学科的主要内容，是安全工程专业技术人员都应掌握的基本工程技术知识。

关于基本安全工程技术的基本原理和主要内容将在本章第三节讲述。

3. 行业安全工程技术

行业安全工程技术是指以安全科学理论为指导，与行业生产安全共存的工程技术。在实践中，行业安全工程技术决定着安全工程的服务领域、技术方向、功能重点等要素。

行业安全工程技术一般服务于某一特定行业和领域安全。由于特定行业和领域劳动对象、生产资料、生产工具、技术发展程度等的不同，其生产过程中的危险源形式及对生产安全的要求也不同，因此，在行业工程技术、行业安全工作实践的结合中产生了一些具有明显的行业特征的安全工程技术，如化工防火防爆的安全工程技术、建筑施工中的高处防护工程技术、特定作业环境的职业卫生和健康工程技术等。这些安全工程技术知识是该行业安全工程技术人员、一般技术人员都应掌握的。

关于化工、建筑、机械、电气等行业安全工程技术的原理和内容将在本书以后各章详述。采矿行业危险、有害因素较多，安全工程技术复杂，涉及很多独特领域，本书限于篇幅，没有涉及。

第二节　系统安全分析技术

一、系统安全分析方法的选择

1. 系统安全分析方法类别

系统安全分析方法有许多种，可适用于不同的系统安全分析过程。这些方法可以按分析过程的相对时间进行分类，也可按分析的对象、内容进行分类。按数理方法，可分为定性分析和定量分析。按逻辑方法，可分为归纳分析和演绎分析。

归纳分析是从原因推论结果的方法，演绎分析是从结果推论原因的方法。这两种方法在系统安全分析中都有应用。从危险源辨识的角度，演绎分析是从事故或系统故障出发查找与该事故或系统故障有关的危险因素。与归纳分析相比较，可以把注意力集中在有限的范围内，提高工作效率。归纳分析是从故障或失误出发探讨可能导致的事故或系统故障，再来确定危险源。与演绎方法相比较，可以无遗漏地考察、辨识系统中的所有危险源。实际工作中可以把多种方法结合起来，以充分发挥各类方法的优点。

常用的系统安全分析方法有：

（1）安全检查表（safety checklist，SCL）；

（2）预先危险性分析（preliminary hazard analysis，PHA）；

（3）故障类型和影响分析（failure model and effects analysis，FMEA）；

（4）危险性和可操作性研究（hazard and operability analysis，HAZOP）；

（5）事件树分析（event tree analysis，ETA）；

（6）事故树分析（fault tree analysis，FTA）等。

2. 系统安全分析方法的选择

安全工程在其系统生命周期内经历了开发、设计、建造、运行、改建、拆除等各个阶段，不同的系统安全分析方法适用于不同阶段。例如，在系统的开发、设计初期，可以应用预先危险性分析方法。在系统运行阶段，可以应用危险性和可操作性研究、故障类型和影响分析等方法，或者应用事件树分析、事故树分析等方法对特定的事故或系统故障进行详细分析。系统生命周期内各阶段适用的系统安全分析方法见表2-1。

表2-1　　系统安全分析方法在系统生命周期各阶段的适用情况

分析方法	开发研制	方案设计	样机	详细设计	建造投产	日常运行	改建扩建	事故调查	拆除
安全检查表		√	√	√	√	√	√		√
预先危险性分析	√	√	√	√			√		
故障类型和影响分析			√	√		√	√	√	
危险性和可操作性研究			√	√		√	√	√	
事故树分析		√	√	√		√	√	√	
事件树分析			√			√	√	√	

二、安全检查表

安全检查表是一种进行安全检查和诊断的清单。它由有经验的、对工艺过程、检查设备和作业情况熟悉的人员，事先对检查对象共同进行详细分析、充分讨论，列出安全检查项目和检查要点并编制成表。为防止遗漏，在制定安全检查表时，通常要把检查对象分割为若干子系统，按子系统的特征逐个编制安全检查表。在系统安全设计或安全检查时，按照安全检查表确定的项目和要求，逐项落实安全措施，保证系统安全。

1. 安全检查表的编制程序

（1）确定人员

要编制一个符合客观实际且能全面识别系统危险性的安全检查表，首先要建立一个编制小组，其成员包括熟悉系统的各方面人员。

（2）熟悉系统

包括系统的结构、功能、工艺流程、操作条件、布置和已有的安全卫生设施。

（3）收集资料

收集有关安全法律、法规、规程、标准、制度及本系统曾发生过的事故资料，作为编制安全检查表的依据。

（4）判别危险源

按功能或结构将系统划分为子系统或单元，逐个分析潜在的危险因素。

（5）列出安全检查表

针对危险因素，根据有关规章制度、以往的事故教训以及本单位的实际情况，确定安全检查表的要点和内容，按照一定的要求编排列表。

2. 安全检查表的格式

安全检查表一般包括检查日期、检查人员、检查项目、检查依据和要求、检查结果、处理意见、整改措施等。

3. 安全检查表实例

表 2-2 为某危险化学品生产车间安全检查表示例。

表 2-2　　危险化学品车间安全检查表

检查日期：　　　　检查人员：

<table>
<tr><th>序号</th><th>检查项目</th><th>检查依据和要求</th><th>检查结果</th><th>处理意见</th><th>整改措施</th></tr>
<tr><td>1</td><td>房屋结构（顶、梁、墙）</td><td rowspan="5">《建筑设计防火规范》《石油化工企业设计防火规范》</td><td>砖混结构</td><td>符合</td><td></td></tr>
<tr><td>2</td><td>门、窗</td><td>门敞开，无窗</td><td rowspan="8">基本符合</td><td></td></tr>
<tr><td>3</td><td>楼梯、平台、护栏</td><td>较好</td><td>加强维护</td></tr>
<tr><td>4</td><td>应急疏散通道</td><td>无</td><td></td></tr>
<tr><td>5</td><td>通风设施（风扇、通风管等）</td><td>有风扇，敞开门窗通风</td><td></td></tr>
<tr><td>6</td><td>照明加热设备</td><td rowspan="4">《化工企业设备动力管理规定》《化工企业静电安全检查规程》</td><td>普通照明</td><td></td></tr>
<tr><td>7</td><td>中间储槽</td><td>无</td><td></td></tr>
<tr><td>8</td><td>压缩机或其他特种设备</td><td>有精馏塔</td><td></td></tr>
<tr><td>9</td><td>控制室、配电室及其他设备</td><td>静电搭接不良</td><td>检修搭接线路</td></tr>
<tr><td>10</td><td>岗位记录、报表</td><td rowspan="6">《安全生产许可证条例》《化工企业安全管理制度》</td><td>有</td><td rowspan="6">有不符合项</td><td></td></tr>
<tr><td>11</td><td>交接班记录、巡回检查记录</td><td>无</td><td>完善记录</td></tr>
<tr><td>12</td><td>工艺指标合格率（压力、温度、流量、液位）</td><td>较高，无具体数据</td><td>完善记录</td></tr>
<tr><td>13</td><td>采用自动化控制、防爆泄压措施</td><td>有自动控制设备，无防爆措施</td><td>增设防爆设施</td></tr>
<tr><td>14</td><td>惰性气体保护、事故槽</td><td>无</td><td>增设事故槽</td></tr>
<tr><td>15</td><td>报警联锁装置（停电、停水、超温、超压、毒物浓度超标、可燃气体检测等）</td><td>无</td><td>增设联锁装置</td></tr>
</table>

续表

序号	检查项目	检查依据和要求	检查结果	处理意见	整改措施
16	设备完好程度（零部件、运转无异常、无跑冒滴漏、防腐、防冻、保温、地脚螺栓、基础、防护罩等）	《安全生产许可证条例》《化工企业设备动力管理规定》《化工企业静电安全检查规程》	少数设备管道连接处有跑冒滴漏、腐蚀现象，其他均较好	有不符合项	加强管道检修
17	法兰、顶盖、视镜、液位计、压力表、温度计、流量计等		温度计、液位计较好		
18	安全阀、放空管、紧急停车装置		无紧急停车装置		增设紧急停车装置
19	润滑情况		有对设备进行润滑，并进行年检		
20	泄漏情况		少数法兰、阀门、管道连接附近有跑漏现象，地面有泄漏液体		加强检修
21	电器、电机、电源线（防爆、绝缘）		电灯等没有防爆装置，有电线接头处裸露		加强检修
22	防雷、防静电装置		有防雷装置，静电接地		
23	工艺管线色标		被腐蚀已不明显		重设标线
24	压力容器		常压生产		
25	防护服、防护用品（作业人员）	《用人单位劳动防护用品管理规范》	有工作服，其他不足		补齐防护用品
26	车间防护用品（防毒面具、安全帽、应急灯）		没有应急灯		补齐应急灯
27	洗手池、洗眼器、人身冲洗设施		只有洗手池，其他不足		补齐
28	消防栓配置	《消防法》《建筑物灭火器配置设计规范》	符合		
29	灭火器配置		有4个，不足		补齐灭火器
30	安全通道（应急出口）		无		开设应急出口
31	消防通道		不是环行，较宽		打通环形通道
32	车间易燃、易爆、有毒警示牌		车间不易燃爆；无有毒警示牌		增设有毒警示牌

三、预先危险性分析

预先危险性分析是在系统付诸实施之前，根据经验和理论推断，辨识可能出现的危险源，提出预防、改正、补救等安全技术措施，消除或控制事故的系统安全分析方法。

1. 预先危险性分析程序

（1）准备工作

在进行分析之前要收集对象系统的资料和其他类似系统或使用类似设备、工艺、物质的系统的资料。要弄清对象系统的功能、构造，为实现其功能选用的工艺方法及过程，使用的设备、物质、材料等。

（2）审查

按照预先编好的安全检查表进行审查，内容主要有：①危险设备、场所、物质；②有关安全的设备、物质间的交接面，如物质的相互反应，火灾、爆炸的发生及传播，控制系统等；③可能影响设备、物质的环境因素，如地震、洪水、高（低）温、潮湿、振动等；④运行、试验、维修、应急程序，如人失误后果的严重性、操作者的任务、设备布置及通道情况、人员防护等。⑤辅助设施，如物质、产品储存，试验设备，人员训练，动力供应等；⑥有关安全的设备，如安全防护设施、冗余设备、灭火系统、安全监控系统、个人防护用品等。

（3）确定危险源

根据审查结果，确定系统中的主要危险源。一般地，可以把危险源划分为以下四级。

Ⅰ级：安全的，可以忽略；

Ⅱ级：临界的，有导致事故的可能性，事故后果轻微，应该注意控制；

Ⅲ级：危险的，可能导致事故，造成人员伤亡或财物损失，必须采取措施控制；

Ⅳ级：灾难的，可能导致事故，造成人员严重伤亡或财物巨大损失，必须设法消除。

针对不同级别的危险源，有重点地采取修改设计、增加安全措施来消除或控制它们，从而达到系统安全的目的。

（4）结果汇总

以表格的形式汇总分析结果。典型的结果汇总表包括主要的事故、产生的原因、可能的后果、危险性级别、应采取的措施等栏目。

2. 预先危险性分析实例

为硫化氢（H_2S）输送到反应装置的设计方案进行预先危险性分析。在设计的初期，分析者只知道在工艺过程中处理的物质是硫化氢，以及硫化氢有毒、可燃烧。于是，把硫化氢意外泄漏作为可能的事故，进行了预先危险性分析（见表2-3）。

表2-3　　硫化氢输送系统预先危险性分析

分析对象：硫化氢输送系统		分析者：		分析时间：
事故	原因	后果	级别	建议的措施
毒物泄漏	储罐破裂	大量泄漏导致人员伤亡	Ⅳ	·采用泄漏报警系统 ·最小储存量 ·制定巡检规程
	反应过剩	泄漏可能导致人员伤亡	Ⅲ	·过剩硫化氢收集处理系统 ·安全监控（紧急停车）系统 ·制定规程，保证收集处理系统先于装置运行

四、故障类型和影响分析

故障类型和影响分析是以可能发生的不同类型的故障为起点对系统的各组成部分、元素进行的系统安全分析，确定设备、系统或装置的故障发生概率及其严重程度，从而定量地描述故障的影响。

1. 故障类型和影响分析程序

（1）确定对象系统，包括分析对象的系统、装置或设备，划清对象系统、装置、设备与邻近系统、装置、设备的界线，圈定所属的元素、设备、元件，收集其功能及与其他设备、元件间的功能关系等相关资料。

（2）分析系统元素的故障类型和产生原因，可以根据以往运行经验或试验情况确定。

（3）研究故障类型的影响，包括该元素故障类型对相邻元素、对整个系统的影响以及对邻近系统、对周围环境的影响。

（4）设计故障类型和影响分析表格。根据分析的目的、要求设立必要的栏目，简洁明了地显示全部分析内容。

2. 故障类型和影响分析实例

对起重机的两种主要故障（钢丝绳过卷和切断）进行的分析见表2-4。

表 2-4 起重机的故障类型和影响分析（部分）

项目	构成因素	故障模式	故障影响	危险严重程度	故障发生概率	检查方法	校正措施和注意事项
防止过卷装置	电气零件 机械部分 安装螺栓	动作不可靠 变形生锈 松动	误动作 破损 误报、失报	大 中 小	10^{-2} 10^{-4} 10^{-3}	通电检查 观察 观察	立即修理 警戒 立即修理
钢丝绳	绳 单根钢丝	变形、扭结 15%切断	切断 切断	中 大	10^{-4} 10^{-1}	观察 观察	立即更换 立即更换

注：危险严重程度：大（危险），中（临界），小（安全）。

发生概率：非常容易发生——10^{-1}；容易发生——10^{-2}；偶尔发生——10^{-3}；不太发生——10^{-4}；几乎不发生——10^{-5}；很难发生——10^{-6}。

五、危险性和可操作性研究

危险性和可操作性研究运用系统审查方法全面地审查工艺过程，对各个部分进行系统提问，发现可能偏离设计意图的情况，分析其产生原因及后果，并针对其产生原因采取恰当的控制措施。由于通常用系统的温度、压力、流量等过程参数的偏差来判断偏离设计意图的情况，因此，危险性和可操作性研究适合于化工生产的系统安全分析。

危险性和可操作性研究需要由一组人而不是一个人实行，这一点有别于其他系统安全分析方法。

1. 术语

危险性和可操作性研究中常用的术语如下。

（1）意图

希望工艺的某一部分完成的功能，可以用多种方式表达，在很多情况下用流程图描述。

（2）偏离

背离设计意图的情况，在分析中运用引导词系统地审查工艺参数，发现偏离。

（3）原因

引起偏离的原因，可能是物的故障、人的失误、意外的工艺状态（如成分的变化）或外界破坏等。

（4）后果

偏离设计意图所造成的后果（如有毒物质泄漏等）。

（5）引导词

在辨识危险源的过程中引导、启发人的思维，对设计意图进行定性或定量的简单词语。表2-5为危险性和可操作性研究的引导词。

表2-5 危险性和可操作性研究的引导词

引导词	意义	注释
没有或不	对意图的完全否定	意图的任何部分没有达到，也没有其他事情发生
较多、较少	量的增加或减少	原有量±增值，如流速、温度，或是对原有活动，如“加热”和“反应”的增减
也，又 部分	量的增加 量的减少	与某些附加活动一起，全部设计或操作意图达到 只是一些意图达到，一些未达到
反向 不同于 非	意图的逻辑反面 替代 完全替代	最适用于流动，如流动或化学反应的反向。也可用于物质，如“中毒”代“解毒” 原意图的一部分没有达到 发生了完全不同的事情

（6）工艺参数

表2-6列出了对一般生产工艺进行危险性和可操作性研究时常用的工艺参数。

表2-6 常用工艺参数

流量	时间	频率	混合
压力	成分	数量	添加
温度	pH值	浓度	分离
液位	速度	电压	反应

表2-7为化工生产过程中一些工艺参数出现偏离的情况。

表2-7 化工生产工艺部分偏离情况

偏离	塔	罐（容器）	管线	热交换器	泵
流量大			√		
流量小（无流量）			√		
液面高	√	√			
液面低	√	√			

续表

偏离	塔	罐（容器）	管线	热交换器	泵
接触面高		√			
接触面低		√			
压力高	√	√	√		
压力低	√	√	√		
温度高	√	√	√		
温度低	√	√	√		
浓度高	√	√			
浓度低	√	√			
流向相反（或错误）			√		
管子泄漏			√	√	
管子破裂			√	√	
泄漏	√	√	√	√	√
破裂	√	√	√	√	√

2. 工作步骤

危险性和可操作性研究工作分为准备工作和分析过程两个步骤。

（1）准备工作

1）确定分析的目的、对象和范围。

2）成立研究小组。开展研究需要利用集体的智慧和经验。小组成员以 5~7 人为佳，应包括有关领域的专家、对象系统的设计者等。

3）获得必要的资料。包括各种设计图纸、流程图、工厂平面图和装配图等，以及操作指令、设备控制顺序图、逻辑图和计算机程序，有时还需要工厂或设备的操作规程和说明书等。

4）制订研究计划。估计每个工艺部分或操作步骤分析所需的时间及全部研究时间，合理安排会议时间和内容。

（2）分析过程

通过会议的形式对工艺的每个部分或每个操作步骤进行审查。会议组织者以各种形式的提问来启发大家，让大家对可能出现的偏离、偏离的原因、偏离的后果及应采取的措施发表意见。

具体分析过程如图 2-5 所示。

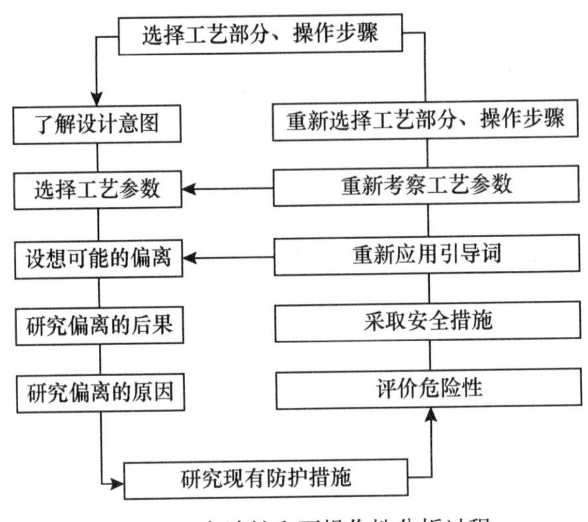

图 2-5　危险性和可操作性分析过程

3. 危险性和可操作性研究实例

图 2-6 为某间歇式化工工艺系统，在运行中，需“将 100 升 C 物质从圆筒装入总计量罐”。该操作步骤包括两个工艺参数，即从总计量罐中“排出空气”和将一定“流量”物质 C 由圆筒经喷射器装入总计量罐。分别利用 7 个引导词与这两个工艺参数相结合，设想可能出现的偏离，并研究偏离的原因和结果，得到表 2-8 和表 2-9 的结果。

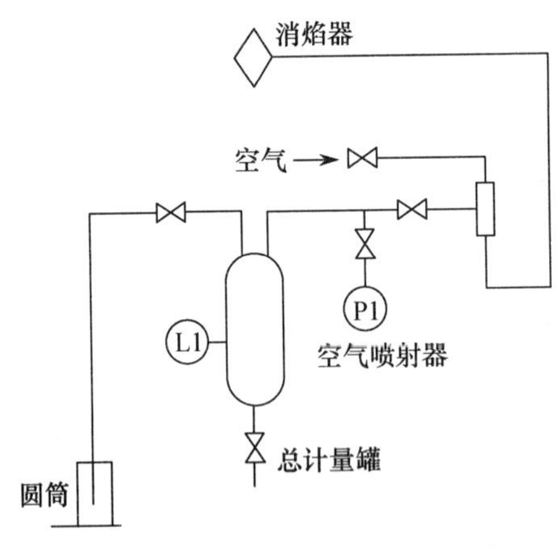

图 2-6　间歇式化工工艺系统（局部）

表 2-8　从总计量罐中排出空气可能出现的偏离

偏离	原因	后果
不排出空气	无空气供应 喷射器故障 阀门关闭	生产过程不方便，但无危害
排出较多空气	使计量罐完全排尽	罐能承受全真空吗？
排出较少空气	输送圆筒中物质的抽力不够	生产过程不方便，但无危害
也排出空气	由抽出管路从圆筒或总计量罐中将 C 物质或其他物质排出	失火危险？ 静电危险？ 腐蚀危险？ 消焰器关闭？ 物质离开消焰器后是否出现危险？它们流入何处？
排出部分空气	排出的只是氧与氮，不可能	
反向排出空气	如空气喷射器关闭，压缩空气将流入计量罐	空气流入圆筒并喷洒出筒中的物质？
而不排出空气	计量罐满时开动空气喷射器	经管路流出物质并经消焰器流出，与“也排出空气”危险相同

表 2-9　将一定数量 C 物质装入总计量罐可能出现的偏离

偏离	原因	后果
不装入 C	不得到 C，阀门关闭	无危险
装入较多 C	装入 100 升以上	如果罐已装满而喷射器开动，C 流入空气喷射器，危险；如果装入计量罐过量，如何安全地将它排出？
装入较少 C	装入不足 100 升	此时无危险
也装入 C	得到 C 物资与其他物资的混合物，列出可能发生的混合物	可能的危险混合物产生
装入一部分 C	无意义，C 不是几种物质的混合物	
反向装入 C	从计量罐流入圆筒	物质溢出
而不装入 C	与圆筒中的物质相混，列出其他物质	计量罐中可能发生的反应或腐蚀

六、事件树分析

事件树是一种按时间顺序描述事故或故障发生发展过程中各种事件之间相互关系的树图。事件树分析（event tree analysis，ETA）是一种演绎法，通过编制事件树，研究系统中的危险源如何相继出现而最终导致事故、造成系统故障或事故，从而找到事故发生和演化的各个节点，认识事故发生的过程，找到预防事故的有效途径。

1. 事件树分析的步骤

（1）确定初始事件

初始事件可以是系统或设备的故障、人的失误或工艺参数的偏离等可能导致事故的事件，可以通过系统设计、系统危险性评价、系统运行经验或事故教训等确定。

（2）找出事故链

事件树的各分支代表初始事件发生后可能的发展途径。其中，最终导致事故的途径为事故链。一般地，导致系统事故的途径有很多，即有许多事故链。

（3）判定安全功能

系统中包含许多安全功能（安全系统、操作者的行为等），这些安全功能在初始事件发生时将起到消除或减轻其影响以维持系统安全运行的作用。

（4）发展事件树和简化事件树

从初始事件开始，自左至右发展事件树。考察初始事件一旦发生时应该最先起作用的安全功能，把发挥功能（又称正常或成功）的状态画在上面的分支，把不能发挥功能（又称故障或失败）的状态画在下面的分支，直到到达系统故障或事故为止。

（5）事件树的定性和定量分析

定性分析是指通过判断事件树的结构，找到最终达到安全的途径，提出预防事故的措施。定量分析则是指根据各事件的发生概率计算系统故障或事故发生的概率，找到事故发生的主要因素和主要路径，提高事故预防的效果。

2. 事件树分析实例

采用事件树方法分析某氧化反应釜系统缺少冷却水事件。已知安全系统功能有：当温度达到 T_1 时高温报警器提醒操作者；操作者增加供给反应釜冷却水量；当温度达到 T_2 时自动停车系统停止氧化反应。绘制事件树如图 2-7 所示。

（1）定性分析

从图 2-7 可知，氧化反应釜缺少冷却水事件树有两条事故链，分别是 F_1：

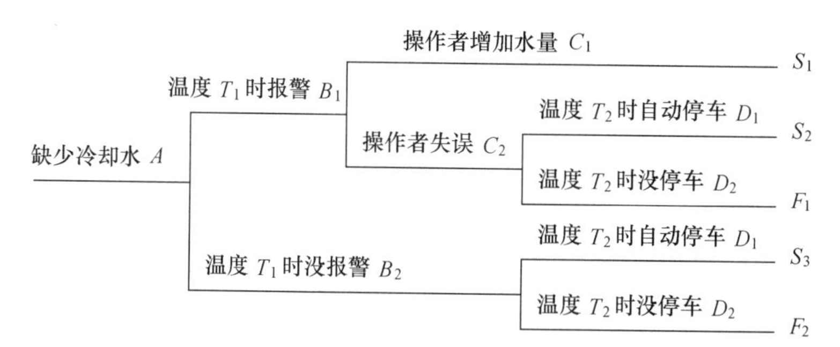

图 2-7　氧化反应釜缺少冷却水事件树

A——B_1——C_2——D_2；F_2：A——B_2——D_2。

两条事故链中，均含 D_2。因此，从事件树的结构上看，只要事件 D_2（温度 T_2 时没停车）不发生，就可以从根本上杜绝事故。

另外，事件树有三条预防事故的途径，分别是 S_1：A——B_1——C_1；S_2：A——B_1——C_2——D_1；S_3：A——B_2——D_1。

三条预防事故的途径中，均含 C_1、D_1。因此，从事件树的结构上看，只要在系统中确保安全措施 C_1（操作者增加水量）和 D_1（温度 T_2 时自动停车），就可以保证系统安全。

（2）定量分析

第 j 条事故链的途径发生的概率为：

$$P(j) = \prod_{i=1}^{n} P_i(i \in j) \tag{2-1}$$

式中　P_i——事件 i 发生的概率；

n——事故链途径 j 的事件总数。

若经统计分析得：$P[A] = 0.1$，$P[B_1] = 0.4$，$P[C_1] = 0.2$，$P[D_1] = 0.6$，则系统发生事故的总概率为：

$$P = P[F_1] + P[F_2] = 0.025\ 6$$

其中，事故链（$A-B_1-C_2-D_2$）的概率为：$P[F_1] = P[A] \cdot P[B_1] \cdot P[C_2] \cdot P[D_2] = 0.001\ 6$。

事故链（$A-B_2-D_2$）的概率为：$P[F_2] = P[A] \cdot P[B_2] \cdot P[D_2] = 0.024$。

由于 $P[F_2] > P[F_1]$，说明从事件树中各事件发生的概率上看，降低路径 F_2 的概率比降低路径 F_1 的概率更容易，因此，为了降低事故发生的可能性，应重点控制 F_2 路径的出现，即综合控制 A、B_2、D_2 事件的发生。具体地，若采取措施将

B_2、D_2 事件发生的概率降低 10%，则路径 F_2 的概率将降低为：

$$P'[F_2]=P[A]\cdot P[B_2]\cdot(1-10\%)\cdot P[D_2]\cdot(1-10\%)=0.019\ 44$$

效果是明显的。

另外，防止事故链途径（$A-B_1-C_1$）的概率为：$P[S_1]=P[A]\cdot P[B_1]\cdot P[C_1]=0.008$；防止事故链途径（$A-B_1-C_2-D_1$）的概率为：$P[S_2]=P[A]\cdot P[B_1]\cdot P[C_2]\cdot P[D_1]=0.019\ 2$；防止事故链途径（$A-B_2-D_1$）的概率为：$P[S_3]=P[A]\cdot P[B_2]\cdot P[D_1]=0.036$。

由于 $P[S_3]>P[S_2]>P[S_1]$，说明从事件树中各事件发生的概率上看，提升路径 S_1 的概率比降低路径 S_2、S_3 的概率更容易，因此，为了提升系统的安全性，应重点提升 B_1、C_1 的概率。具体地，若采取措施将 B_1、C_1 事件发生的概率提升 10%，则路径 S_1 的概率将提升为：$P'[S_1]=P[A]\cdot P[B_1]\cdot(1+10\%)\cdot P[C_1]\cdot(1+10\%)=0.096\ 8$。

七、事故树分析

事故树又称故障树，是利用逻辑门构成的树图考察可能引起该事件发生的各种原因事件及其相互关系。事故树分析（fault tree analysis，FTA）是一种归纳法，通过归纳各基本事件之间以及基本事件与事故事件之间的逻辑联系，认识事故发生的原因，找到预防事故发生的方法和主要措施。

事故树分析的内容主要包括：求出基本事件的最小割集和最小径集；确定各基本事件对顶事件发生的重要度（包括结构重要度、概率重要度、临界重要度），其中，确定结构重要度的工作属于定性分析，确定概率重要度、临界重要度的工作属于定量分析。

1. 事故树的表达

事故树事件符号和逻辑门符号如图 2-8 所示。

（1）事件及其符号

作为被分析对象的特定事故事件被画在事故树的顶端，称为顶事件。导致事件发生的最初始的原因事件位于事故树下部的各分支的终端，称为基本事件。处于顶事件与基本事件中间的事件称为中间事件，它们是造成顶事件的原因，又是基本事件产生的结果。在图 2-8 1）中，矩形符号 a）表示需要分析的事件，如顶事件和中间事件。事件的具体内容写在事件符号之内。圆形符号 b）表示基本事件。菱形符号 c）表示目前不能分析或不必要分析的事件。房形符号 d）表示属于基本事件的正常事件，一些对输出事件的出现必不可少的事件。转移符号 e）表示与同一事

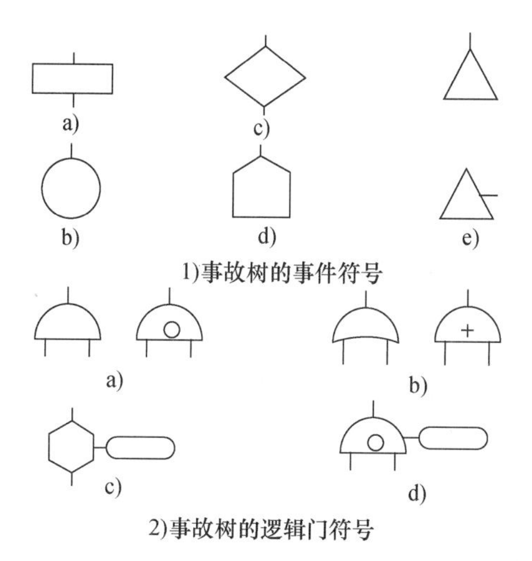

图 2-8　事故树的事件符号和逻辑门符号

故树中的其他部分内容相同。

（2）逻辑门及其符号

在图 2-8 2）中，逻辑与门 a）表示只有全部输入事件都出现时输出事件才出现的逻辑关系。逻辑或门 b）表示只要有一个或一个以上输入事件出现则输出事件就出现的逻辑关系。控制门 c）是一个逻辑上的修正，表示当满足条件时输出事件才出现。条件门 d）是将逻辑与门或逻辑或门与控制门结合起来的逻辑门。

（3）事故树图

例如，竖井提升过程中许多伤亡事故发生在人员上、下罐笼的时候。在人员上、下罐笼时罐笼意外移动，或者罐笼移动时人员上、下罐笼，可能导致人员坠落或被挤。如图 2-9 所示为系统示意图。

以“人员上、下罐笼时伤亡事故”为顶事件编制事故树。

1）顶事件的发生是由于“人员上、下罐笼时罐笼移动”和“人员处于危险位置”（即处于罐笼与中段井口之间的位置，如图 2-10 所示）两事件出现的结果。

2）罐笼移动时人员能否受到伤害取决于人员是否处于危险位置，因此这里把“人员处于危险位置”作为控制门的条件事件考虑。

3）“人员上、下罐笼时罐笼移动”有两种情况，即“罐笼运行时人员误上、下罐”和“人员上、下时罐笼误移动”，在事故树中用逻辑或门把它们联结起来。

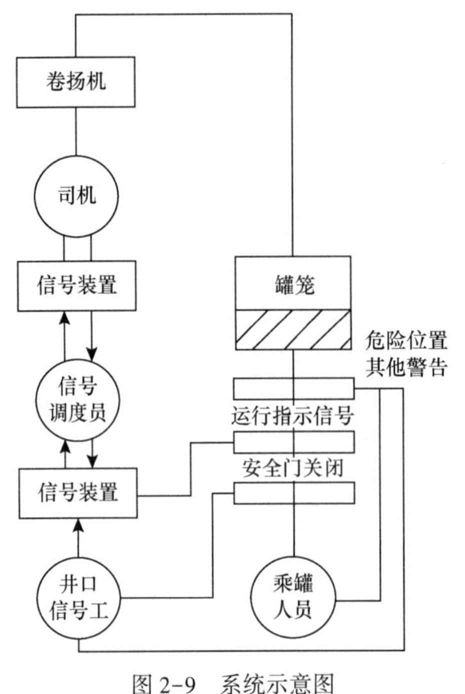

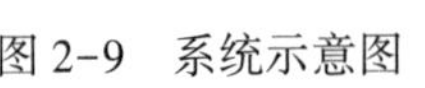
图 2-9　系统示意图

图 2-10　下罐笼时的危险位置

4）“人员上、下罐时罐笼误移动”又包括“罐笼被误启动”和“跑罐”两种情况，也用逻辑或门联结。

对这些事件继续分析原因，得到如图 2-11 所示包含 12 个基本事件的事故树。

2. 事故树的定性分析

（1）最小割集及其求法

在事故树中，导致顶事件发生的基本事件的集合称为割集。最小割集是导致顶事件发生的最起码的基本事件的集合。最小割集表明哪些基本事件组合在一起发生可以使顶事件发生，它指明事故发生模式。

根据布尔代数运算法则，把布尔表达式变换成基本事件逻辑和的形式，则逻辑积项包含的基本事件构成割集；进一步应用幂等法则和吸收法则整理，得到最小割集。

（2）最小径集及其求法

在事故树中，如果有一组基本事件不发生，顶事件就不发生，则这一组基本事件的集合称为径集。若径集中包含的基本事件不发生对保证顶事件不发生不但充分

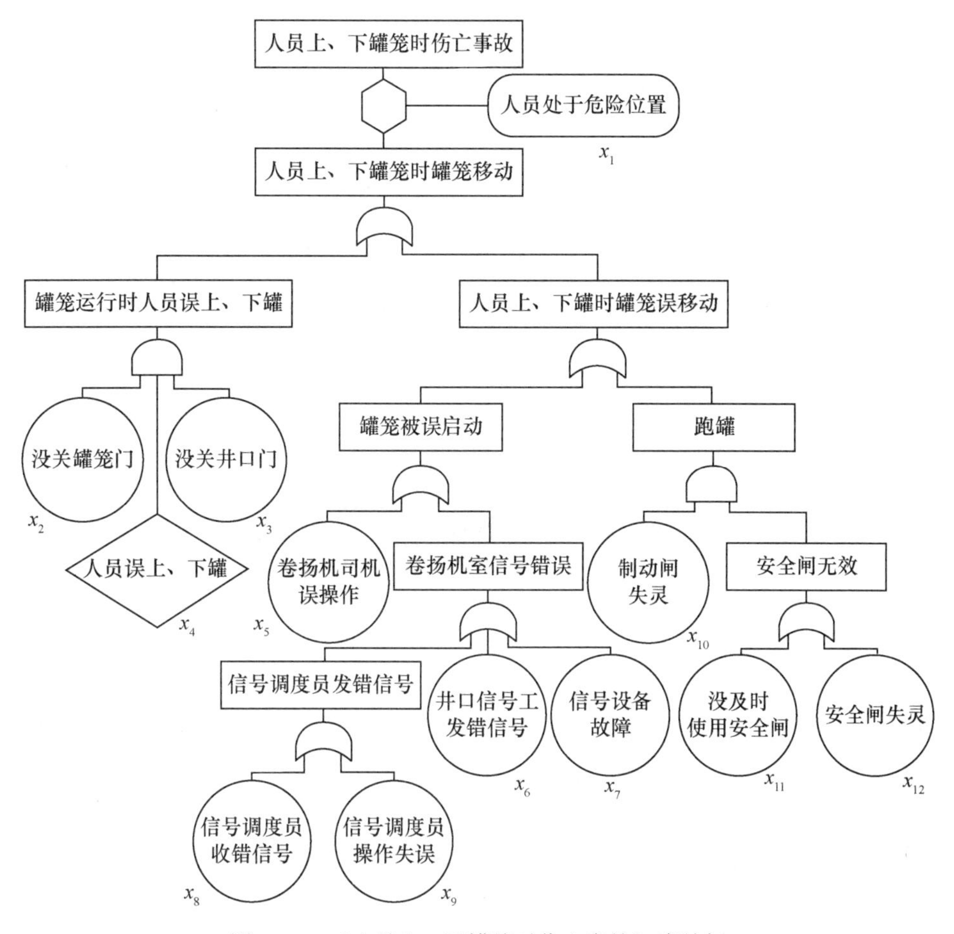

图 2-11　“人员上、下罐笼时伤亡事故”事故树

而且必要，则该径集称为最小径集。最小径集表明哪些基本事件组合在一起不发生就可以使顶事件不发生，它指明应该采取何种措施防止事故发生。

根据布尔代数的对偶法则，把事故树中事故事件用其对立的非事故事件代替，把逻辑与门用逻辑或门、逻辑或门用逻辑与门代替，便得到了与原来事故树对偶的成功树。求出成功树的最小割集，就得到了原事故树的最小径集。

例如，对于图 2-11，事故树的布尔表达式为：

$$T = x_1[x_2x_3x_4 + x_5 + x_6 + x_7 + x_8 + x_9 + x_{10}(x_{11} + x_{12})]$$

该故障树有 8 项逻辑和，即有 8 个最小割集，亦有 8 种事故情况，即：

$(x_1x_2x_3x_4)$，(x_1x_5)，(x_1x_6)，(x_1x_7)，(x_1x_8)，(x_1x_9)，$(x_1x_{10}x_{11})$，$(x_1x_{10}x_{12})$

其中，仅由两个基本事件组成的最小割集有 5 个，代表这 5 种事故容易发生。另外的 3 个最小割集中包含的基本事件数目也不多，说明从总体上看该系统安全性较差。

另外，由于该事故树的对偶树为：

$$\overline{T}=\overline{x_1}+\{(\overline{x_2}+\overline{x_3}+\overline{x_4})\times\overline{x_5}\times\overline{x_6}\times\overline{x_7}\times\overline{x_8}\times\overline{x_9}\times[\overline{x_{10}}+(\overline{x_{11}}\times\overline{x_{12}})]\}$$

该对偶树有 7 项逻辑和，即含有 7 个最小径集，亦有 7 种预防事故的途径，即：

$(\overline{x_1})$，$(\overline{x_2},\overline{x_5},\overline{x_6},\overline{x_7},\overline{x_8},\overline{x_9},\overline{x_{10}})$，$(\overline{x_3},\overline{x_5},\overline{x_6},\overline{x_7},\overline{x_8},\overline{x_9},\overline{x_{10}})$，$(\overline{x_4},\overline{x_5},\overline{x_6},\overline{x_7},\overline{x_8},\overline{x_9},\overline{x_{10}})$，$(\overline{x_2},\overline{x_5},\overline{x_6},\overline{x_7},\overline{x_8},\overline{x_9},\overline{x_{11}},\overline{x_{12}})$，$(\overline{x_3},\overline{x_5},\overline{x_6},\overline{x_7},\overline{x_8},\overline{x_9},\overline{x_{11}},\overline{x_{12}})$，$(\overline{x_4},\overline{x_5},\overline{x_6},\overline{x_7},\overline{x_8},\overline{x_9},\overline{x_{11}},\overline{x_{12}})$

由于罐笼移动时人员处于危险位置是随机的，通过控制基本事件 x_1 来防止伤害事故很难实现，所以应该考虑根据余下的最小径集来采取预防措施。但余下最小径集中，每个都包含 7 个或 8 个基本事件，并且其中大部分是人的失误或人的不安全行为，表明事故预防工作非常艰巨。

3. 事故树的定量分析

在事故树分析中，用基本事件重要度来衡量某一基本事件对顶事件影响的大小，包括结构重要度、概率重要度、临界重要度。

（1）结构重要度

基本事件的结构重要度取决于它们在事故树结构中的位置。可以根据基本事件在事故树最小割集（或最小径集）中出现的情况，评价其结构重要度。显然，在由较少基本事件组成的最小割集中出现的基本事件，其结构重要度较大；在不同最小割集中出现次数多的基本事件，其结构重要度大。

于是，可以按式 2-2 计算第 i 个基本事件的结构重要度：

$$I_{\varphi}(i)=\frac{1}{k}\sum_{j=1}^{m}\frac{1}{R_j} \tag{2-2}$$

式中 k——事故树包含的最小割集数目；

m——包含第 i 个基本事件的最小割集数目；

R_j——包含第 i 个基本事件的第 j 个最小割集中基本事件的数目。

例如，对于图 2-11 所示事故树，各基本事件的结构重要度如下：

$$I_\varphi(2)=I_\varphi(3)=I_\varphi(4)=\frac{1}{8}\left(\frac{1}{4}\right)=\frac{1}{32}$$

$$I_\varphi(5)=I_\varphi(6)=I_\varphi(7)=I_\varphi(8)=I_\varphi(9)=\frac{1}{8}\left(\frac{1}{2}\right)=\frac{1}{16}$$

$$I_\varphi(10)=\frac{1}{8}\left(\frac{1}{3}+\frac{1}{3}\right)=\frac{1}{12}$$

$$I_\varphi(11)=I_\varphi(12)=\frac{1}{8}\left(\frac{1}{3}\right)=\frac{1}{24}$$

所以有：

$$I_\varphi(10)>I_\varphi(5)=I_\varphi(6)=I_\varphi(7)=I_\varphi(8)=I_\varphi(9)>I_\varphi(11)$$
$$=I_\varphi(12)>I_\varphi(2)=I_\varphi(3)=I_\varphi(4)$$

（2）概率重要度

基本事件对顶事件的影响除了取决于其在事故树结构中的地位外，还与其发生的概率有关，显然，基本事件发生的概率越大，其对顶事件发生的影响越大。概率重要度的定义为：

$$I_g(i)=\frac{\partial\ g(q)}{\partial\ q_i} \tag{2-3}$$

式中　$g(q)$——事故树的概率函数（即顶事件发生的概率）；

q_i——第 i 个基本事件发生的概率。

事故树的概率函数 $g(q)$ 由下式计算：

$$g(q)=1-\sum_{r=1}^{p}\prod_{i\in p_i}(1-q_i)+\sum_{1\leqslant h<j\leqslant p_j}\prod_{i\in p_k\cup p_j}(1-q_i)-\cdots+(-1)^p\prod_{i=1}^{n}(1-q_i) \tag{2-4}$$

例如，对于图 2-11 所示事故树，若已知各基本事件发生的概率见表 2-10，则顶事件发生的概率为：

表 2-10　基本事件发生概率

事件	内容	概率
x_1	人员处于危险位置	0.01
x_2	没关罐笼门	0.1
x_3	没关井口门（安全门）	0.1
x_4	人员误上、下罐	0.001

续表

事件	内容	概率
x_5	卷扬机司机误操作	0.001
x_6	井口信号工发错信号	0.001
x_7	信号设备故障	10^{-6}
x_8	信号调度员收错信号	0.001
x_9	信号调度员操作失误	0.001
x_{10}	制动闸失灵	10^{-5}
x_{11}	没及时使用安全阀	0.001
x_{12}	安全闸失灵	10^{-6}

$$g(q)=q_1[1-(1-q_2q_3q_4)(1-q_5)(1-q_6)(1-q_7)(1-q_8)(1-q_9)]\{1-q_{10}[1-(1-q_{11})(1-q_{12})]\}=4.005\times10^{-6}$$

各基本事件的概率重要度的排序为（具体计算略）：

$$I_g(5)=I_g(6)=I_g(8)=I_g(9)>I_g(7)>I_g(4)=I_g(12)>I_g(10)>I_g(2)=I_g(3)>I_g(11)$$

（3）临界重要度

一般情况下，减少发生概率大的基本事件的概率比较容易。用顶事件发生概率的相对变化率与基本事件发生概率的相对变化率之比来表达基本事件的重要度，称为临界重要度。基本事件的临界重要度定义为：

$$I_c(i)=\frac{\partial\ g(q)}{g(q)}\frac{q_i}{\partial\ q_i}=I_g(i)\frac{q_i}{g(q)} \tag{2-5}$$

对于图 2-11 所示事故树，各基本事件的临界重要度按式 2-5 计算，得到的排序为（具体计算略）：

$$I_c(5)=I_c(6)=I_c(8)=I_c(9)>I_c(2)=I_c(3)=I_c(4)>I_c(7)>I_c(10)>I_c(11)=I_c(12)$$

根据上述分析，为了提高系统安全功能，防止在人员上、下罐笼时发生伤亡事故，应该优先考虑的措施是：加强对竖井提升信号的管理（防止 x_6、x_7、x_8、x_9）；减少卷扬机司机操作失误（防止 x_5）；加强对乘罐人员的管理（防止 x_1、x_4）；另外，要注意对提升设备、信号装置的维修保养，使之经常处于完好状态，保证罐笼门、井口门及时关闭（防止 x_2、x_3）。

第三节　基本安全工程技术

一、基本安全工程技术的适用性

基本安全工程技术虽具有共同的安全科学理论基础，但各自又有不同的理论源头，例如：

系统安全工程——安全科学+系统论、风险分析理论、可靠性理论等；

可靠性工程——安全科学+风险分析理论、可靠性理论等；

安全系统工程——安全科学+系统论、系统工程理论等；

安全控制工程——安全科学+控制论等；

安全人机工程——安全科学+人机工程学、人类工效学等；

消防工程——安全科学+燃烧爆炸理论、灾害学等；

安全卫生工程——安全科学+生理卫生学、劳动卫生学等；

安全管理工程——安全科学+管理学、管理工程学等；

安全价值工程——安全科学+价值论、价值工程学等。

因此，这些工程技术虽然总体上可应用于安全工程生命周期的各个阶段，但又有所侧重，从不同的视角来指导安全工程的设计构建，审视其运行状态，评价其功能效果，见表 2-11。

表 2-11　各基本安全工程技术的理论基础和在安全工程生命周期各阶段适用情况

基本安全工程技术	指导设计构建	审视运行状态	评价功能效果
系统安全工程	√	√	
可靠性工程	√	√	
安全系统工程		√	
安全控制工程		√	
安全人机工程		√	√
消防工程	√		
安全卫生工程		√	√
安全管理工程	√	√	√
安全价值工程			√

二、系统安全工程

1. 系统安全工程的基本原理

系统安全工程（system safety engineering）的关键词是“系统”和“安全工程”，其寓意是“系统的”“安全工程”，即系统化的、程式化的安全工程。

所谓系统化，是指系统安全工程要运用系统论、风险分析理论、可靠性理论和工程技术手段辨识系统中的危险源，评价系统的危险性，并采取控制措施使其危险性最小，从而使系统在规定的性能、时间和成本范围内达到整体上最佳安全程度的一系列工程技术。

所谓程式化，是指任何系统安全工程都要遵循危险源辨识、危险性评价、危险源控制三个基本步骤，将其形成一个有机的整体和一个循序渐进发展的过程，从而确保系统安全水平不断提高，危险因素持续增长和人们承受能力持续降低基本矛盾得到不断解决。

2. 系统安全工程的基本内容

系统安全工程的基本内容及其关联关系如图 2-12 所示。

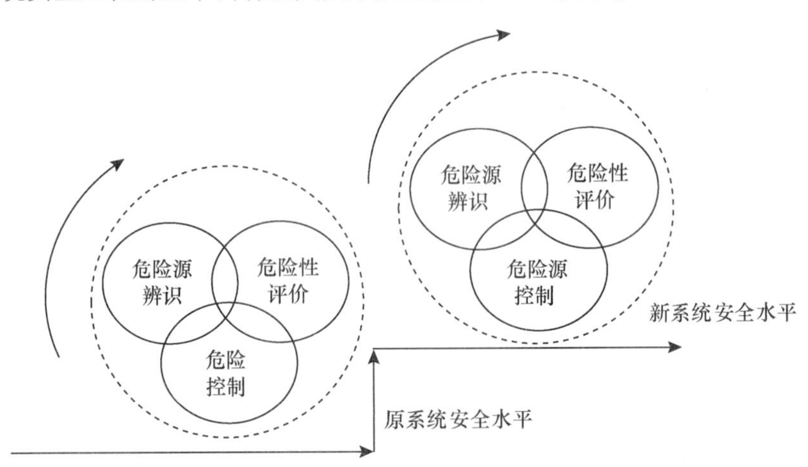

图 2-12　系统安全工程的基本内容及其关联关系

（1）危险源辨识——运用系统安全分析方法发现、识别系统中危险源的工作。系统安全工程认为，依据能量意外释放的事故致因理论，可以将危险源分为两类：第一类危险源是系统中可能发生意外释放的各种能量或危险物质，是导致人员伤害或财物损坏的能量主体；第二类危险源是导致约束、限制能量措施失效或破坏的各种不安全因素，主要由人、物、环构成。

（2）危险性评价——评价危险源导致事故、造成人员伤害或财产损失的危险程度的工作。危险源的危险性评价包括对危险源自身危险性的评价和对危险源控制措施效果的评价两个方面的问题。同时还要将评价结果与可接受的危险度相比较，以决定是否采取或采取何种控制措施。

（3）危险源控制——利用工程技术和管理手段消除、控制危险源，防止危险源导致事故、造成人员伤害和财物损失的工作。危险源控制技术包括防止事故发生的安全技术和避免或减少事故损失的安全技术。

3. 系统安全工程在安全工程中的地位

（1）系统安全工程决定安全工程的技术方向

系统安全工程的三项基本内容中，危险源辨识、危险性评价是找出系统的薄弱环节，判明各种状况的危险特点及导致灾害性事故的因果关系，确认系统的安全程度的工作，也就是前文提到的“系统安全分析”；而危险源控制则是要在此基础上，落实各项安全工程的各项具体措施，管控系统危险。可见，系统安全工程是以系统安全分析为基础的安全工程，决定了安全工程的功能目标和技术方向。

（2）系统安全工程是构建安全工程实体的基本单元

系统安全工程的三项基本内容，还分别对应着安全工程实体结构中的检测、判定、决策三个基本单元。可见，任何安全工程的构建，都是实施系统安全工程技术的过程；任何安全工程的运行，都是不断在持续推进系统安全工程三个基本内容。因此，系统安全工程是安全工程的核心内容和关键步骤。

三、可靠性工程

1. 可靠性工程的基本原理

（1）系统可靠性

系统可靠性是指在系统规定的时间内和规定的条件（如使用环境和维修条件等）下能有效地实现规定功能的性质。人类有组织地进行可靠性工程研究，是从20世纪50年代初美国对电子设备可靠性研究开始的。到了20世纪60年代才陆续由电子设备的可靠性技术推广到机械、建筑等各个行业。后来，又相继发展了故障物理学、可靠性试验学、可靠性管理学等分支，使可靠性工程有了比较完善的理论基础。

（2）系统可靠度指标

系统可靠度即系统的可靠性程度，其指标（即特征值）主要有系统故障率、系统可靠度等。

1）系统的故障率 $\lambda(t)$：系统工作到 t 时刻时单位时间内发生故障的概率。

2）系统的可靠度 $R(t)$：系统在规定工作时间 t 内无故障的概率。通常，在系统正常工作状况下，其故障率趋于稳定，可靠度与故障率的关系为：

$$R(t) = e^{-\lambda t} \tag{2-6}$$

可见，运行时间 t 越长，系统可靠性越低。

3）系统的不可靠度 $F(t)$：系统在规定工作时间 t 内发生故障的概率：

$$F(t) = 1 - R(t) = 1 - e^{-\lambda t} \tag{2-7}$$

（3）系统单元组合的可靠度

系统通常以具有不同可靠度的单元组合方式构成，如图 2-13 所示。其中 a）为 n 个单元组成的串联系统，b）为 n 个单元组成的并联系统，c）为 n 个单元组成的表决系统。表决系统是指组成系统的 n 个单元中，不失效的单元不少于 k（k 介于 1 和 n 之间），系统就不会失效，又称为 n 中选 k 系统，表示为 $k/n(G)$ 系统。

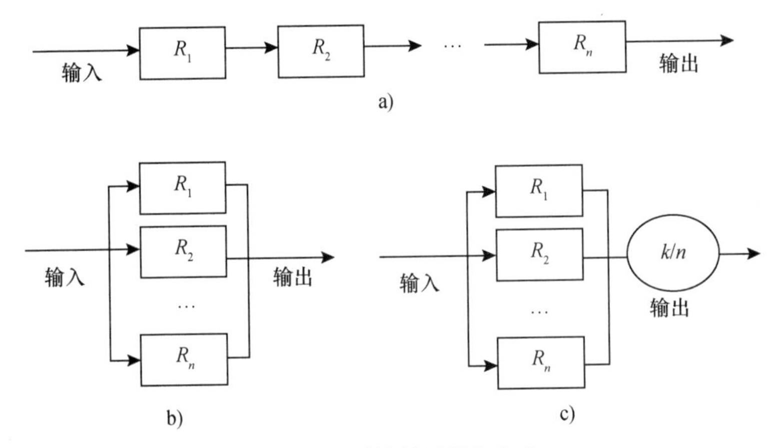

图 2-13　系统单元组合方式

a）串联系统　b）并联系统　c）表决系统

不同的组合方式具有不同的系统可靠度。

1）对于串联系统：

$$\lambda = \lambda_1 + \lambda_2 + \cdots + \lambda_n \tag{2-8}$$

$$R = R_1 \times R_2 \times \cdots \times R_n \tag{2-9}$$

2）对于并联系统：

$$\lambda = 1/[(1/1\times\lambda_1)+(1/2\times\lambda_2)+\cdots+(1/n\times\lambda_n)] \tag{2-10}$$

$$R = 1-(1-R_1)(1-R_2)\cdots(1-R_n) \tag{2-11}$$

3）对于表决系统：以 3 中选 2 系统为例，若各单元的故障率 λ 相同，有：

$$R=3e^{-2\lambda}-2e^{-3\lambda} \tag{2-12}$$

以由 3 个具有相同可靠度 $R=0.9$（当 $t=1$ 时，$\lambda\approx0.1$）的基本单元构成的串联、并联、2/3（G）系统为例，其系统的可靠度、不可靠度（即可靠度的反面）分别为：

串联系统：$R_{串}=0.9\times0.9=0.81$，$F_{串}=1-0.81=0.19$

并联系统：$R_{并}=1-(1-0.9)\times(1-0.9)=0.89$，$F_{并}=1-0.89=0.11$

2/3（G）系统：$R_{2/3(G)}=3e^{-2\times0.1}-2e^{-3\times0.1}=0.974$，$F_{2/3(G)}=1-0.974=0.026$

可见，串联系统可靠度最低，并联系统其次，表决系统可靠度最高（相应地，不可靠度最低）。因此，对于有较高可靠度要求的安全监控系统，通常采用 2/3（G）系统。

2. 可靠性工程的基本内容

可靠性工程（reliability engineering）是提高系统（产品或元器件）在整个生命周期内可靠性的一门有关设计、分析、试验的工程技术。其目的就是使系统具有较高可靠度、较低故障率、较长平均无故障工作时间、较短平均故障修复时间。

这些工程技术主要有以下几个方面。

（1）降低额定值

与机械部件、结构设计中的安全系数类似，可以通过降低系统额定载荷值的办法来提高它们的可靠性。

（2）冗余设计

即为完成系统的某种机能而附加上一些元部件或手段，即使其中之一发生了故障，仍能实现预定的机能。常见的冗余方式有并联冗余（附加的冗余元部件与原有的元部件同时工作）、备用冗余（冗余元部件通常处于备用状态，当原有的元部件发生故障时才投入使用）、表决冗余（当 n 个相同的元部件中有 k 个正常时，就能保证正常的工作）等。

（3）选用高质量元部件。

（4）定期维修保养及更换。

3. 可靠性工程与安全工程

（1）可靠性与安全性

安全性是系统在规定的条件下，在规定的时间内，防止事故发生或减轻事故损失，保障安全的性质。

在防止故障发生这一点上，可靠性和安全性是一致的，故障是可靠性和安全性的联结点，因为可靠性高意味着系统故障率低，也意味着发生各种损伤事故的概率也低。当系统发生故障时，不仅影响系统功能的实现，而且有时会导致事故，造成人员伤亡或财产损失。例如，飞机的发动机发生故障时，不仅影响飞机正常飞行，而且可能使飞机失去动力而坠落，造成机毁人亡的后果。因此，采取提高系统可靠性的措施，既可以保证实现系统的功能，又可以提高系统的安全性，提高系统的安全性往往可以通过提高系统的可靠性来实现。

但是，可靠性与安全性的着眼点有所不同。可靠性着眼于维持系统功能的发挥，实现系统目标；安全性着眼于防止事故发生，避免人员伤亡和财产损失。可靠性研究的是故障发生以前直到故障发生为止的系统状态（相当于避免事故触发）；安全性则侧重于故障发生后故障对系统的影响（相当于防止事故萌芽——初发——扩大——发展）。因此，对于预防和控制事故，系统具有较高的可靠性是基础，具有较高的安全性是关键。

（2）安全工程的可靠性

任何安全工程都可能出现隐性故障和显性故障两种失效模式（即不可靠模式）。隐性故障是指当被保障的对象处于危险状态时，系统检测和评价为安全状态的故障，表现为安全工程拒动作，由于这种情况仅在危险状态发生时才能表现出来，平时难以发现，因此是隐性的。显性故障是指被保障的对象处于安全状态时，系统检测和评价为危险状态的故障，表现为安全工程误动作，由于这种情况在正常状态下就可以直接感受到，因此是显性的。

从安全工程的功能上看，隐性故障可能因丧失安全功能而导致人员和财产的损伤事故，属于“故障——危险”（又称为危险失效），是必须严格控制的故障。显性故障一般不会导致损伤事故，属于“故障——安全”（又称为安全失效），但却会造成被保护对象运行的无故中断以致获利机会的损失，也是不能容忍的。

在安全生产实践中，安全工程的可靠性，就是可靠性理论指导的有关安全工程的设计、分析、试验的工程技术。其功能就是要防止安全工程的隐性故障和显性故障，提高安全系统的可用度（包括提高可靠度、降低故障率、延长平均无故障工作时间、缩短平均故障修复时间等）。

由于系统可靠性与系统安全性在理论基础、技术手段所具有的一致性，所以在系统安全性工程的研究中广泛利用、借鉴了可靠性研究中的一些理论和方法。事实上，安全工程的许多理论、技术、分析方法（如故障树分析、故障类型和影响分析、危险和可操作性研究等）都源自可靠性工程。

因此，可靠性工程是实现安全工程基本功能的理论基础。

四、安全系统工程

1. 安全系统工程的基本原理

安全系统工程（safety system engineering）的关键词是“安全”和“系统工程”，其寓意是“安全领域的”“系统工程”，即系统工程的理论和技术方法在安全领域的实践和应用。

系统工程是从系统观念出发，以最优化方法求得系统整体的最优的综合化的组织、管理、技术和方法的总称。在理论层面，系统工程是系统科学的一个分支，是实现系统最优化的科学；在实践层面，系统工程是对一个全面的、大型的、复杂的包含各子项目的工程项目实现系统最优化管理的工程技术。

安全系统工程是应用系统工程的理论和实践方法，分析、评价、预测系统中的各种危险因素及其导致事故规律，调整、改善系统工艺、设备、操作、管理、生产周期和费用等因素，实现系统安全的一整套管理程序和方法体系。

2. 安全系统工程的主要内容

安全系统工程的主要内容包括以下四个方面。

（1）系统安全分析

为了充分认识系统的危险性，就要对系统进行细致的分析。根据需要可以把分析进行到不同程度，可以是初步的或详细的，也可以是定性的或定量的。

（2）系统安全预测

在系统安全分析的基础上，运用有关理论和手段对安全生产的发展或者事故的发生等作出的一种预测。

（3）系统安全评价

在系统安全分析、预测的基础上，通过评价了解到系统中的潜在危险和薄弱环节，并最终确定系统的安全状况。

（4）安全管理措施

根据系统安全评价的结果，对照已经确定的安全目标，对系统进行调整，对薄弱环节和危险因素增加有效的安全措施，最后使系统的安全性达到安全目标所要求的水平。

3. 安全系统工程与系统安全工程之间的关系

安全系统工程与系统安全工程在基本思想和研究内容上有诸多相似之处，长期以来，人们对于系统安全工程和安全系统工程概念以及内涵的认识和理解尚不明确、不统一。归纳起来，两者的异同主要有以下几个方面。

（1）系统和系统思维是两者共同的理论基础和思想方法

系统安全工程、安全系统工程均将自身和所服务的特定领域看成一个相互联系的有机整体（即系统），以系统论为理论指导，运用系统思维方法来考察、认识这个有机整体中系统和要素、要素和要素、系统和环境的相互联系、相互作用规律，分析、处理安全相关问题。

（2）实现特定领域的安全是两者共同的目的

系统安全工程、安全系统工程都是为特定的领域安全服务的。系统安全工程强调要通过持续进行的危险源辨识、危险性评价、危险源控制的逻辑路线开展工程项目的分析、设计和实施，为安全工程功能的实现和不断提升指明技术途径。安全系统工程以追求系统的本质安全化为目标，强调系统全过程、全方位的安全，为安全工程功能目标的实现提供决策支持。

具体地，两者在寓意、内涵、目标、方法等方面有所异同，见表2-12。

表2-12　系统安全工程和安全系统工程的异同

项目		系统安全工程	安全系统工程
异	寓意不同	“系统化的”“安全工程”	“安全领域的”“系统工程”
	内涵不同	强调安全工程的逻辑性、持续性、递进性、程式化	强调安全工程的全过程、全方位、全人员性质
	理论基础不同	系统论、风险管理理论、可靠性理论	系统工程理论
	侧重点不同	技术层面、微观领域	管理层面、宏观领域
同	目标相同	实现系统整体安全性	
	主要技术方法相同	系统安全分析、系统安全评价	

五、安全控制工程

1. 安全控制工程的基本原理

安全控制工程（safety control engineering）是应用控制论的一般原理和方法研究安全控制系统的调节与控制规律的一门学科。

任何安全工程都是通过对各种危险、有害因素进行有效控制来实现其安全功能的，因此，安全控制工程是安全工程实现其功能的最基本内容。

实施安全控制工程要坚持的基本原则包括以下几个方面。

（1）闭环控制原则

要求安全控制过程有明确的目的性和有效性，并应通过系统安全分析和评价持续改进其控制内容和手段。

（2）分层控制原则

安全控制要保持程序上的递进性、总体上的协调性。

（3）分级控制原则

安全控制要有主次，要根据被控制系统实时的状态，确定主要控制对象，重点解决突出的安全问题。

（4）动态控制性原则

无论在技术上、管理上，安全控制都要有自组织、自适应的功能，应能够根据系统的动态变化调整控制方案。

（5）等同原则

无论是从人的角度还是物的角度，安全控制要素的功能必须大于和高于被控制要素的功能，以保证控制的有效性。

（6）反馈原则

要能够及时、有效地评估安全控制的效果，以减少和杜绝安全控制自身的故障。

2. 安全控制工程的基本运行模式

（1）前馈式控制为主

前馈式控制是指对系统的输入进行检测，判定可能出现的非正常输入或偏差，采取相应的控制措施，以实现系统预定功能的控制方式，如图 2-14 所示。为了预防各类事故，安全控制系统应根据事故的种种征兆预见事故的可能性，在事故发生之前采取措施消灭隐患，因此必须以前馈式控制为主。

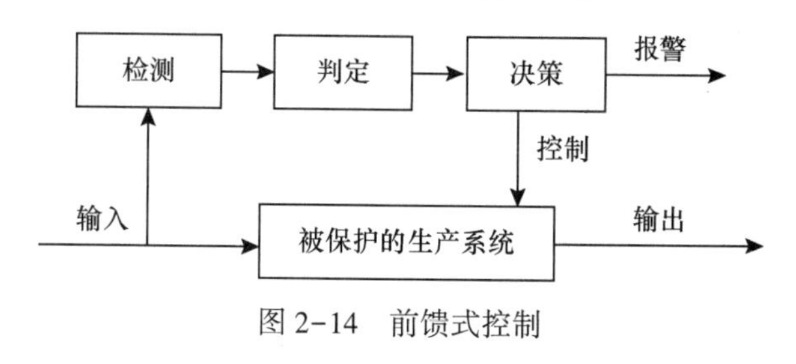

图 2-14　前馈式控制

（2）积极的反馈式控制

反馈式控制是使用最为广泛的控制方式。反馈式控制是指对系统的输出进行检测，判定其与正常输出的偏差，采取相应的控制措施，以检验系统实现预定功能实现程度、及时调整控制参数的控制方式，如图 2-15 所示。

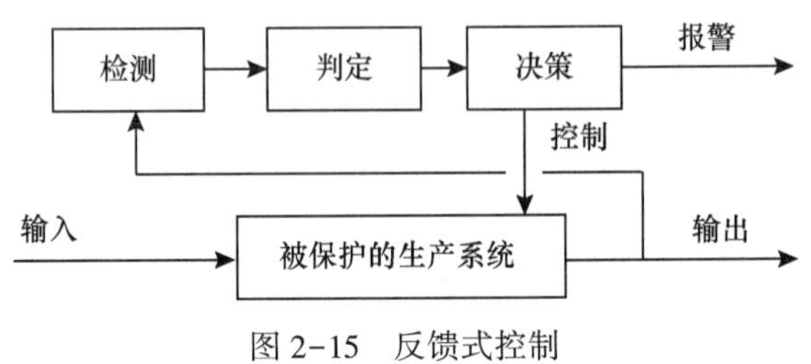

图 2-15　反馈式控制

尽管前馈式控制是安全控制系统的首选方式，但无论其如何完备，完全消灭事故是不可能的。积极的反馈式安全控制是在偏差出现时，及时采取调控措施，改“斜”归正，在事故出现之后控制事故规模，减少事故损失。

(3) 追求持续式的闭环控制

所谓“持续”，是指在受控对象整个生命周期，保持该信息采集和控制传递路线，并在此期间不断改进和提升控制效果。所谓“闭环”，是指对系统的输入、输出都进行检测，通过信息反馈进行决策，并控制输入，保持系统完整、畅通的信息采集和控制传递路线，如图 2-16 所示。持续式的闭环控制系统不是单点、短时的控制，而是全方位、全过程地对流程进行连续的在线的监控，并通过积极的反馈式控制实现系统的持续改进。

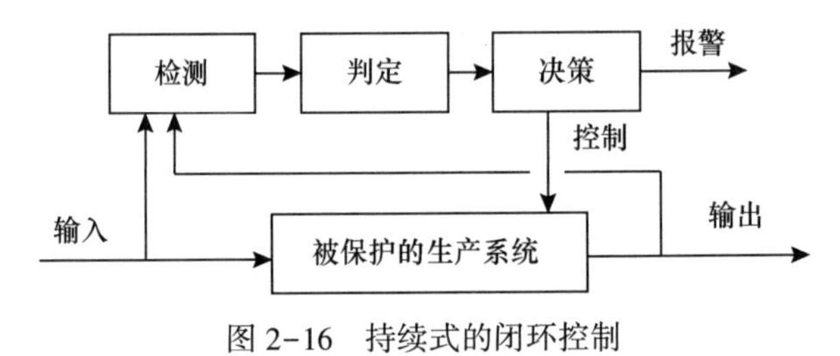

图 2-16　持续式的闭环控制

六、安全人机工程

1. 安全人机工程的基本原理

安全人机工程是安全人机环境工程的简称。作为一门综合性边缘学科，安全人机工程是人机工程学（又称为人类工效学）与安全工程结合并在实际应用基础上产生和发展起来的。

任何一个人类活动场所，都是一个“人、机、环境”系统。这里所谓的人，是指活动的人体，是有意识、有目的地操纵机（机器、物质）和控制环境的主体，同时又接受其反作用；这里所谓的机，是广义的，它包括劳动工具、机器（设备）、劳动手段、原材料、工艺流程等所有直接与人的活动相关的物质因素；这里所谓的环境，是活动场所内除了人、机以外的客观事物和环境条件总和，包括物体、空间、能量、信息、气象、音响、照明、气候等影响人、机活动的因素。

安全人机工程，就是从安全的角度，针对“人、机、环境”系统，运用人机工程学的原理和方法研究三者之间的相互关系，探讨如何使机、环境符合人的形态学、生理学、心理学方面的特征，使人、机、环境在安全的基础上达到最佳匹配，以确保系统高效、经济运作，以求达到人的能力与作业活动要求相适应，创造舒适、高效、安全的劳动条件，如图 2-17 所示。

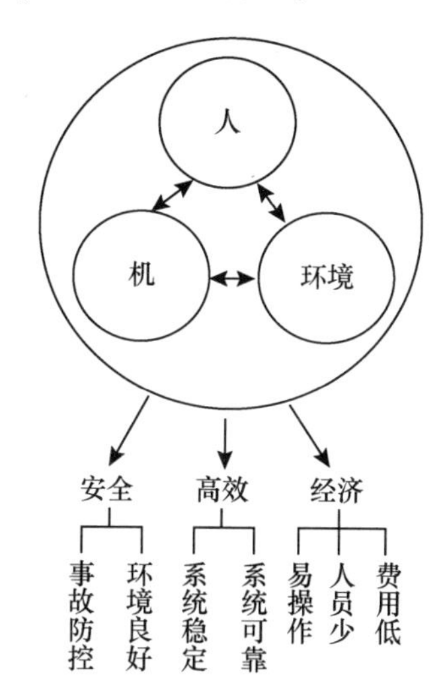

图 2-17　安全人机工程的系统综合效能

2. 安全人机工程需要解决的基本问题

（1）人机之间分工及其相互适应问题

分工要根据两者各自特征，发挥各自的优势，达到高效、安全、舒适、健康的目的。

（2）信息传递的及时性和有效性

人与机器在操作过程中要不断传递信息，机器上各种显示器、控制器要设计得适合于人的生理特征，人的指令应得到方便、准确的传输。

（3）作业环境的安全、舒适

生产场所有各种各样的环境条件，如高温、高湿、振动、噪声、空气中的有害物质、工作地的状况等。这些因素都会影响人的健康。安全人机工程要将这些因素控制在规定的标准范围之内，使环境条件符合人的生理和心理要求。

（4）必要的安全装置

许多设备都有“危区”，若无安全装置、屏障、隔板、外壳将危区与人体隔开，便可能对人产生伤害。安全人机工程要考虑对操作者和关键设备进行可靠的安全隔离和保护。

（5）选择合适的操作者

人的个体差异，使操作者对工作的适应程度不同。在人事安排上，要研究人机关系的协调性，人适其职，才有利于安全生产。

（6）生产过程中的减负荷和降疲劳措施

要根据操作者的作业时长、劳动强度、紧张程度、岗位重要度等情况，采取积极休息、强制调岗、人机互换等措施，防止因疲劳而发生人的失误。

（7）提高人机系统的可靠性，追求系统的本质安全化

这是从根本上保证人机系统安全、有效的措施。要以系统风险辨识、可靠性评估为基础，及时发现人机系统的缺陷，落实各项提高系统可靠性措施，实现事故的预防和危险情况的控制。

七、消防工程

1. 消防工程的基本原理

消防工程（fire protection engineering）是消火、防火工程的简称。1998 年，欧洲标准委员会（CEN）、国际标准化组织（ISO）以及消防工程师协会（SFPE）初步提出的定义是：消防工程是在对火灾现象、火灾影响、人们在火灾中的行为和反应的分析认识的基础上，运用科学和工程原理、规范以及专家判断，保护人员、财产和环境免受火灾危害的工程和技术措施。

火灾是失去控制的燃烧。燃烧必须具备可燃物、温度、氧化剂和链式反应四个必要条件，因此只要破坏其中任何一个条件，燃烧都会受到控制。消防工程的基本功能，一是防止火灾发生；二是及时发现初级火灾，避免酿成重大火灾；三是一旦火灾形成，采取适当的措施将其消灭。为了防止发生火灾，就要尽量消除不必要的引火源，不用或少用可燃材料，或把可燃材料表面刷防火涂料；为了及时发现初级火灾，就要配备各类消防器材、灭火系统、报警装置；为了控制已发生火灾的范

围，不使火灾扩大，就要设置防火分区和防火分隔物，如防火墙、防火窗、防火门、防火阀等，保持消防应急通道的畅通。上述为了防止火灾发生和控制消灭已发生火灾而设置、建造和安装的工程设施、设备统称为消防工程。

英国工程理事会（ECD）认为，消防工程涉及 14 个科学和工程领域，即火灾科学（消防化学）、火灾科学（消防动力学）、防火工程（主动）、防火工程（被动）、烟气控制、火灾及人之间的相互影响（如逃生手段）、火场灭火活动、火灾调查、火灾风险评价及估量（包括火灾保险）、消费项目及能源的消防安全、消防安全设计及建筑物管理、消防安全设计及工业过程管理、消防安全设计及运输活动管理、消防安全设计及城市和社区管理。

2. 消防工程的主要内容

（1）消防工程的构成

消防工程主要由三大部分构成：第一是感应机构，即消防报警系统；第二是执行机构，即灭火控制系统；第三是避难引导系统。灭火控制系统和避难引导系统可统称为消防联动系统。

灭火控制系统又称火灾报警系统，是为了早期发现和通报火灾，并及时采取有效措施，控制和扑灭火灾，而设置在建筑物或其他场所中的一种消防设施。自动化的消防报警系统由报警主机、火灾特征或火灾早期特征传感器、人工火灾报警设备、输出控制设备组成。传感器完成对火灾特征或火灾早期特征的探测，并将相关信号传送到报警主机。报警主机完成对信号的显示、记录，并完成相应的输出控制。

灭火控制系统是一种及时发现和通报火情并采取措施控制和扑灭火灾的消防设施。其功能是在火灾探测器探测到火灾信号后，能自动切除报警区域内有关的空调器以及各种电气设备，关闭管道上的防火阀，停止有关换风机，开启有关管道的排烟阀，自动关闭有关部位的电动防火门、防火卷帘门，按顺序切断非消防用电源，接通事故照明及疏散标志灯，停运除消防电梯外的全部电梯，并通过控制中心的控制器，立即启动灭火系统，进行自动灭火。

避难引导系统包括火灾事故照明和疏散指示标志、消防专用通信系统及防烟排烟设施等。其作用是保证火灾时人员较好地疏散，减少伤亡。

（2）消防工程的构建

为了实现消防工程预定的目标，完整的消防工程应包括以下具体工作。

1）对火灾危险、风险及其影响进行评估。

2）通过正确的设计、建设、布置，采用合适的材料、结构、工业流程、运输系统等，减轻潜在的火灾危害。

3）对限制火灾后果所必需的最佳预防和保护措施做出恰当的评估。

4）对与火灾探测、火灾控制和火灾通信相关系统的装备进行设计、安装、维护、更新。

5）在灭火和救援行动中制定正确合理的应急指挥和事故控制方案。

6）火灾发生后的调查分析、评估反馈。

（3）消防工程技术人员的要求

承担消防工程的技术人员，应经过教育、培训、实践，掌握以下专业知识和技能。

1）了解火灾的性质和特征、火灾蔓延的机理、火势的控制以及相关的燃烧产物。

2）了解火灾是如何在建筑物、构筑物内外发生、发展、蔓延的规律，掌握探测、控制和扑灭火灾的方法和措施。

3）能够对与保护生命、财产和环境免受火灾危害相关的材料、结构、机器、装置和工艺流程的变化情况做出预测。

4）理解工业与民用建筑以及类似设施中的消防安全系统和其他系统的相互影响和集成作用。

5）能够利用所有以上列出的和其他所需的知识承担消防工程实践。

八、安全卫生工程

1. 安全卫生工程的基本原理

劳动者是在各种作业环境下从事生产劳动的，这些作业环境和劳动条件都可能对劳动者人体产生一定的影响和危害。安全卫生工程（job safety and hygiene engineering）就是研究劳动条件对人身健康可能产生的影响，从质和量两个方面来阐明职业性危害因素与劳动者健康水平的关系，从技术上改善劳动条件，防止职业病，保护劳动者的安全和健康，提高其作业能力，促进生产的发展和劳动生产率的提高。

2. 安全卫生工程的主要内容

安全卫生工程的主要工作内容是运用各种专业技术和仪器对劳动作业强度、作业条件、作业环境进行检测，分析确定存在的职业性危害因素，对照现行的相关法规和标准所规定劳动卫生标准阈值，确定对该有害因素采取回避、防护、治理、急救等技术措施。

（1）职业性危害因素及其检测

职业性危害因素按其来源可以分为以下三类。

1）生产过程中的环境有害因素，如化学性有害因素（如各类生产性毒物和粉尘等）、物理性有害因素（如气象条件、电磁辐射、电离辐射、噪声、振动等）、生物性有害因素（主要指生产过程中那些使人致病的微生物或寄生虫等）。

2）劳动过程中的有害因素，如劳动强度过大、脑力过度紧张、长期处于不良体位或使用不合格工具致使个别器官损伤等。

3）生产性场所卫生设施不良所致的有害因素，如通风、照明不良，缺乏防尘、防毒、防暑降温等设施和安全设备等。

职业性危害因素的检测一般应由国家指定的劳动卫生检测部门进行，提出作业条件是否符合劳动卫生标准的检测和评价报告。企业在检测合格后方可获得劳动生产许可，企业应在生产过程中始终保持合格状态，并努力提升劳动卫生条件。

（2）劳动卫生标准

劳动卫生标准由国家各级立法部门制定，分为最高容许浓度标准和阈限值标准。

最高容许浓度标准（简称 MAC）是指工作地点空气中有害物质在长期多次有代表性的采样测定中均不应超过的浓度限度。我国目前以每天 8 小时、每周 40 小时、反复接触有害物的情况下，不致引起急性中毒和慢性影响为最高容许浓度，共列出了 111 种有毒物质和 9 种工业性粉尘浓度标准。

阈限值标准（简称 TLV）是指每周 40 小时内所接触的时间加权平均浓度限值。该值可容许在一定限度内波动，主要强调对大多数工人不发生有害作用。对于具体危害因素，阈限值标准又可分为时间加权平均浓度（简称 TLV-TWA）、短期接触限值（简称 TLV-STEL）、极限值（简称 TLV-C）三种。

（3）职业性危害防治技术

企业职业性危害防治技术包括：建立职业性危害防治管理体系和管理制度，执行劳动卫生标准和安全卫生责任制，对机械设备、厂房建筑、作业环境等所采取的安全卫生措施，防止尘毒及物理因素对人体影响和伤害的措施，保持工作环境的清洁卫生和合理的照明、通风措施，实施安全卫生监督检查和教育培训，对各类劳动卫生性事故和事件进行调查、登记、统计、报告和处理等。

九、安全管理工程

1. 安全管理工程的基本原理

管理工程是研究工业企业组织有效生产、不断提高劳动生产率和经济效益的科学。一般地说，管理工程的基本要素包括人、财、物、信息、时间、机构和制度等，其中前五项是管理的内容，后两项是管理的手段。管理工程的基本原理就是研究如何正确而有效地处理上述要素及其相互关系，以达到管理的基本目标。

安全管理工程是以实现系统安全为目标的管理工程。安全管理工程是运用管理工程学的理论和方法对安全生产及其所涉及的人力、物力、财力、信息等安全资源进行的计划、组织、指挥、协调和控制的一系列技术、组织和管理活动。

安全管理工程的基本原理框架如图 2-18 所示。其中系统安全管理和人本安全管理是一级管理，其他原理都是隶属于它们的二级管理。

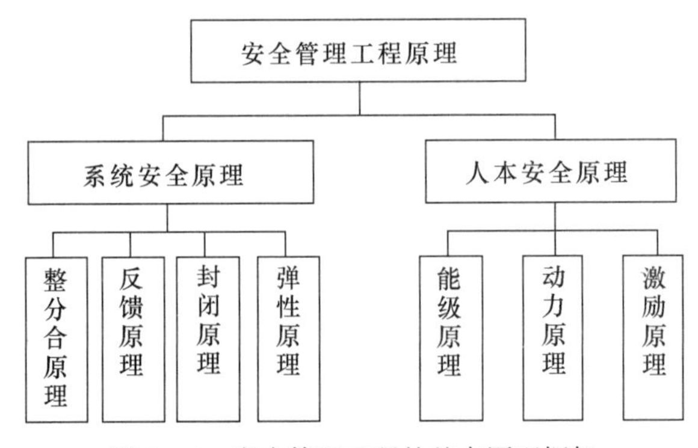

图 2-18　安全管理工程的基本原理框架

系统安全原理即为了达到预定的安全目标，运用系统理论，进行系统安全分析。整分合原理即以安全分析为基础，在整体规划下进行有效分工，分清主次，确定安全工作重点；反馈原理是运用安全检查、隐患整改、事故调查和统计分析、安全考核等手段掌握系统中尚存的隐患和安全工作的不足，持续改进安全工作；封闭原理即通过建立安全责任制，使安全管理手段和管理过程构成一个连续密闭的回路，独立与生产系统之外行使安全管理；弹性原理要求安全管理有很强的适应性和灵活性，以适应安全管理所面临的错综复杂的环境和条件，实现全面、全员、全过程的安全管理，以及人、机、环境诸方面的事故预防。

人本安全管理强调安全工作以人为本，以保障人的安全和健康为根本。能级原理是指在建立安全管理体制过程中注重管理结构中人才的稳定性、人才及其能级的一致性、责权利的对等性；动力原理主张正确运用物质动力、精神动力、信息动力，使安全管理运动持续有效地进行下去；激励原理是以科学的手段激发人的内在潜力，充分发挥其安全工作积极性和创造性。

2. 安全管理工程的主要内容

在生产过程中的安全管理工程，主要内容大体可归纳为安全组织管理、场地与设施管理、人员行为管理、安全技术管理四个方面，通过管理和控制，实现对生产中的人、物、环境等要素处于安全的状态和安全的关系。

为确保生产要素处于安全状态，实施安全管理过程中需要正确处理五种关系，坚持六项原则，推行现代安全管理技术。

（1）安全管理需要处理好的五种关系

1）安全与危险并存的关系。一方面，安全与危险同在且相互对立。因为有危险，才要进行安全管理；另一方面，随着系统的运动变化，安全与危险发生着此消彼长的变化。保持生产的安全状态，必须保持安全工程技术、措施的持续性、多样性、有效性，才能控制住系统中不断变化、滋生的危险因素，维护和提升系统的安全水平。

2）安全与生产统一的关系。生产是人类社会存在和发展的基础。生产有了安全保障，才能持续、稳定发展；否则，生产中人、物、环境都处于危险状态，则生产无法顺利进行，甚至发生颠覆性破坏。因此，安全是生产活动得以维系的客观要求，“安全第一”是生产系统存在的基本条件，安全是最大的效益。

3）安全与质量互溶的关系。从广义上看，质量包含安全工程的质量，安全工程也需要有质量保证，交互作用，互为因果。安全第一，质量第一，两个第一并不矛盾。安全第一是从保护生产因素的角度提出的，而质量第一则是从关心产品成果的角度强调的。生产过程中忽视哪一项都可能陷于失控状态。

4）安全对工程进度的关系。为了贪图工程进度而偷工减料、走捷径，可能侥幸得逞于一时，但往往缺乏质量保障和安全保护，欲速不达，轻则返工损料，重则酿成大祸。因此，工程实践中要追求安全加速度，竭力避免不安全减速度。当工程进度与安全发生矛盾时，暂时减缓速度，保证安全才是正确的做法。

5）安全与经济效益的关系。安全技术措施的实施，需要一定的资金投入，用来改善劳动条件，调动职工的积极性，焕发劳动热情，保证生产系统持续、稳定的运转，由此带来的经济效益和社会效益，足以补偿原来的投入。因此，安全与效益是一致的，安全促进了经济效益的增长。

（2）坚持安全管理六项原则

1）坚持安全管理全员责任的原则。生产安全涉及每一个工作岗位、每一个作业环节、每一个设备设施，预防事故需要人人参与。安全工作不只是安全专职人员的责任，也是企业全体干部和每一个员工的共同责任。《安全生产法》明确要求，安全生产工作实行管行业必须管安全、管业务必须管安全、管生产经营必须管安全，强化和落实生产经营单位主体责任与政府监管责任，建立生产经营单位负责、职工参与、政府监管、行业自律和社会监督的机制。因此，一切与生产有关的机构、人员，都必须参与安全管理并在管理中承担责任。认为安全管理只是安全部门的事，是一种片面的、错误的认识。

2）坚持安全管理的目的性原则。安全管理的目的是有效控制人的不安全行为和物的不安全状态，消除或避免事故，保护劳动者的安全与健康。要在安全管理过程中始终瞄准这个目标。没有明确目的的安全管理工程，只能是样子工程、草包工程，不但劳民伤财，还可能埋下隐患或祸根、导致事故。

3）坚持安全生产方针的原则。“安全第一、预防为主、综合治理”，是安全生产工作的指导思想、总体要求和工作方向。在安全管理中坚持“安全第一”，就是要把安全放在一切工作的首位，安全是生产系统设立和运行的前提，安全具有一票否决权；“预防为主”就是要把安全管理的重心前移，变事故后的“亡羊补牢”为事故前的隐患排查、风险管控、防患于未然；“综合治理”就是落实全员安全生产责任制，对安全生产工作中存在的问题或事故隐患，多方入手，人人有责，齐抓共管，标本兼治，重在治本。

4）坚持系统动态管理的原则。安全管理涉及被保护系统的规划、设计、建设、试运行、生产、维护、报废等全生命周期，涉及生产活动中的每个人员、每个作业环节、每个设备设施及其相关要素，且这些要素始终处于变化之中。因此，安全管理必须是覆盖全人员、全过程、全方位、全天候的系统全要素动态安全管理。

5）坚持重点管控的原则。在生产实践中，面对不可能全部消除的众多危险因素，必须学会“抓主要矛盾”。在管理制度制定中，要完善全员安全责任制，其中要重点落实领导（特别是企业主要负责人）的安全管理责任；在两类危险源的管控中，重点管控第二类危险源（即人的不安全行为和物的不安全状态），其中又要侧重人的不安全行为；在管控人的行为中，重点对动火、登高、受限空间作业进行管控；在日常的安全管理中，要实现关口前移，落实隐患排查治理、风险分级管控的具体措施，特别要加强保持对重大隐患的排查、对重大风险的实时监控。

6）坚持在实践中拓展、提高管理能力的原则。安全管理的对象是变化着的生产活动，安全管理技术也是不断发展、不断变化的。为适应变化的生产活动，消除新的危险因素，必须在实践中不断摸索新规律、学习新知识、总结新经验、掌握新技能，以适应危险因素的新动向和安全法规的新要求，使安全管理水平不断上升到新的高度。

（3）推行现代安全管理技术

现代安全管理是综合运用现代自然科学、社会科学和管理科学的成果，将现代管理理论、技术、方法运用于安全生产管理实践，强调安全管理工程在构建上的系统性、自洽性、标准化，突出安全管理工程在运行中各基本要素（人、财、物、信息、时间、机构和制度等）的协同性、参与度、主动性，追求安全管理工程在目标上的明确、可达、可评估性。

现代安全管理具有两个显著特征。一是强调以人为中心的安全管理，体现以人为本的科学的安全价值观。安全生产的管理者必须时刻牢记保障劳动者的生命安全是安全生产管理工作的首要任务。人是生产力诸要素中最活跃、起决定性作用的因素。在实践中，要把安全管理的重点放在激发和激励劳动者对安全的关注度、充分发挥其主观能动性和创造性上来，形成让所有劳动者主动参与安全管理的局面。二是强调系统的安全管理。根据安全工程的系统化、程式化要求，从企业的整体出发，实行企业全员、全过程、全方位的安全管理，使企业整体的安全生产水平持续提高。

在我国，随着安全科学理论的发展和安全技术的进步，现代安全管理思想和方法得到广泛的推广和普及。2021 年 9 月起实施的《安全生产法》，坚持“人民至上、生命至上”，强调“管行业必须管安全、管业务必须管安全、管生产经营必须管安全”，突出“构建安全风险分级管控和隐患排查治理双重预防体系，健全风险防范化解机制”，实行“生产经营单位的主要负责人是本单位安全生产第一责任人，对本单位的安全生产工作全面负责，其他负责人对职责范围内的安全生产工作负责”等理念和原则，都体现了现代安全管理“以人为本”“系统管理”的精髓和要义。

近年来国内外创新和推行了一系列现代安全工程技术和方法，难以一一赘述。这些技术和方法的现实意义和工程目标，都在于要变传统的纵向单因素安全管理为系统化、全要素、全过程的综合安全管理；变孤立的单项安全管理为安全、健康、环境等综合性、标准化管理；变传统的事后事故管理为预防性的隐患排查、风险管控本质安全化管理；变以生产为中心的安全辅助管理责任制度为安全第一、人人有责的管理责任制度；变传统的外部性安全指标管理为内机型的安全目标管理等。

十、安全价值工程

1. 安全价值工程的基本原理

（1）价值工程

价值工程（value engineering，VE）是通过分析系统的功能与成本的相互关系，寻求系统整体最优化途径的一项技术经济方法。

价值工程中的“价值”，不同于政治经济学中有关“价值是指凝结在商品中的无差别的人类劳动，它一般要通过商品交换体现出来”的概念，而是指“评价事物（产品或劳务）有益程度的尺度”。其“价值”的有益程度是从事物的效用和取得这种效用时投入资源的比值来评价的，即：

$$V=F/C \tag{2-13}$$

式中 V——价值；

F——功能；

C——成本。

由式2-13可以看出，提高系统价值 V 的途径有以下5种。

1）$F\rightarrow/C\downarrow=V\uparrow$。即在系统功能不变的情况下，可以通过降低成本，提高系统价值。

2）$F\uparrow/C\rightarrow=V\uparrow$。即在成本不变的情况下，可以通过提高功能，提高系统价值。

3）$F\uparrow/C\downarrow=V\uparrow\uparrow$。既提高产品功能，又使成本下降，可以大大提高系统价值。这是比较理想的途径，是价值工程的主攻目标。

4）$F\uparrow\uparrow/C\uparrow=V\uparrow$。即成本略有提高而系统功能大幅度提高，同样可以提高系统的价值。

5）$F\downarrow/C\downarrow\downarrow=V\uparrow$。即系统功能略有下降，成本大幅度下降，从而使系统价值有所提高。

可见，价值工程包括降低成本和改善系统功能两个方面，途径1）、3）、5）着眼于降低成本，2）、3）、4）则着眼于改善功能。

（2）安全价值工程

安全价值工程是运用价值工程的理论和方法，依靠集体智慧和有组织的活动，通过对某措施进行安全功能分析，力图用最低安全寿命周期投资，实现必要的安全功能，从而提高安全价值的技术措施。

安全价值即安全功能与安全投入的比值，其表达式为：

$$安全价值（V）=安全功能（F）/安全投入（C） \tag{2-14}$$

由式2-14可见，要提高安全价值 V，可以采取的对策是：安全功能 F 提高，安全投入 C 降低；安全投入 C 不变，安全功能 F 提高；安全投入 C 略有提高，安

全功能 F 有更大提高；安全功能 F 不变，安全投入 C 降低；安全功能 F 略有下降，安全投入 C 大幅度下降。人类对安全程度的要求越来越高，因此，前面三种是寻求提高安全价值的主要途径，后两种情形则只能在某些情况下使用。

2. 安全价值工程的分析程序和作用

（1）安全价值工程的分析程序

安全价值工程的分析程序可以划分为分析、综合、评价三个阶段和 12 个具体工作，通过七个提问形成一条完整的思路，如能圆满回答，就可以找到较好的安全系统改进方案，见表 2-13。

表 2-13　　安全价值工程的分析程序

构思过程	分析程序		提问
	基本步骤	详细步骤	
分析	1. 功能定义	1. 对象选择 2. 情报收集	1. 这是什么样的安全系统？
		3. 功能定义 4. 功能整理	2. 安全系统的功能是什么？
	2. 功能评价	5. 功能成本分析	3. 安全系统的成本是多少？
		6. 功能评价 7. 确定对象范围	4. 安全系统的价值是多少？
综合	3. 制定改进方案	8. 创造	5. 还有其他安全系统方案吗？
评价		9. 概略评价 10. 具体化、调查 11. 详细评价 12. 提案	6. 新方案的成本是多少？ 7. 新方案能满足功能要求吗？

在选择安全价值工程分析对象时，可以采用 ABC 分析法，即：将被分析的对象分成 A、B、C 三类，其中 A 类累计频率为 0～80%，是主要影响因素；B 类累计频率为 81%～90%，是次要影响因素；C 类累计频率为 91%～100%，是一般影响因素。由此可以区别关键的少数和次要的多数，重点对少数关键因素进行分析，从而提高分析的效率。

（2）安全价值工程的作用

1）实现最佳安全投资策略。安全活动应着眼于降低安全生命周期投资。任何一项安全措施，总要经过构思、设计、实施、使用，直到基本上丧失了必要安全功能而需进行新的投资为止，这就是一个安全生命周期，而在这一周期的每一个阶段所需费用就构成了安全生命周期投资。安全寿命周期投资与安全功能的关系如图2-19所示。图中，C_{min} 为安全生命周期投资最低点，相应的 F_0 为最适宜安全功能，显然，在图中存在着一个安全功能可以提高或改善的幅度 $F'\sim F_0$。安全价值工程就是要使安全生命周期投资达到 C_{min}，使安全功能达到最适宜水平 F_0。

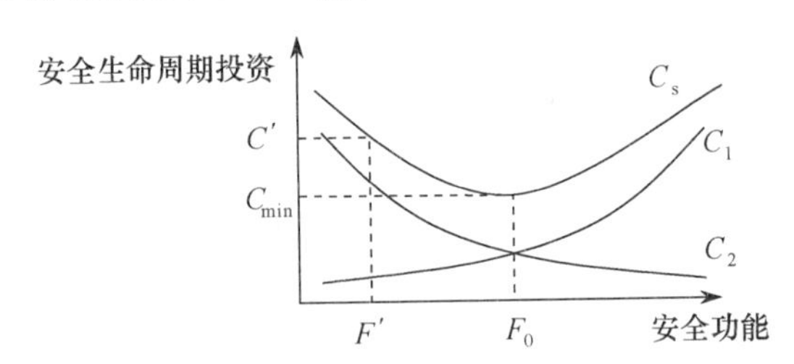

图 2-19　安全生命周期投资与安全功能的关系

C_s——安全生命周期投资，$C_s=C_1+C_2$；C_1——设计制造投资；C_2——使用投资；

F'——目前安全功能；C'——目前安全生命周期投资

2）追求安全功能与安全投入的最佳匹配。根据价值工程的原理，要提高安全价值并不是单纯追求降低安全投入或片面追求提高安全功能，而是要求改善两者之间的比值。如果由于降低安全投入而引起安全功能的大幅度下降，就违背了安全投资的初衷。同理，片面追求安全功能，以致安全投资大幅度上升，则国家、企业和个人均难以接受。

本章小结

本章介绍了安全工程的技术基础；阐述了由安全工程实体和安全工程技术构成的安全工程的系统框架，解释了安全工程实体的功能模式、功能结构以及安全工程的系统分析技术的概念；分别介绍了安全检查表、预先危险性分析、故障类型和影响分析、危险性和可操作性研究、事件树、事故树等系统安全分析方法，说明了其在安全工程不同阶段的适用情况；分别介绍了系统安全工程、可靠性工程、安全系统工程、安全控制工程、安全人机工程、消防工程、安全卫生工程、安全价值工程等基本安全工程技术的理论源头、基本内容和适用情况；特别强调系统安全工程在安全工程中具有突出的地位，它决定了安全工程的功能目标和技术方向，是安全工程的核心内容和关键步骤。

复习思考题

1. 简述安全工程的系统框架。

2. 说明安全工程实体的功能模式及其功能结构。

3. 简述系统安全分析的主要方法及其适用情况。

4. 根据企业或校园某一建筑实际，编制火灾事故安全检查表。

5. 根据生产过程或活动计划，进行预先危险分析。

6. 对实验室的大型设备进行故障类型和影响分析。

7. 已知火灾从初发到蔓延的过程是：初期火灾出现后，若报警系统正常，则被及时扑灭，否则火势扩大；若火势扩大，且自动喷淋系统启动，则火灾损失较小，否则火势蔓延造成重大损失。试以此编制事件树，并进行定性分析，确定预防和控制火灾事故的途径。

8. 已知在球赛时，观众拥挤导致伤亡的原因是看台坍塌或出口堵塞；看台坍塌是由于球迷骚乱与安全管理不力；出口堵塞是由于人流快速交汇、出口狭窄与应急疏导不力；而人流快速交汇的原因则可能是离场观众返回、球迷拥挤进场、火灾、暴雨。试以此编制事故树，并进行定性分析。

9. 简述基本安全工程技术的主要方法及其适用情况。

10. 简述安全系统工程的基本原理，说明其在安全工程中的突出地位。

11. 说明串联、并联、3 中选 2 系统可靠度的特点区别。

12. 简述安全系统工程的主要内容。

13. 说明消防工程的基本原理。

14. 解释安全管理工程的基本框架。

15. 说明系统安全思想的主要内容。

16. 解释安全管理工程的基本原则。

第三章　化工安全工程

本章学习目标

1. 了解化学工程能量释放的危险。
2. 掌握一般化工火灾爆炸事故分析方法，并能提出相应的防范措施。
3. 掌握一般化工化学物质毒害事故分析方法，并能提出相应的防控措施。

第一节　化学工程能量释放的危险

化学工业在国民经济中具有举足轻重的地位，发展化学工业对促进工农业生产、巩固国防和改善人民生活等方面都有重要的作用。但是，化工生产涉及高温、高压、易燃、易爆、腐蚀、剧毒等危险状态和工艺条件。与矿山、建筑、交通等事故多发行业相比，因化学能意外释放引发的化工事故往往因波及空间广、危害时间长、经济损失巨大而极易引起人们的恐慌，影响社会的稳定。

一、化工生产和装备的特点

1. 化工生产的特点

（1）化工生产使用的原料、半成品和成品种类繁多

化工生产使用的原料、半成品和成品绝大部分是易燃、易爆、有毒害、有腐蚀的危险化学品，其储存和运输都必须满足特殊的安全要求。

（2）化工生产要求的工艺条件苛刻

有些化学反应在高温、高压下进行，有的要在低温、高真空度下进行。温度、压力、流量、物料配比、投料顺序等化工反应和单元操作各项工艺参数的任何偏差

和波动都可能引起事故。

（3）生产规模大型化

近30多年来，世界各国都在积极发展大型化工生产装置。生产规模大型化在降低单位产品的建设投资和生产成本、提高劳动生产能力、降低能耗的同时，也大大强化了生产系统潜在危险性。

（4）生产方式的高度自动化与连续化

化工生产从落后的手工操作、间断生产转变为高度自动化、连续化生产；生产设备由敞开式变为密闭式；生产装置从室内走向露天；生产操作由分散控制变为集中控制，同时，也由人工手动操作变为仪表自动操作，进而又发展为计算机控制。连续化与自动生产是大型化的必然结果，但控制设备也有一定的故障率。控制系统发生故障而造成的事故比例上升。

2. 化工装备的特点

（1）化工装备的种类繁多

如原料容器，有储存化工原料、中间体及成品的各种罐、槽、池等；有反应塔、反应釜、反应锅等；又如加热器，按加热方式有直接火加热、热水蒸气加热、电加热、油加热、红外线加热等。此外，还有干燥设备、自控设备、物料输送设备及各种管道等。

（2）化工装备的构造材质不同

设备的高低大小根据生产的要求而有所差异，设备材质根据对设备耐压、耐温以及耐腐蚀的不同要求，由钢质、陶瓷、搪瓷、玻璃等不同材质制成，钢质容器温度达到1 000 ℃以上时9~15分钟即能发生坍塌。玻璃、陶瓷容器温度达到100 ℃以上时，骤遇直流水会发生爆裂。

（3）化工装备的安装形式不同

各种设备视其用途和生产工艺的要求不同，其安装位置也不同，一般分为空间、地面、地下（半地下），有挂式、立式、座式、卧式等形式，空间设备发生火灾时比地面、地下设备火灾更难以扑救，呈现立体感。设备之间的间距小、密度大，阀门、仪表多，管道纵横交错。由于设备密集，在火焰或热辐射、热对流、热传导的作用下，易发生连锁式持续燃烧，给扑救带来困难。

（4）化工防火防爆设置特殊

由于化工火灾具有易燃易爆的特点，许多化工设备安装有防爆装置，如设备安全液封、阻火器、单向阀门等，以及防爆泄压装置的安全阀、自动泄压阀等。了解和掌握这些装置，做到熟练使用，对于判断火势发展、堵截火势蔓延有重要作用。

二、化学能释放的危险性

化学能是指物体发生化学反应时所释放的能量，是一种很隐蔽的能量，它不能直接用来做功，只有在发生化学变化的时候才释放出来，变成热能或者其他形式的能量，像石油和煤的燃烧、炸药爆炸以及食物在体内发生化学变化时所放出的能量，都属于化学能。

化工生产过程是通过运用各种化学反应和工艺手段改变物质的化学、物理性质的生产过程。化学能的转化、吸收、释放是化工生产过程的核心，保证生产过程的稳定和受控，防止化学能的意外释放是化工安全技术的关键。

1. 化学能释放可能引起火灾、爆炸

一般化学能释放造成的火灾和爆炸都是由活性化学品引起的，活性化学品化学反应能力很强，可以释放大量的反应能量（如反应热、分解热、燃烧热等形式的能量），而分解（或燃烧）反应是活性化学品的主要危险，如果其释放出的热量不能即时移除，就会造成热量积聚，从而引起爆炸和火灾。在危险化学品类别中，爆炸品、氧化剂和有机过氧化物都属于活性化学品。

活性化学品一般具有可以放出较大能量的原子团，且大多具有较弱的化学键，因此在较低的温度下就开始反应，放出大量的热而使温度上升，导致着火和爆炸，故也称这些物质为不稳定物质。不稳定物质有单质化合物，也有两种以上的物质混合而具有更大能量危险的配伍。这种配伍又称为不相容配伍，其混合时立刻发火的现象称为混触发火。不稳定物质与氧化剂、酸、碱等活性强的化学品发生作用时能引起混触发火。作为具有混合危险的配伍，最明显的例子就是氧化剂和可燃物的配伍，但混合时有立刻发火和不立刻发火之分。

活性化学品在分解反应中放出大量的能量（反应热、分解热、燃烧热），可以根据反应热、氧平衡值的大小，在一定程度上预测该物质爆炸或发火的危险性。

2. 化学能释放可能引起人体毒害

化学能释放造成的毒害是指化学品进入人体后，累积到一定的量，与体液和组织发生生物化学作用，释放出化学能，扰乱或破坏人体的正常生理功能，引起暂时性或持久性的病理改变，甚至危及生命。

化合物的毒性与其成分、结构和性质密切相关。例如，卤素原子引入有机分子几乎总是伴随着有机物毒性的增加，多键的引入也会增加物质的毒性作用；硝基、亚硝基或氨基官能团引入分子会剧烈改变化合物的毒性，而羟基的存在或乙酰化则会降低化合物的毒性。

3. 化学能释放可能引起装备腐蚀和损坏

化学能释放造成的各种设备腐蚀是由于某些化学物质具有腐蚀性，设备和设施与这类化学品接触，就会发生腐蚀性的化学反应，导致设备和设施某些部件功能失效、损坏，甚至发生设备报废事故。腐蚀还可能造成储罐、管系、反应设备等装置内物质的泄漏，进而引起火灾、爆炸、毒害等重大事故。

三、火灾事故机理

1. 燃烧

燃烧是可燃物质与助燃物质（氧或其他助燃物质）发生的一种发光发热的氧化反应。应注意，氧化反应并不限于物质同氧的反应。例如，氢在氯中燃烧生成氯化氢。类似地，金属钠在氯气中燃烧，炽热的铁在氯气中燃烧，都是激烈的氧化反应，并伴有光和热的发生。金属和酸反应生成盐也是氧化反应，但没有同时发光发热，所以不能称为燃烧。只有同时发光发热的氧化反应才被界定为燃烧。

燃烧的物质可以是固体、液体或气体，但是燃烧总是发生在气相，在燃烧发生之前，液体挥发为蒸气，固体分解放出蒸气。

2. 燃烧的必要和充分条件

（1）燃烧的必要条件

可燃物、助燃物和点火源是燃烧的三个基本要素，是发生燃烧的必要条件。三个要素中缺少任何一个，燃烧便不会发生。对于正在进行的燃烧，只要充分控制三个要素中的任何一个，燃烧就会终止。

1）可燃物。凡是能与空气、氧气和其他氧化剂发生剧烈氧化反应的物质，都称为可燃物质。

可燃物种类繁多，按其状态不同可分为气态、液态和固态三类。气体如乙炔、丙烷、一氧化碳、氢气等；液体如汽油、丙酮、醚、戊烷、苯等；固体如塑料、木柴粉末、纤维、金属颗粒等。按其组成不同，可分为无机可燃物质和有机可燃物质两类。无机可燃物质如氢气、一氧化碳等，有机可燃物质如甲烷、乙烷、丙酮等。

2）助燃物。凡是具有较强氧化性能，能与可燃物质发生化学反应并引起燃烧的物质称为助燃物或氧化剂。气体有氧气、氟气、氯气等，液体有过氧化氢、硝酸、高氯酸等，固体有金属过氧化物、亚硝酸铵等。

3）点火源。具有一定温度和热量的能源，或者说能引起可燃物质着火的能源称为点火源。常见的点火源有明火、电火花、静电高温物体等。

值得注意的是，以上条件只是燃烧的必要条件，要使燃烧发生和延续，还必须满足燃烧的充分条件。

（2）燃烧的充分条件

近代燃烧理论用连锁反应解释物质燃烧的本质，认为燃烧是一种自由基的连锁反应，并由此提出了燃烧四面体学说。燃烧四面体学说指出，燃烧除了具备上述三要素外，还必须使连锁反应不受抑制，自由基反应能够继续下去。因此，燃烧时可燃物与助燃物要达到一定的比例，点火能量要足够。当没有可燃物或可燃物的量不足，或没有助燃物或助燃物的量不足，或没有点火能量或点火能量不足时，燃烧都难以发生和延续。

燃烧的必要和充分条件，为灭火技术奠定了理论基础。

3. 燃烧的形式

可燃物质和助燃物质存在的相态、混合程度和燃烧过程不尽相同，其燃烧形式是多种多样的。

（1）均相燃烧和非均相燃烧

按照可燃物质和助燃物质相态的异同，可分为均相燃烧和非均相燃烧。均相燃烧是指可燃物质和助燃物质间的燃烧反应在同一相中进行，如氢气在氧气中的燃烧，煤气在空气中的燃烧。非均相燃烧是指可燃物质和助燃物质并非同相，如石油（液相）、木材（固相）在空气（气相）中的燃烧。与均相燃烧比较，非均相燃烧比较复杂，需要考虑可燃液体或固体的加热，以及由此产生的相变化。

（2）混合燃烧和扩散燃烧

可燃气体与助燃气体燃烧反应有混合燃烧和扩散燃烧两种形式。可燃气体与助燃气体预先混合后进行的燃烧称为混合燃烧。可燃气体由容器或管道中喷出，与周围的空气（或氧气）互相接触扩散而产生的燃烧，称为扩散燃烧。混合燃烧速度快、温度高，一般爆炸反应属于这种形式。在扩散燃烧中，由于与可燃气体接触的氧气量偏低，通常会产生不完全燃烧的炭黑。

（3）蒸发燃烧、分解燃烧和表面燃烧

可燃固体或液体的燃烧反应有蒸发燃烧、分解燃烧和表面燃烧几种形式。

蒸发燃烧是指可燃液体蒸发出的可燃蒸气的燃烧。通常液体本身并不燃烧，只是由液体蒸发出的蒸气进行燃烧。很多固体或不挥发性液体经热分解产生的可燃气体的燃烧称为分解燃烧。例如，木材和煤大都是由热分解产生的可燃气体进行燃烧，而硫黄和萘这类可燃固体是先熔融、蒸发，而后进行燃烧，也可视为蒸发燃烧。

可燃固体和液体的蒸发燃烧和分解燃烧，均有火焰产生，属火焰型燃烧。当可燃固体燃烧至分解不出可燃气体时，便没有火焰，燃烧继续在所剩固体的表面进行，称为表面燃烧。金属燃烧即属于表面燃烧，无气化过程，无须吸收蒸发热，燃烧温度较高。

（4）完全燃烧和不完全燃烧

根据燃烧产物或燃烧进行的程度，还可分为完全燃烧和不完全燃烧。完全燃烧是燃料燃烧后全部变成不可燃烧物的过程，不完全燃烧是燃料在燃烧中生成部分可燃烧物的过程。

4. 火灾及其分类

火灾是在空间或时间上超出人们预定或控制范围的、违背人们意愿的燃烧。例如，气焊时或烧火做饭时，将周围的可燃物质（油棉丝、汽油、木材等）引燃，进而烧毁设备、家具和建筑物，烧伤人员等，这就超出了气焊和做饭的有效范围，构成了火灾。

火灾事故中的高温可能使人员和财物灼伤和烧毁，有毒气体可能使人员窒息，燃烧引起的物体倒毁可能导致人员伤亡和设施破坏等一系列灾害性后果。

国家标准《火灾分类》（GB/T 4968—2008）中，根据可燃物的类型和燃烧特性，将火灾分为六个不同的类别。

A 类火灾：固体物质火灾。这种物质通常具有有机物性质，一般在燃烧时能产生灼热的余烬。

B 类火灾：液体或可熔化的固体物质火灾。

C 类火灾：气体火灾。

D 类火灾：金属火灾。

E 类火灾：带电火灾。物体带电燃烧的火灾。

F 类火灾：烹饪器具内的烹饪物（如动植物油脂）火灾。

5. 预防火灾事故的基本原则

防止燃烧三个基本条件的同时存在或者避免它们的相互作用，是防止火灾的基本原则，具体分为以下几个方面。

（1）消除着火源

火灾预防的关键是消除着火源。人们不管是在自己家中或办公室里还是在生产线上，都经常处于各种或多或少的可燃物质包围之中，而这些物质又存在于人们生活所必不可少的空气中。因此，引起火灾的燃烧基本条件中的两个条件是随处可见的。只要消除着火源就能够在绝大多数情况下防止火灾。

（2）控制可燃物

在人们生产生活的空间，可燃物随处可见，通常难以根除。因此采取替代和减量的方法控制可燃物就显得尤其重要。替代是用阻燃或不燃的材料来替换可燃材料以降低火灾事故发生的可能性，减量就是在一定的空间内尽量减少可燃物的总量以控制火灾事故的规模。

控制可燃物的措施主要有：在生活和生产中的可能条件下，用水泥代替木材建筑房屋；降低可燃物质（可燃气体、蒸气和粉尘）在空气中的浓度，如在车间或库房采取全面通风或局部排风，使可燃物不易积聚，从而不会超过最高允许浓度，防止可燃物质的跑、冒、滴、漏；对于那些相互作用能产生可燃气体或蒸气的物品应加以隔离，分开存放，如电石与水接触会相互作用产生乙炔气体，所以必须采取防潮措施，禁止自来水管道、热水管道通过电石库等。

（3）隔离空气

隔离空气就是控制可能发生火灾场所的助燃物。在必要时可以使生产置于真空条件下进行，在设备容器中充装惰性介质保护。例如，乙炔发生器在加料后，应采取惰性介质氮气吹扫；燃料容器在检修焊补（动火）前，用惰性介质置换等。也可将可燃物隔离空气储存，如钠存于煤油中，磷存于水中，二硫化碳用水封存放等。

（4）防止形成新的燃烧条件

设置阻火装置，如在乙炔发生器上设置水封回火防止器或水下气割时在割炬与胶管之间设置阻火器，一旦发生回火，可阻止火焰进入乙炔罐内或阻止火焰在管道里蔓延。在车间或仓库里筑防火墙或在建筑物之间留防火间距，一旦发生火灾，使之不能形成新的燃烧条件，从而防止扩大火灾范围。

四、爆炸事故机理

1. 爆炸及其特点

爆炸是物质发生急剧的物理、化学变化，由一种状态迅速转变为另一种状态，并在瞬间释放出巨大能量（光能、热能和机械能）并伴有巨大声音的现象。爆炸的主要特征是物质的状态或成分瞬间发生变化，能量突然释放，温度和压力骤然升高，产生强烈的冲击波并发出巨大的响声。

人们借助机械能和化学能，在生产和生活过程中提升自身的能力，获得种种效益。例如，在采矿、修筑铁路、水库等时，开山放炮，用来移山倒海，大大地加快了工程的进度；用于生活中汽车、摩托车的动力——内燃机汽缸里的爆炸以及用于军事上的爆炸；将气态物质在高压下变为液态储存，大大减少了储存和运输成本；利用气体和液体的压力做功，使得用手工和一般工具难以完成的任务得以实现等。

一般来说，爆炸现象具有以下特征。

（1）爆炸过程进行得很快。

（2）爆炸点附近压力急剧升高，产生冲击波。

（3）发出或大或小的响声。

（4）周围介质发生振动或邻近物质发生破裂。

2. 爆炸的分类

（1）按爆炸的性质分类

1）物理爆炸。物理爆炸是指物质的物理状态发生急剧变化而引起的爆炸。例如，蒸汽锅炉、压缩气体、液化气体过压等引起的爆炸，都属于物理爆炸。物质的化学成分和化学性质在物理爆炸后均不发生变化。

2）化学爆炸。化学爆炸是指物质在短时间内发生急剧化学反应，生成其他物质，同时产生高温高压而引起的爆炸。物质的化学成分和化学性质在化学爆炸后均发生了质的变化。化学爆炸又可以进一步分为爆炸物分解爆炸、爆炸物与空气的混合爆炸两种类型。

爆炸物分解爆炸是爆炸物在爆炸时分解为较小的分子或其组成元素。爆炸物的组成元素中如果没有氧元素，爆炸时则不会有燃烧反应发生，爆炸所需要的热量是由爆炸物本身分解产生的。属于这一类物质的有叠氮化铅、乙炔银、乙炔铜、碘化氮、氯化氮等。爆炸物质中如果含有氧元素，爆炸时则往往伴有燃烧现象发生。各种氮或氯的氧化物、苦味酸即属于这一类型。爆炸性气体、蒸气或粉尘与空气的混合物爆炸，需要一定的条件，如爆炸性物质的含量或氧气含量以及激发能源等。因此其危险性较分解爆炸低，但这类爆炸更普遍，所造成的危害也较大。爆炸一般都会造成极强的破坏和巨大的伤亡。

3）核爆炸。核爆炸是某些物质的原子核发生裂变或聚变反应时，瞬间放出巨大能量而产生的爆炸。原子弹爆炸是原子核的裂变爆炸，氢弹爆炸是原子核的聚变爆炸。

本章研究的内容，仅涉及化学爆炸问题。

（2）按爆炸的速度分类

1）轻爆。爆炸时的冲击波传播速度在每秒零点几米至数米的爆炸过程；

2）爆炸。爆炸时的冲击波传播速度在每秒十米至数百米的爆炸过程；

3）爆轰。爆炸时的冲击波传播速度在每秒一千米至数千米的爆炸过程。

有时燃烧过程中氧化反应比较剧烈，也会伴随爆炸现象。当这时的爆炸冲击波传播速度处于亚音速（低于每秒340米）时，称为爆燃。

（3）按爆炸反应物质分类

1）纯组元可燃气体热分解爆炸。即纯组元气体由于分解反应产生大量的热而引起的爆炸。

2）可燃气体混合物爆炸。即可燃气体或可燃液体蒸气与助燃气体如空气，按一定比例混合，在引火源的作用下引起的爆炸。

3）可燃粉尘爆炸。即可燃固体的微细粉尘，以一定浓度呈悬浮状态分散在空气等助燃气体中，在引火源作用下引起的爆炸。

4）可燃液体雾滴爆炸。即可燃液体在空气中被喷成雾状剧烈燃烧时引起的爆炸。

5）可燃蒸气云爆炸。即可燃蒸气云产生于设备蒸气泄漏喷出后所形成的滞留状态。密度比空气小的气体浮于上方，反之则沉于地面，滞留于低洼处。气体随风漂移形成连续气流，与空气混合达到其爆炸极限时，在引火源作用下即可引起爆炸。

爆炸在化学工业中一般是以突发或偶发事件的形式出现的，而且往往伴随火灾发生。爆炸所形成的危害性严重，损失也较大。

3. 爆炸事故

这种由于人为、环境或管理上的原因而发生的，造成财产损失、物破坏或人身伤亡的，并伴有强烈的冲击波、高温高压和地震效应的事故称为爆炸事故。在化工生产中，爆炸事故一般是以突发或偶发事件的形式出现的，而且往往伴随火灾发生。

爆炸事故有以下几种常见类型。

（1）形成蒸气云团的可燃混合气体遇火源突然燃烧，是在无限空间中的气体爆炸。

（2）受限空间内可燃混合气体的爆炸。

（3）由于化学反应失控或工艺异常造成的压力容器爆炸。

（4）不稳定的固体或液体的爆炸。

（5）不涉及化学反应的压力容器爆炸。

上述前4种爆炸时都会释放出大量的化学能，爆炸影响范围较大；第5种属于物理爆炸，仅释放出机械能，其影响范围相对较小。

爆炸源于能量的迅速释放。能量的释放必须非常迅速，在爆炸中心引起能量的局部聚集。然后该能量通过多种途径消散掉，包括压力波的形成、抛射物、热辐射和声能。爆炸所产生的破坏是由能量的消散引起的。

压力波是爆炸事故的主要危害因素。在发生爆炸时，爆炸形成的高温、高压、高能量密度的气体，以极高的速度向周围膨胀，强烈压缩周围气体，并促使压力波由爆源迅速向外围移动。在压力波后面是强烈的风。如果压力波前具有突然压力变化，就会产生冲击波或激震前沿。自爆炸性非常强烈的物质（如 TNT）以及压力容器的突然破裂都能够产生冲击波。爆炸区超出周围压力的最大压力称为最大超压。最大超压越大，对人体和设施的破坏也越大。

抛射物伤害是爆炸事故的另一重要危害因素。发生在受限容器或结构内的爆炸能使容器或建筑物破裂，导致碎片抛射，并覆盖很宽的范围。碎片或抛射物能引起较严重的人员受伤、建筑物和过程设备受损。非受限爆炸由于冲击波作用和随后的建筑物移动也能产生抛射物。抛射物通常意味着事故在整个工厂内传播。工厂内某一区域的局部爆炸将碎片抛射到整个工厂，这些碎片打击储罐、过程设备和管线，导致二次火灾或爆炸。

五、中毒机理

化工生产过程中存在着多种危害劳动者身体健康的因素，这些危害因素在一定条件下会对人体健康造成不良影响，导致职业病，甚至危及生命安全，这种现象称为中毒。

1. 毒物对人体的影响

（1）毒物侵入人体的途径

1）食入，通过嘴进入胃部。

2）吸入，通过嘴或鼻子进入肺部。

3）渗入，通过伤口进入皮肤。

4）皮肤吸收，通过皮肤。

毒物通过上述途径侵入人体进入血液，或被输送到目标器官。损害在目标器官处表现出来。对于腐蚀性化学物质，即使不被吸收或通过血液输送，也能对人体造成损害。

毒物侵入途径和相关控制方法见表 3-1。

表 3-1　毒物侵入途径和控制方法

侵入途径	侵入器官	控制方法
食入	嘴或胃	执行吃饭、喝水和吸烟的规章制度
吸入	嘴或鼻子	通风，呼吸器、通风橱及其他个人防护设备
渗入	伤口	正确穿着防护服
皮肤吸收	皮肤	正确穿着防护服

（2）毒物对人体的影响

一些毒物对人体的影响见表 3-2。不同的个体对相同剂量的毒物有不同的反应。这些差异是由年龄、性别、体重、饮食、健康及其他因素造成的。例如，刺激性蒸气对人眼睛的影响，对于相同剂量的蒸气，有些人几乎觉察不到刺激（弱的或低度的反应），而另外一些人将受到严重的刺激（高度反应）。

表 3-2　毒物对人体的影响

不可恢复的影响	可能恢复的影响
致癌物质引发癌症、诱导有机体突变的物质引发染色体损害、生殖危害引发生殖系统损害	对皮肤有害的物质影响皮肤、血毒素影响血液、肝毒素影响肝脏、对肾脏有害的物质影响肾脏、毒害神经的物质影响神经系统
致畸剂引发出生缺陷	对呼吸系统有害的物质影响肺

2. 毒性指标及分级

毒性是指某种毒物引起机体损伤的能力。毒性大小一般以毒物引起实验动物某种毒性反应所需的剂量表示。所需剂量越小，其毒性越大。

（1）常用的毒性指标

1）绝对致死量或浓度（LD_{100} 或 LC_{100}）。染毒动物全部死亡的最小剂量或浓度。

2）半数致死量或浓度（LD_{50} 或 LC_{50}）。染毒动物半数死亡的剂量或浓度，来源于动物染毒实验的数据统计。

3）最小致死量或浓度（MLD 或 MLC）。染毒动物中个别动物死亡的剂量或浓度。

4）最大耐受量或浓度（LD_0 或 LC_0）。染毒动物全部存活的最大剂量或浓度。

5）阈剂量（浓度）。引起机体发生某种有害作用的最小剂量（浓度）。不同的反应指标有不同的阈剂量或浓度，如麻醉阈剂量、嗅觉阈浓度等。最小致死量也是阈剂量的一种。

上述各种剂量常用毒物毫克数与动物的每千克体重之比（mg/kg）表示。而浓度常用质量浓度ρ，1 m^3 空气中的毒物毫克数（mg/m^3）或体积分数φ表示。

（2）毒物的急性毒性分级

为便于区分毒物的毒性程度，而采取相应的防护措施，毒物的急性毒性可按 LD_{50} 或 LC_{50} 的数值划分为剧毒、高毒、中等毒、低毒、微毒五类，见表 3-3。

表 3-3　毒物的急性毒性分级

毒性分级	小鼠一次经口 LD_{50}/mg·kg^{-1}	小鼠吸入 2 h 的 LC_{50}/mg·m^{-3}	兔经皮吸收 LD_{50}/mg·kg^{-1}
剧毒	<10	<50	<10
高毒	11～100	50～500	11～50
中等毒	101～1 000	501～5 000	51～500
低毒	1 001～10 000	5 001～50 000	501～5 000
微毒	> 10 000	> 50 000	>5 000

化学物质的吸入毒性不仅取决于其固有毒性，而且与其挥发性密切相关。沸点和闪点低、蒸气压大表明该物质容易挥发、蒸发，在空气中易形成高浓度。如果其固有毒性较大，吸入中毒危险必定很大；即使其固有毒性较小，人处于因该物质大量挥发形成的高浓度环境中，发生中毒的危险性也很大。因此，蒸气压和半数致死浓度是决定化学物质吸入中毒危险性的两个最重要因素。毒理学上以潜在吸入毒性指数 IPIT（index of potential inhalation toxicity）——20 ℃时饱和蒸气浓度与半数致死浓度的比值来划分吸入中毒危险性。根据 IPIT 指数可将吸入中毒危险性划分为四个等级，见表 3-4。

表 3-4　IPIT 数值对应的毒物吸入中毒危险等级和危险程度

IPIT	危险等级	危险程度	常见化学品举例
<3	4	低度	甲苯二异氰酸酯（TDI）
<30	3	中度	硫酸二甲酯
<300	2	高度	氨、二氯乙烷
>300	1	极度	光气、氯气、一氧化碳、硫化氢、二氧化硫、二氧化氮、氰化氢、砷化氢、氟化氢、三氯化磷、异甲胺、氯甲烷、环氧乙烷、异氰酸甲酯、丙烯腈等

（3）最高容许浓度与阈限值

1）最高容许浓度。最高容许浓度（maximum allowable concentration，MAC）是指人工作地点中有害物质在长期多次有代表性的采样测定中，均不应超过的数值，以保证人在经常生产劳动中，不致发生急性和慢性职业危害。

2）阈限值。阈限值（threshold limit value，TLV）是指化学物质在空气中的浓度限值，并表示在该浓度条件下每日反复暴露的几乎所有工人不致受到有害影响。

（4）职业接触毒物危害程度分级

国家标准《职业性接触毒物危害程度分级》（GBZ/T 230—2010）中职业性接触毒物危害程度分级和评分依据见表3-5。

表3-5　职业性接触毒物危害程度分级和评分依据

分项指标		极度危害	高度危害	中度危害	轻度危害	轻微危害	权重系数
积分值		4	3	2	1	0	
急性吸入 LC_{50}	气体[a]（cm^3/m^3）	<100	≥100 ~<500	≥500 ~<2 500	≥2 500 ~<20 000	≥20 000	5
	蒸气（mg/m^3）	<500	≥500 ~<2 000	≥2 000 ~<10 000	≥10 000 ~<20 000	≥20 000	
	粉尘和烟雾（mg/m^3）	<50	≥50 ~<500	≥500 ~<1 000	≥1 000 ~<5 000	≥5 000	
急性经口 LD_{50}（mg/kg）		<5	≥5 ~<50	≥50 ~<300	≥300 ~<2 000	≥2 000	
急性经皮 LD_{50}（mg/kg）		<50	≥50 ~<200	≥200 ~<1 000	≥1 000 ~<2 000	≥2 000	1
刺激与腐蚀性		pH≤2 或 pH≥11.5；腐蚀作用或不可逆损伤作用	强刺激作用	中等刺激作用	轻刺激作用	无刺激作用	2
致敏性		有证据表明该物质能引起人类特定的呼吸系统致敏或重要脏器的变态反应性损伤	有证据表明该物质能导致人类皮肤过敏	动物试验证据充分，但无人类相关证据	现有动物试验证据不能对该物质的致敏性做出结论	无致敏性	2

续表

分项指标	极度危害	高度危害	中度危害	轻度危害	轻微危害	权重系数
生殖毒性	明确的人类生殖毒性：已确定对人类的生殖能力、生育或发育造成有害效应的毒物，女性接触后可引起子代先天性缺陷	推定的人类生殖毒性：动物试验生殖毒性明确，但对人类生殖毒性作用尚未确定因果关系，推定对人的生殖能力或发育产生有害影响	可疑的人类生殖毒性：动物试验生殖毒性明确，但无人类生殖毒性资料	人类生殖毒性未定论：现有证据或资料不足以对毒物的生殖毒性做出结论	无人类生殖毒性：动物试验阴性，人群调查结果未发现生殖毒性	3
致癌性	Ⅰ组，人类致癌物	ⅡA组，近似人类致癌物	ⅡB组，可能人类致癌物	Ⅲ组，未归入人类致癌物	Ⅳ组，非人类致癌物	4
实际危害后果与预后	职业中毒病死率≥10%	职业中毒病死率<10%；或致残（不可逆损害）	器质性损害（可逆性重要脏器损害），脱离接触后可治愈	仅有接触反应	无危害后果	5
扩散性（常温或工业使用时状态）	气态	液态，挥发性高（沸点<50 ℃）；固态，扩散性极高（使用时形成烟或烟尘）	液态，挥发性中（沸点≥50～<150 ℃）；固态，扩散性高（细微而轻的粉末，使用时可见尘雾形成，并在空气中停留数分钟以上）	液态，挥发性低（沸点≥150 ℃）；固态，晶体、粒状固体，扩散性中，使用时能见到粉尘但很快落下，使用后粉尘留在表面	固态，扩散性低［不会破碎的固体小球（块），使用时几乎不产生粉尘］	3

续表

分项指标	极度危害	高度危害	中度危害	轻度危害	轻微危害	权重系数
蓄积性（或生物半减期）	蓄积系数（动物实验，下同）＜1；生物半减期≥4 000 h	蓄积系数≥1～<3；生物半减期≥400 h～<4 000 h	蓄积系数≥3～<5；生物半减期≥40 h～<400 h	蓄积系数>5；生物半减期≥4 h～<40 h	生物半减期<4 h	1

注 1：急性毒性分级指标以急性吸入毒性和急性经皮毒性为分级依据。无急性吸入毒性数据的物质，参照急性经口毒性分级。无急性经皮毒性数据且不经皮吸收的物质，按轻微危害分级；无急性经皮毒性数据但可经皮肤吸收的物质，参照急性吸入毒性分级。

注 2：强、中、轻和无刺激作用的分级依据 GB/T 21604 和 GB/T 21609。

注 3：缺乏蓄积性、致癌性、致敏性、生殖毒性分级有关数据的物质的分项指标暂按极度危害赋分。

注 4：工业使用在五年内的新化学品，无实际危害后果资料的，该分项指标暂按极度危害赋分；工业使用在五年以上的物质，无实际危害后果资料的，该分项指标按轻微危害赋分。

注 5：一般液态物质的吸入毒性按蒸气类划分。

[a] 1 cm^3/m^3 = 1 ppm，ppm 与 mg/m^3 在气温为 20 ℃，大气压为 101. 3 kPa（760 mmHg）的条件下的换算公式为：1 ppm = 24. 04 /*Mr*mg/m^3，其中 *Mr* 为该气体的相对分子质量。

第二节　化工火灾爆炸事故的预防

一、化工火灾爆炸的规律

1. 化工火灾爆炸的特点

（1）燃烧速度快，火势发展猛烈

物质的燃烧速度是指在单位时间和单位体积内燃烧所消耗的可燃物的量。化工火灾中，燃烧的物质多为危险化学品，其燃烧速度相当快。物质的燃烧速度越快，单位时间内释放的热量越多，加热未燃部分表面积越大，温升也越快。因此，邻近的未燃部分达到引燃的时间越短，火焰瞬间扩展的范围越大，火势也越猛烈。此外，化工装置多采用露天、半露天形式，在火灾情况下的空气流通良好，也促使火势发展猛烈。

（2）火焰温度高，辐射热强

单位质量或单位体积的可燃物在完全燃烧时所释放出的热量称为燃烧热值。可燃物的热值越大，火场上燃烧温度越高，火焰辐射热越强。化工原料、中间体和产品燃烧时释放出的热量多，火场上能形成很高的温度和强烈的热辐射。

化工火灾的强烈辐射能使火场周围的温度升高，引起火势的蔓延和扩大，使扑救人员难以靠近，严重影响灭火战斗行动。

（3）容易形成立体燃烧

多层厂房的气体扩散、液体流散火，以及装置设备的爆炸等，均能引起立体形式的燃烧。其燃烧类型一般有两种情况：一是层叠式竖向布置的多层厂房室内外立体火灾，通常是由于设备、产品、原料着火引起建筑厂房的燃烧；二是高大设备及配管系统的立体火灾，常发生在露天、半露天的装置区内，易流动扩散形成大面积火灾。

（4）容易形成大面积燃烧

化工企业火灾发展蔓延速度快，加上装置占地面积大、建筑与设备毗连、生产连续性强，极易形成大面积火灾。

在大型企业的露天、半露天装置区，由于燃烧时发生连锁反应，而造成大面积火灾。例如，可燃气体储罐火灾，储罐破裂，气体向外扩散，扩散的面积越大，形成的火灾面积也越大；可燃液体储罐区火灾，常伴随储罐的爆炸和可燃液体的流散，而发生大面积火灾。重质油或含水分的油品罐着火燃烧时，还可能发生沸溢和喷溅，燃烧的油品大量外溢，甚至从罐内猛烈喷出，形成巨大的火柱，可高达70~80 m，火柱顺风向喷射距离可达120 m左右，不仅容易造成扑救人员的伤亡，而且由于火场辐射热大量增加，还会引燃邻近罐，使火灾扩大。

（5）爆炸危险性大

在化工企业火灾中，时常有物理性爆炸和化学性爆炸交织发生，形成连锁式爆炸。有时是先发生物理性爆炸，容器内可燃性气体、可燃蒸气冲出后遇引火源引起化学性爆炸；有时是先发生化学性爆炸，在冲击波或高温高压作用下发生设备容器的物理性爆炸；有时是物理性与化学性爆炸交替进行。这种类型的爆炸，往往发生在大型石油化工企业的装置群火灾中，具有较大的破坏力。

（6）容易引起连锁事故

扑救化工火灾时，因指挥失误和灭火措施不当，熄灭的火灾还会复燃、复爆。灭火后的储罐、容器、设备、管道的壁温过高，如不继续进行冷却，会重新引起油品、物料的燃烧。灭火后，燃烧区的压力设备，仍然继续升温升压，而造成复爆。可燃气体、易燃液体，在灭火后未切断气源、液源的情况下，继续扩散、流淌，遇引火源而发生复燃、复爆。

（7）火灾爆炸中毒事故多

化工生产中物料、产品的易燃易爆毒害性、工艺流程的复杂性、操作条件的苛刻性以及设备布置的密集性决定了其火灾爆炸中毒事故发生概率比其他行业高。根据我国多年的统计资料说明，化工火灾爆炸事故的死亡人数占因工死亡总人数的13.8%，居第一位；中毒窒息事故的致死人数占死亡总数的12%，居第二位。

（8）火灾爆炸损失严重

化工企业火灾爆炸造成的经济损失和人员伤亡较其他类型企业高，爆炸并发生火灾所造成的损失约是单一发生爆炸损失的几十倍，火灾爆炸导致的机械设备与原材料损失高于建筑物的损失。火灾爆炸的破坏除了造成直接经济损失外，还会造成停车、停产、修复等带来的间接损失。

（9）火灾扑救困难

化工企业的生产特点与火灾爆炸特点决定了其初期火灾得不到很好的控制，导致大面积或立体火灾爆炸发生，燃烧物质、产物的毒害作用导致火灾扑救难度大，参与灭火救援任务的人力物力多。目前国内化工火灾案例中，数百名消防救援人员、数百辆消防车、数百吨灭火剂参与灭火战斗的案例屡见不鲜。

2. 化工火灾爆炸的原因分析

（1）缺乏消防知识

某年8月3日17时40分，彭家三兄弟受上海某无线电厂的委托，担负嘉定桃浦某村一座旧砖窑清除浸渍绝缘清漆用的漆篮子上漆垢的任务。他们把一只只漆篮子堆放在一座旧砖窑内，同时把两桶废清漆和一桶柴油浇洒在漆篮子上，然后又把麦柴塞进漆篮子的空隙处。18时20分一切准备就绪，彭某扎了一捆麦柴引火，然后把点燃的麦柴朝窑洞内一扔，当即“轰”的一声，窑洞内发生了爆炸，火焰从洞口猛喷出来，正在窑洞口的3人都被烈火烧伤，致1人死亡。事故的原因是，废清漆中含有70%的苯、二甲苯等溶剂，闪点均低于25 ℃，属一级易燃物品。彭家三兄弟根本没有消防知识，加上当时正逢酷暑，气温高达32 ℃，旧砖窑内通风条件又很差，浇洒上废清漆后，溶剂迅速蒸发，在洞内与空气混合，形成爆炸性混合物，一遇明火就发生爆燃。

（2）消防安全制度不健全

某年6月17日，浙江某化肥厂碳化车间氨水槽，未对稀氨水槽进行隔绝、清洗和置换，便让焊工去作业，致使焊接火花引燃窜入槽内的氢气而发生爆炸，付出了2人死亡、2人轻伤的惨重代价。又如，某农药厂三氯化磷生产工人操作时通氯气过量，又补加黄磷后引起剧烈反应，产生高温高压而导致三氯化磷突然爆炸，造成2人死亡、3人受伤的严重事故。

（3）不严格执行安全制度

某年5月22日凌晨2时34分，上海某针织厂针织车间突然大火熊熊，顷刻之间，1 500m^2 的厂房变成一片废墟，82台机器设备被烧毁，数十吨棉纱成品化为灰烬。据初步估算，直接经济损失达150万元。200余名消防救援人员奋战38分钟，才将这场特大火灾扑灭，确保了与该厂毗邻的儿童艺术剧场、工艺品商店及家用电器调换处仓库免遭火灾的侵袭。根据调查，这起特大火灾的起因在于一只小小的配电板。当时，针织车间的配电板受潮漏电，产生电火花而引燃了周围的花绒，酿成了这场火灾。

（4）违反安全操作规程

某年4月12日9时28分，上海某船厂修理一艘巴拿马籍邮轮。铜工朱某等人在机舱割换燃油管，在明知机舱底层所换新橡塑管是燃油管的情况下，仍违章动用明火切割法兰连接用的螺栓。在切割过程中明火引燃橡塑管外壁包扎物，随即用水浇灭后继续切割，引起管内轻柴油外溢起火，浇水无效，火势迅速扩大，烟气呛人。工人慌忙向机舱上层奔去，但机舱出口已被关闭，人被熏昏倒地。直到10时5分才救出2名现场施工工人，结果为1人死亡、1人重伤。经过事故调查分析，认定造成这次事故的重要原因是铜工在施工时违章明火切割机舱内燃油管法兰连接螺栓，引起燃油管内大量轻柴油起火所致。

（5）设备缺陷

某年12月18日，吉林市某液化石油厂发生重大恶性爆炸火灾事故。大火持续烧了23小时，死亡32人，伤54人，使这个耗资600万元、投产仅两年的企业付之一炬，还使周围48家工厂停产，间接经济损失达89万元。其原因主要是由于球罐的安装焊接质量不良，发生脆性断裂，罐内的液化石油气以气态、液态形式同时向外喷出，造成了这次严重的恶性事故。

（6）工艺设计缺陷

某年8月11日3时5分，某染料化工厂发生爆炸，事故造成1人死亡，2人重伤，11人轻伤，810 m^2 厂房倒塌，重约200 kg的上盖飞出140 m，下翻将水泥地打成直径约3 m、中心深度约2 m的大坑。造成这次事故的主要原因是：该厂8号和9号密闭过滤器之间只用一只球形阀连接。由于这只阀有渗漏，8号密闭过滤器含有83%的硝酸液体，经球形阀渗漏到9号密闭过滤器内，造成硝酸与甲醇直接相遇，引起剧烈反应而爆炸。

3. 化工火灾爆炸事故过程

(1) 火灾事故过程

火灾事故的发展主要有以下几个过程。

1)“酝酿”期。可燃物在热的作用下蒸发，析出气烟和没有火焰的暗燃。

2)“发展”期。火苗蹿起，火势迅速扩大。

3)“全盛”期。火焰包围可燃材料，可燃物全部着火，燃烧面积达到最大限度，放出强大的辐射热，温度升高，对流加剧。

4)“衰灭”期。可燃物燃尽，或可燃物减少，或灭火措施见效，因而渐渐衰弱至熄灭。

因此，防火技术的要点是：监视“酝酿”期的征兆，严格控制火源；正确设计防火墙；对易燃物进行科学管理等，以阻止火焰的蔓延；组织精干的消防队伍，配备实用的消防器材，尽早扑灭，以减少损失。

(2) 爆炸事故过程

可燃混合物的爆炸虽然发生于顷刻之间，但大体上还是有个发展过程，一般包括以下三个过程。

1) 可燃物与氧化剂相互扩散、均匀混合而形成爆炸性混合物，混合物遇到火源，燃烧开始。

2) 连锁反应过程的发展，使爆炸范围扩大和爆炸威力升级。

3) 完成化学反应，爆炸造成灾害性破坏。

因此，扑救的基本要点是：一是根据爆炸过程的特点，阻止第一过程的出现，即控制爆炸性混合物的形成和控制火源，使爆炸性混合物不会被连续点燃；二是限制第二过程的发展，如燃爆一开始就及时泄出压力，或切断爆炸传播途径，或破坏燃烧成爆炸的条件等；三是对第三过程的危害进行防护，即减弱爆炸压力和冲击波对人员的伤害，以及对设备、厂房和邻近建筑物的破坏。

二、火灾爆炸的监测

加强火灾爆炸监测是早期发现火情、有效预防火灾爆炸事故的有效措施。

1. 安全指示装置

安全指示装置是通过标尺、仪表、显示器等测量、显示化工生产过程中的压力、流量、温度、液位等运行组态参数值的各种部件、仪器和设备。安全指示装置使操作者能随时观察了解系统的状态，以便及时控制和处理异常情况。

在生产过程中，对安全指示装置中用于测量系统参数的部件、仪表，往往采用按换能次数来定性的称呼，能量转换一次的称为一次仪表，转换两次的称为二次仪表。以热电偶测量温度为例，热电偶本身将热能转换成电能，故称为一次仪表，若再将电能用电位计（或毫伏计）转换成指针移动的机械能，进行第二次能量转换就称为二次仪表。换能的次数超过两次的往往都按两次称呼，如孔板测量流量，孔板本身为一次仪表，差压变送器没有称呼，而指示仪表则称为二次仪表。

2. 安全报警装置

安全报警装置是通过声、光等信息提醒人们注意火灾、爆炸事故正在形成或即将发生的部件或设备。主要有感温报警器、感烟报警器、测爆仪等。

由于安全报警装置不能自动排除火险和火情，因此，应当在设置报警装置的同时、同处设置相应的自动消除火险状态的保险装置。例如，氨氧化反应是在氨和空气混合爆炸极限的边缘进行的，在气体输送管路上应当安装保险装置，以便在紧急情况下中断气体的输入。在反应过程中，若空气的压力过低可能使混合气体中氨的浓度提高而达到爆炸下限，如发生这种情况，保险装置应能自动切断电源，系统中只允许空气流过，氨气中断，从而防止爆炸事故的发生。

3. 火警监听电话

工业企业（尤其是石油化工企业）发生火灾时，往往要从生产角度采取某些措施。特别是工艺装置火灾，必须有岗位操作人员与消防人员配合，采取切断物料等措施才能有效地扑灭初起火灾，防止其灾害扩大，故生产调度中心应设火警监听电话。

4. 安全监控系统

随着计算机技术的普及，许多高危化工企业都配置了具有在本地和远程同时实施监控功能的安全监控系统。根据生产系统危险程度的不同，这类系统有的是与生产过程控制系统（称为 DCS——distributed control system 系统）共享的，有的则是独立于生产过程控制系统（称为 ESD——emergency shut down system 系统）。

三、防火防爆设施

正确选择防火防爆设施是消除火险、限制火势与爆炸蔓延的关键措施，主要包括阻火装置、泄压装置等。

1. 阻火装置

阻火装置的作用是防止火焰窜入设备、容器与管道内，或阻止火焰在设备和管道内扩展。

（1）安全液封

安全液封阻火的基本原理是由液体封在气体进出口之间，当液封两侧的任何一侧着火，火焰都将在液封底熄灭，从而阻止了火焰蔓延。安全液封一般装在压力低于19.61 kPa的气体管线与生产设备之间。水封是安全液封的一种，设置在可燃气体、易燃液体蒸气或油污的污水管网上。其作用是，来自气体发生器或气柜的可燃气体，经水封进入生产设备中，若在安全水封两侧的一侧着火，火焰至水封即被熄灭，从而阻止火势的蔓延。常用的安全液封有敞开式和封闭式两种，如图3-1和图3-2所示。

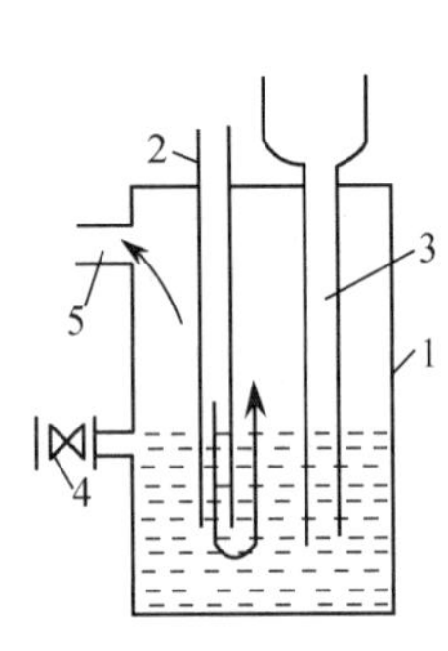

图3-1　敞开式液封

1—外壳　2—进气管　3—安全管

4—验水栓　5—气体出口

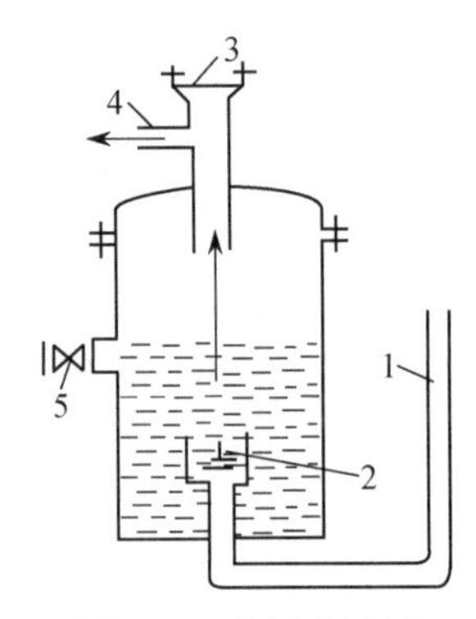

图3-2　封闭式液封

1—气体进口　2—单向阀　3—防爆膜

4—气体出口　5—验水栓

安全液封的可靠性与罐内的液位有直接关系，液位应根据设备内不同的压力保持一定的高度，否则起不到安全液封作用。因此，运行中要经常检查液位高度，寒冷地区为防止液封冻结，可通入蒸汽，也可加入适量甘油、矿物油或三甲酚磷酸酯等，或用食盐、氯化钙的水溶液等作为防冷冻液。

（2）水封井

水封井的阻火原理与安全液封相同，也是安全液封的一种，设置在石油化工企业的所有存在可燃气体、易燃液体蒸气或可燃液体的污水管网上。水封井内的水封高度不能低于250 mm，如图3-3和图3-4所示。

（3）阻火器

阻火器是利用管子直径或流通孔隙减小到某一程度，火焰就不能蔓延的原理制成的。这一现象的解释是，管子直径减小，气体通过时冷却作用程度增加。根据这一规律，假如在管路上连接一个内装金属网或砾石的圆筒，则可以阻止火焰从圆筒的一侧蔓延到另一侧，这就是所谓的阻火器。阻火器常用在容易引起火灾爆炸的高热设备和输送可燃液体、易燃液体蒸气的管线之间，以及可燃气体、易燃液体的排气管上。

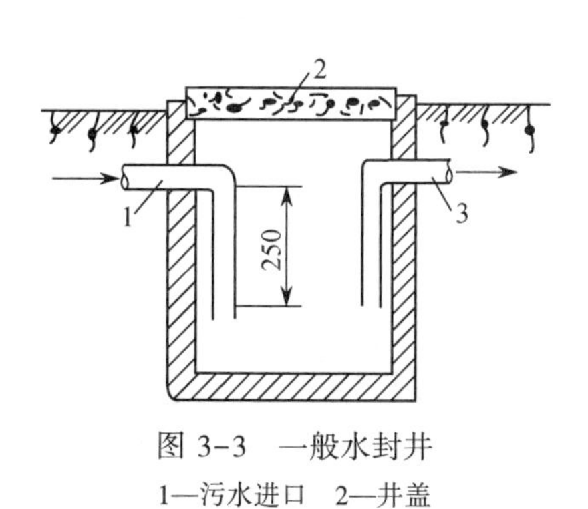

图 3-3　一般水封井

1—污水进口　2—井盖

3—污水出口

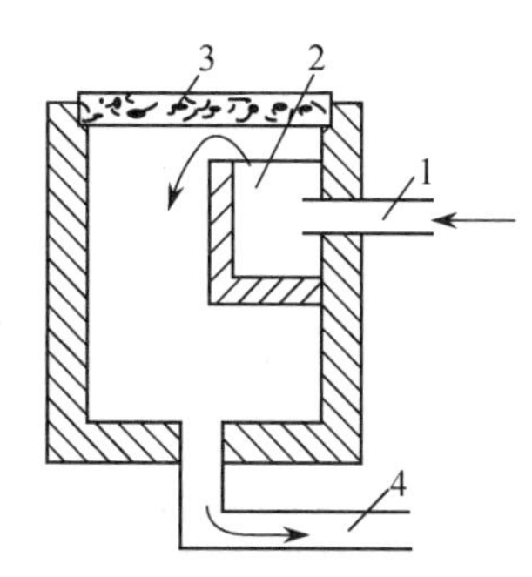

图 3-4　增修溢水槽的水封井

1—污水进口管　2—增修的溢水槽

3—井盖　4—污水出口管

影响阻火器性能的因素是阻火器的厚度以及孔隙和通道的大小。某些气体和蒸气阻火器孔的临界直径如下：甲烷为 0.4～0.5 mm；氢气及乙炔为 0.1～0.2 mm；汽油及天然石油气为 0.1～0.2 mm。金属网阻火器如图 3-5 所示，它是用若干具有一定孔径的金属网把空间分隔成许多小孔隙。一般有机溶剂采用四层金属网即可阻止火焰扩展。

阻止二硫化碳火焰的扩展最困难，应用砾石阻火器。砾石阻火器如图 3-6 所示，是用沙粒、卵石、玻璃球或铁屑、铜屑等作为填料。这些填料使阻火器内的空

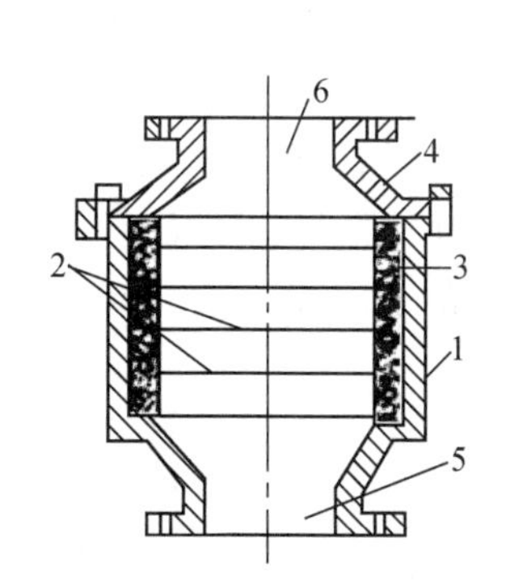

图 3-5　金属网阻火器

1—外壳　2—金属网　3—垫圈

4—上盖　5—进口　6—出口

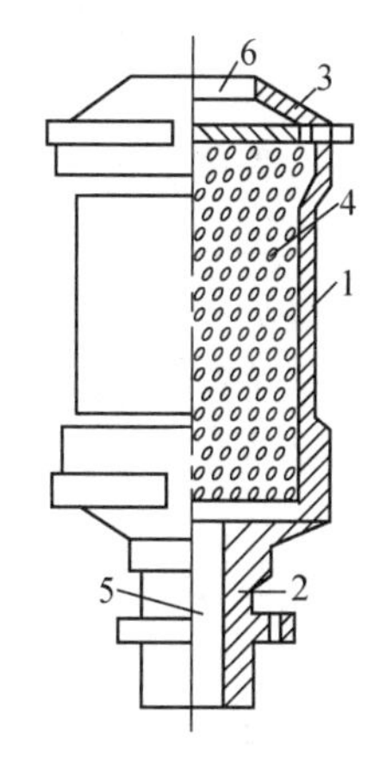

图 3-6　砾石阻火器

1—外壳　2—下盖　3—上盖

4—沙粒　5—进口　6—出口

间分隔成许多非直线的小孔隙，阻火效果比金属网阻火器好。砾石直径一般为 3~4 mm，也可用玻璃球或小型的陶土球形填料、金属环、小管径玻璃和金属管束等作为填料。

阻火器的内径和外壳长度，是根据安装阻火器的管道的直径来确定的，阻火器的内径一般为安装阻火器的管道直径的 4 倍。阻火器的内径和外壳长度与管道直径的关系见表 3-6。

表 3-6　　阻火器的内径和外壳长度与管道直径的关系　　mm

管道直径	阻火器内径	阻火器外壳长度		管道直径	阻火器内径	阻火器外壳长度	
		波纹金属片式	砾石式			波纹金属片式	砾石式
12	50	100	200	50	200	250	350
20	80	130	230	65	250	300	400
25	100	150	250	75	300	350	450
38	150	200	300	100	400	450	500

（4）单向阀

单向阀亦称止逆阀、止回阀。它的作用是只允许液体向一定的方向流动，遇有回流时即自动关闭，可防止在事故中由高压窜入低压引起管道、容器、设备爆裂，在可燃气体管线上作为防止回火的安全装置，如液化石油气的气瓶上的调压阀就是单向阀的一种。

在生产过程中，如果水、水蒸气、空气等辅助管线与可燃气体、可燃和易燃液体的设备、机械、管线相连接，且在生产中连续使用，为防止在不正常的条件下可能倒流造成事故，应在辅助管线上设置单向阀。气体压缩机和油泵在停电、停气和不正常条件下可能倒流造成事故，故应在压缩机或油泵的出口管线上设置单向阀。在高、低压系统之间，为防止高压窜入低压造成事故，应在低压系统上设置单向阀。

（5）火星熄灭器

火星熄灭器是根据容积或行程改变，火星流速下降或行程延长而自行冷却熄灭，以使火星颗粒沉降而消除的原理设置的。一般安装在能产生火星的设备的排放部位，如汽车、拖拉机等机动车辆的排气口处，以及能产生飞火的烟囱等处。

火星熄灭器一般安装在产生火花（星）设备的排空系统上，以防飞出的火星引燃周围的易燃物料。火星熄灭器的种类很多，结构各不相同，大致可分为以下几种形式。

1）降压减速。使带有火星的烟气由小容积进入大容积，造成压力降低，气流减慢。

2）改变方向。设置障碍改变气流方向，使火星沉降，如旋风分离器。

3）网孔过滤。设置网格、叶轮等，将较大的火星挡住或将火星分散开，以加速火星的熄灭。

4）冷却。用喷水或蒸气熄灭火星，如锅炉烟囱（使用鼓风机送风的烟囱）常用此方式。

（6）阻火闸门

阻火闸门是为防止火焰沿通风管道或生产管道蔓延而设置的。跌落式自动阻火闸门在正常情况下，受易熔金属元件的控制而处于开启状态，一旦温度升高（火焰），易熔金属被熔断，闸门靠本身重量作用自动跌落，关闭管道。

2. 泄压装置

泄压装置是防火防爆的重要安全装置，泄压装置的各组成部分如下。

（1）安全阀

安全阀可防止设备和容器内压力过高发生爆炸。当高压设备和容器内的压力升高超过一定限度可能造成事故时，安全阀即自动开启，泄出部分气体，降低压力至安全范围内，再自动关闭，从而实现设备和容器压力的自动控制，防止设备和容器破裂爆炸。安全阀按其结构和作用原理可分为静重式、杠杆式和弹簧式等，目前多用弹簧式安全阀。弹簧式安全阀是利用气体压力与弹簧压力之间的压力差的变化，自动开启或关闭。弹簧的压力由调节螺栓来调节。

为使安全阀经常保持灵敏有效，应定期做排气试验。为防止排气管、阀体及弹簧等被气流中的灰渣、黏性杂质及其他脏物堵塞、黏结，应经常检查是否漏气或不停地排气等，并及时检修。安全阀漏气的原因一般是密封面被腐蚀或磨损而产生凹坑沟痕，阀芯与阀座的同心度由于安装不正确或其他原因而被破坏，以及装配质量不高等。

设置安全阀时应注意以下几点。

1）液化可燃气体容器上的安全阀应安装于气相部分，防止排出液态物料，发生事故。

2）安全阀用于泄放易燃可燃液体时，宜将排泄管接入事故储槽、污油罐或其他容器；用于泄放高温油气或可燃易燃液体遇空气可能立即着火的，宜接入密闭系统的放空塔或事故储槽。

3）一般安全阀出口可以就地放空。为保护人身安全，放空口宜高出邻近操作人员 1 m 以上，且放空口不宜朝向 15 m 以内的明火地点、火花散发地点及热油设备。室内蒸馏塔、可燃气体压缩机的安全阀放空口宜引出房顶，并高出房顶 2 m 以上。

4）当安全阀的入口处安装有隔断阀时，隔断阀应保持常开状态。

（2）爆破片

爆破片的工作原理是根据爆炸发展过程的特点，在设备或容器的适当部位设置一定面积的脆性材料（如铝箔片）。当发生事故时，这些薄弱环节在较小的爆炸压力作用下，遭受到破坏，立即将大量气体释放出去，爆炸压力也就很难再继续升高，从而保住设备或容器的主体，避免设备或容器遭受更大的损坏和在场生产人员的更大伤亡。这种安全装置称为爆破片（亦称泄压膜、卸压孔、防爆膜等）。爆破片的安全可靠性取决于爆破片的质量、厚度和泄压面积，爆破片的材料有石棉板、垫料、铝、铜等。

铝质或铜质爆破片的计算公式如下：

$$p=KS/D \tag{3-1}$$

式中 p——爆破片爆破时压力，Pa；

S——爆破片厚度，cm；

D——爆破孔直径，cm；

K——常数，铜为（0.12~0.15）$\times10^{-3}$，铝为（0.32~0.4）$\times10^{-3}$。

应当指出，爆破片的可靠性必须经过爆炸试验测定。铸铁爆破片破裂时，能够产生火花，因此，采用铝片或铜片较安全。在有腐蚀性物料的设备或容器上安装爆破片时，为了防止腐蚀，可在爆破片上涂一层聚四氟乙烯。凡有重大爆炸危险性的设备、容器及管道，有必要安装的就应安装爆破片。

爆破片一般安装在设备、容器的顶部。对于室内设备，为防止爆破片破裂后，大量可燃易燃物充入室内空间，扩大火灾爆炸事故，可在安装爆破片的孔上接装排气管（放空管），该管直通至室外安全地点。如果设备装置是连续性生产，容器上可安装两个爆破片和气管，并分别安上闸门。平时一个闸门开启，另一闸门关闭。当爆破片爆破时，立即关闭一个闸门，开启另一个闸门，可以继续维护生产。气体导管上的爆破片应装在导管尽头及弯头处，在这种爆破片上应再安装保护罩，以免爆破片破裂时，碎片飞出伤人。

（3）防爆帽和易熔塞

防爆帽和易熔塞的安全泄漏释放量都比较小。防爆帽主要安装在各类压缩气体钢瓶上，易熔塞则安装在由于温度升高而发生爆炸危险的小型压力容器上，通常为一次性使用元件。

（4）防爆门（窗）

防爆门（窗）通常设置在燃油、燃气和燃烧煤粉的燃烧室外壁上，以防燃烧室发生爆燃或爆炸时设备遭到破坏。防爆门（窗）的面积一般不小于 0.025 m^2。防爆门（窗）应设置在不易伤人的位置，高度最好不小于 2 m。

（5）排气管

排气管可及时将增压设备内的气体排放掉，进而达到安全泄压的目的。一般可燃气体、液体的生产设备、输送管道均应设置排气管，含有可燃气体、液体的下水管道的水封井及最高处的检查井上部也应设置排气管。排气管的管径不宜小于 100 mm；排气管出口应高出地面 2.5 m 以上，且排气管端 3 m 半径范围内不许存在操作平台、空气冷却器等；距明火、散发火花地点应有 15 m 以上的安全距离；排放后可能立即燃烧的可燃气体，应经冷却后再送入排气管；排放后可能携带液滴的可燃气体，应经分液罐分液后送入放空系统或火炬；安全阀、防爆片等大量泄放可燃气体的排气管，应接至火炬系统或密闭放空系统。

四、控制可燃物积聚

在生产过程中，避免可燃物泄漏和积聚形成爆炸性混合物，通常采用的技术有设备密闭、加强通风、惰性介质保护、严格清洗或置换、严格控制投料及用不燃或难燃物料取代可燃物料等。

1. 设备密闭

设备密闭不良而跑、冒、滴、漏出的可燃物质，可使附近环境空气达到爆炸下限。同样的道理，如果空气渗入设备，也可能使设备内部达到爆炸上限，形成爆炸性混合物，所以，设备必须密闭。为了保证设备、管线的密闭性，通常应采取以下措施。

（1）正确选择连接方法

由于焊接连接在强度和密封性能上效果都比较好，所以，要求可燃气体、液化烃、可燃液体的金属管道均应采用焊接连接。高黏度、易黏结的聚合物浆液和悬浮物等易堵塞的管道，凝固点高的液体石蜡、沥青、硫黄等管道，以及停工检修需拆卸的管道可采用法兰连接。由于直径小于或等于 25 mm 的上述管道焊接强度不佳，且易将焊渣落入管内引起管道堵塞，故应采取承插焊管件连接，或采用锥管螺纹连接。但当采用锥管螺纹连接时，对有强腐蚀性介质，尤其是含氟化氢等易产生缝隙腐蚀性介质的管道，不得在螺纹处施以密封焊，否则一旦泄漏，后果不堪设想。

（2）正确选择密封垫圈

密封垫圈应根据工艺温度、压力和介质的性质选用，一般工艺可采用石棉橡胶垫圈；在高温、高压和强腐蚀性介质中，宜采用聚四氟乙烯等耐腐蚀塑料或金属垫圈。目前许多机泵改成端面机械密封，防漏效果较好，应优先选用。如果采用填料密封仍达不到要求，可加水封和油封。

（3）严格检漏、试漏

设备系统投产使用前或大修后开车前，应对设备进行验收。验收时，必须根据压力计的读数用水压试验检查其密闭性，测定其是否漏气并分析空气。此外，可于接缝处涂抹肥皂液进行充气检验，如发现起泡，即为渗漏。亦可根据设备内物质的特性，采取相应的试漏办法，如设备内有氯气和盐酸气，可用氨水在设备各部试熏，产生白烟处即为漏点；如果设备内是酸性或碱性气体，可利用 pH 试纸试漏。

（4）正确选择操作条件

物质爆炸极限与温度、压力有关，即爆炸浓度范围随原始温度、压力的增大而变宽，反之亦然。因此，可以在爆炸极限之外（大于上限或小于下限），选择安全操作的温度和压力。

1）安全操作温度的选择。消除形成爆炸浓度极限的温度有两个：一是低于闪点或爆炸下限的温度，二是高于闪点或爆炸上限的温度。如何确定其安全操作温度，应当根据物料的性质和设备条件而定。

2）安全操作压力的选择。在温度不变的条件下，安全操作的压力亦有两个：一是高于爆炸上限的压力，二是低于爆炸下限的压力。由于负压生产不仅可以降低可燃物在设备中的浓度，而且还可以避免蒸气从不严密处逸散和防止蒸气从微隙中冲出而带静电，故对溶剂一般选择常压或负压操作。但对于某些工艺，压力太低也不好，如煤气导管中的压力应略高于大气压，若压力降低，就有空气渗入，可能会发生爆炸。通常可设置压力报警器，在设备内压力失常时报警。

（5）加强日常检查维修

在平时要注意检查、维修、保养设备，如发现配件、填料破损要及时维修或更换，及时紧固松弛的法兰螺栓，以切实减少和消除泄漏现象。

2. 加强通风

要使设备达到绝对密闭是很难办到的，而且生产过程中有时会挥发出某些可燃性物质，因此，为保证车间的安全，使可燃气体、蒸气或粉尘达不到爆炸浓度范围，通风是行之有效的技术措施。通风可分为自然通风和机械通风（也称强制通风）两类，其中机械通风又可分为排风和送风两种，其防火要求如下。

（1）正确设置通风口的位置

比空气轻的可燃气体和蒸气的排风口应设在室内建筑的上部，比空气重的可燃气体和蒸气的排风口应设在下部。

（2）合理选择通风方式

通风方式一般宜采取自然通风，当自然通风不能满足要求时应采取机械通风。如木工车间、喷漆工房（或部位）、油漆厂的过滤和调漆工段、汽油洗涤工房都应配备强有力的机械通风设施；高压聚乙烯生产的乙烯压缩机房等，都应有一定的通风设施。对机械通风系统的鼓风机的叶片应采用碰击时不会产生火花的材料来制作，通风管内应设有防火挡板，当一处失火时能迅速阻断管路，避免波及他处。

散发可燃气体或蒸气的场所内的空气不可再循环使用，其排风和送风设施应设独立的通风室；散发有可燃粉尘或可燃纤维的生产厂房内的空气，需要循环使用时应经过净化处理。

3. 严格清洗或置换

对于加工、输送、储存可燃气体的设备、容器和管路、机泵等，在使用前必须用惰性气体置换设备内的空气，否则，原来留在设备内的空气便会与可燃气体形成爆炸性混合物。在停车前也应用同样方法置换设备内的可燃气体，以防空气进入形成爆炸性混合物。特别是在检修中可能使用和出现明火或其他着火源时，设备内的可燃气体或易燃蒸气，必须经置换并分析合格才能进行检修。对于盛放过易燃液体的桶、罐或其他容器，动火焊补前，还必须用水蒸气或水将其中残余的液体及沉淀物彻底清洗干净并分析合格。置换、清洗和动火分析均应符合动火管理的有关要求，并严格遵守操作规程。

4. 惰性介质保护

当可燃性物质难免与空气中的氧气接触时，用惰性介质保护是防止形成爆炸混合物的重要措施，这对防火防爆有很大实际意义。工业生产中常用的惰性气体有氮气、二氧化碳、水蒸气及烟道气等。防火技术常在以下几种场合使用。

（1）易燃固体的粉碎、筛选处理及粉末输送时，一般用惰性气体进行覆盖保护。

（2）在处理（包括开工、停工、动火等）易燃、易爆物料的系统时作为置换使用。

（3）易燃液体利用惰性气体进行充压输送，如油漆厂的热炼车间，油料由反应釜反应完毕后用二氧化碳气体压送到兑稀罐等。表 3-7 列出了 20 ℃及 101.325 kPa 条件下的可燃混合物用惰性气体稀释后不发生爆炸时氧的最大安全浓度（体积分数）。

表 3-7　可燃混合物用惰性气体稀释后不发生爆炸时氧的最大安全浓度（体积分数）　%

可燃物质	氧的最大安全浓度（体积分数）		可燃物质	氧的最大安全浓度（体积分数）	
	CO_2 作稀释剂	N_2 作稀释剂		CO_2 作稀释剂	N_2 作稀释剂
甲烷	14.6	12.1	丁二烯	13.9	10.4
乙烷	13.4	11.0	氢	5.9	5.0
丙烷	14.3	11.4	一氧化碳	5.9	5.6
丁烷	14.5	12.1	丙酮	15	13.5
戊烷	14.4	12.1	苯	13.9	11.2
己烷	14.5	11.9	煤粉	16	
汽油	14.4	11.6	麦粉	12	
乙烯	11.7	10.0	硬橡胶粉	13	
丙烯	14.1	11.5	硫	11	

（4）在有爆炸危险场所，对有可能引起火花的电气设备、仪表等（除有防爆炸性能的外），采用充氮气正压保护。

（5）当发生易燃、易爆物料泄漏或跑料时，用惰性气体冲淡、稀释，或着火时用其灭火等。

5. 严格控制投料

在反应器内，如果投料控制不好，也极易形成爆炸混合物。如在氨氧化制取硝酸的生产中，氨与空气混合进行氧化反应，其配比临近爆炸极限下限，配比若有失误，极易达到爆炸极限，因此，反应物料的浓度、流量都应准确分析和计量。对于连续化程度高、危险性大的生产，在开始投料时要特别注意其配比，并尽量减少开、停车次数。

催化剂对反应速度的影响很大，若有配比失误，多加了催化剂也有可能发生危险。尤其是对可燃物与氧化性物料进行反应的生产工艺，特别要严格控制氧化性物料的投料量。对在一定配比浓度下可形成爆炸性混合物的生产，其配比浓度应控制在爆炸浓度之外，如因工艺条件限制必须在爆炸浓度范围内生产时，应加以惰性气体保护，且操作过程中绝对不许接近和达到物料的自燃点。

在化工生产中，投料的顺序也是有严格要求的，有时投料顺序的错误也可形成危险状态。在一般情况下，当可燃物料与氧化性物料在同一设备内进行混合反应时，先投可燃性物料，后投氧化性物料，其顺序不可颠倒。例如，氯化氢的合成应先投氢后投氯，三氯化磷的氯化应先投磷后投氯，因为氯的氧化性很强，后投了还原性强的氢和磷，易形成爆炸介质而发生爆炸。

6. 用不燃或难燃物料取代可燃物料

由于工艺条件的限制，不少企业的一些生产过程仍在使用大量的可燃易燃物料，火灾爆炸危险性很大。所以，使用不燃物或火灾危险性较小的物料，代替易燃物料与火灾危险性较大的物料，为生产创造更为安全的条件，这是防止事故发生的根本性措施。因此，积极开展技术革新活动，研制用不燃或难燃的物料代替可燃物料，非常重要，且很多企业也取得了不少好经验。例如，河北制药厂的平阳霉素生产工艺过程复杂、周期长，几十克的成品要耗掉甲醇、丙酮 4 000 kg，且要反复三次使用，经过去杂、沉淀、过滤、精制等工序，有大量的易燃蒸气挥发在车间内，易形成爆炸性混合物，被生产工人称为在炸弹上生产。该厂从改革生产工艺入手，反复调查论证，寻找代替甲醇和丙酮两种起溶媒作用的物质，又借鉴了其他抗生素的工艺条件，经过半年的努力，成功地采用树脂代替甲醇和丙酮作溶媒，这样整个生产在水溶液中操作，从原来的甲类生产变为戊类生产，大大提高了生产工艺的安全度。又如，某厂经过多次试验，用多硫化钠代替了铁粉酸性还原，避免了氢气的产生，提高了还原效率，既促进了生产，又提高了生产工艺的安全度。

可燃液体在许多情况下可以用不燃的溶剂来代替，这类物质有甲烷的氯衍生物二氯甲烷、四氯化碳、三氯甲烷及乙烷的氯衍生物（三氯乙烯）等。例如，为了溶脂肪、油、树脂、土沥青、沥青、橡胶以及制备油漆等，可用四氯化碳代替有燃烧危险的液体。又如使用汽油、丙酮、乙醇等易燃溶剂的生产可用丁醇、氯苯、四氯化碳、三氯化碳等火灾危险性较小或不燃的溶剂代替。

在使用氯烃时必须注意，长时间吸入其蒸气有中毒的可能。为了防止中毒，必须将设备密闭。在放出蒸气的地方将蒸气抽出，室内不应超过规定的限度，发生事故时必须戴防毒面具。

在选择危险性较小的液体时，沸点及蒸气压是很重要的参数，例如，沸点在 110 ℃以上的液体，在常温时是不会形成爆炸浓度的，见表 3-8。

表 3-8　危险性较小的物质的沸点及蒸气压

物质名称	沸点（℃）	20%时的蒸气压（Pa）	物质名称	沸点（℃）	20 ℃时的蒸气压（Pa）
戊醇	130	266.64	氯苯	130	1 190.89
丁醇	114	533.29	二甲苯	135	1 333.22
醋酸酯	130	799.93	甲二醇	118	1 599.86
乙二醇	126	1 066.57			

五、控制引火源

石油化工生产中，常见的引火源除生产过程本身的燃烧炉火、反应热、电火花等以外，还有维修用火、机械摩擦热、撞击火花、静电放电火花以及违章吸烟等。引火源是物料得以燃烧的必备条件之一，所以，控制和消除引火源，是工业企业预防着火、爆炸事故的一项最基本的措施。引火源包括明火、火花、电弧、危险温度、化学反应热等。控制和消除这些引火源，通常采取以下措施。

1. 严格管理明火

在生产和储存易燃易爆物品的地方，大量的火灾爆炸事故是由明火引起的。为防止明火引起的火灾爆炸事故，生产和使用危险化学物品的企业，应根据规模大小和生产、使用过程中的火灾危险程度划定禁火区域，并设立明显的禁火标志，严格管理火种。

（1）加热易燃液体时，应尽可能避免采用明火，而改用蒸汽等加热。如果在高温反应或蒸馏操作过程中，必须使用明火或烟道气，燃烧室应与设备分开或隔离，封闭外露明火，并定期检查，防止泄漏。

企业中的熬炼是一种明火作业。熬炼的物质大多是可燃物质，如固体的沥青、蜡等。熬炼过程中由于物料含有水分、杂质或由于加料过满等沸腾溢出锅外，或是由于烟道裂缝窜火，锅底破漏，或是加热时间长，温度过高等，都有可能引发着火事故。因此，在工艺操作过程中，如必须采用明火，设备应该密闭，炉灶应用封闭的砖墙隔绝在单独的房间内，而且对熬炼设备应经常检查，防止烟道窜火和熬锅破漏。为防止易燃物质漏入燃烧室，设备应定期做水压试验和气压试验。熬炼物料不能盛装过满，应当留出一定的空间。为防止沸腾时溢出锅外，可在锅沿的外围设置金属防溢槽，使溢出锅外的物料不至于与灶火接触，此外，应随时清除锅沿上的可燃积垢。

（2）在有火灾和爆炸危险的厂房、储罐、管沟内，不得使用蜡烛、火柴或普通灯具照明，应采用封闭式或防爆型电气照明。在有爆炸危险的车间和仓库内，严禁吸烟和携带火柴、打火机等。为此，应在醒目的地方张贴“严禁烟火”警告标志，以引起人们注意。由于绝对禁止吸烟有时难以做到，故在可能条件下，应设置一个较安全的专门吸烟室。

（3）明火加热设备的设置，应远离可能泄漏易燃气体或蒸气的工艺设备和储罐区，并设置在散发易燃物料设备的侧风向。

（4）电瓶车产生的火花激发能量是比较大的，因此，在禁火区域，特别是易燃易爆车间和储罐区等区域，应当禁止电瓶车进入。在允许车辆进入的区域内，为了防止汽车、拖拉机排气管喷火引起火灾，必须在排气管上安装火星熄灭器等安全装置。为了防止烟囱飞火引起的火灾爆炸，炉膛内的燃烧要充分，烟囱要有足够的高度，必要时应安装火星熄灭器。烟囱周围不能堆放可燃物品，也不能搭建易燃建筑物。

2. 严格动火管理

（1）控制焊割动火。焊割是指对金属材料进行焊接和切割的明火作业，而焊割作业时产生的高温火花和熔珠可引起可燃物料着火。火灾统计结果表明，飞溅的火花和金属熔珠落在周围的可燃物上着火已成为最常见的着火原因。

氧炔焊的火焰温度可达 3 150 ℃，爆炸焊接的高温约有 3 000 ℃，用电弧焊时的电弧温度可超过 4 000 ℃，这样高的温度，遇可燃物会立即引起着火，若作用在金属材料设备上，会由于热传导的作用将热传到焊件的另一端，如果另一端有可燃物存在也会引起着火。在利用气焊作业时，由于多种原因引起的回火，也是引起着火爆炸的原因之一，因此，对焊割动火必须严格控制和管理。

防止焊割动火引起火灾的办法是：焊接人员必须经过专门培训并取得合格证；焊割地点与油罐区、气柜、货垛、易燃易爆车间等保持规定的防火间距，动火地点距乙炔瓶应有 10 m 以上的防火间距，乙炔瓶与氧气瓶也应保持规定的防火间距；动火场所周围要清除一切可燃物，如不便清除时可用石棉板或其他耐火材料遮盖和隔离；电焊的导线应绝缘良好，破损后及时更换，接地线不能连在易燃设备上；要焊接的金属管线的另一端不准堆放可燃物；焊割完毕应仔细检查现场，无任何火种时方可离开等。

（2）喷灯是一种高温明火的加热器具，由于使用轻便，在维修作业时应用较多，如用于化冻、烤模和焊接等局部加温。喷灯的火焰温度可超过 1 000 ℃，如果使用不当，加上物件上有可燃易爆物质时，会造成火灾或爆炸事故。在有爆炸危险的车间使用喷灯，应严格遵守有关规定；在其他地点使用喷灯时，应将加热物件以及操作地点的可燃或易燃易爆物质清理干净。使用喷灯加热金属物件和管道时，要防止热传导引起着火；对冻结的设备和水管进行加热解冻时，应把可燃的保温材料清除掉。使用过的喷灯，应用冷水冷却，去掉余气移至安全地点，妥善保管。

3. 防止机械火星

机械火星是两种以上硬质物体相互撞击时所产生的高温粒子，机械火星往往是可燃气体、蒸气、粉尘、爆炸物品等着火爆炸的根源之一。其产生方式主要有：铁器和机件的撞击产生火星；铁质工具的相互撞击或与混凝土地坪撞击产生火星；铁质导管或铁桶爆裂时飞迸出火星；铁、石等硬性杂质混入粉碎机、研磨机、反应器等设备内，撞击打出火星；甚至铁桶容器裂开时，亦能产生火星，引起溢出的可燃气体或蒸气着火。避免摩擦撞击产生火星的措施如下。

（1）为了防止在有易燃、易爆物料存在的场所或设备内产生机械火星，对使用的扳手、锤子等工具应采用铜或铝等不易产生火星的有色金属或合金制造，也可用镀铬的钢铁制造。

（2）在有火灾爆炸危险事故的生产中，机件的运转部分或易产生撞击火星的部分应该用两种材料制作，其中一种材料应是不产生火星的。

（3）粉碎可燃物料时，为了防止铁器随物料进入设备内部发生撞击起火，可在粉碎机、提升机等设备前安装磁铁分离器，以吸取混入物料中的铁器。若未设置磁铁分离器，对于易燃、易爆危险物质如碳化钙的破碎，应采用惰性气体保护。

（4）搬运盛有可燃气体或易燃液体的铁桶、气瓶时，应当用专门的运输工具，轻拿轻放，禁止在地面上滚动、拖拉或抛掷，防止容器的互相撞击，以免产生火星引起燃烧或容器爆裂造成事故。

（5）在易燃、易爆场所，不准穿带铁钉的鞋子，最好是在地面铺筑沥青或菱苦土等较软的材料，以免与地面、设备摩擦撞击产生火星。

4. 消除电气火花和危险温度

电气火花和危险温度是引起火灾爆炸事故的仅次于明火的第二位原因，因此，要根据爆炸和火灾危险场所的区域等级和爆炸性物质的性质，对车间内的电气动力设备、仪器仪表、照明装置和电气线路等，分别采用防爆、封闭、隔离等措施。

为了防止电气设备过热产生高温引起火灾爆炸事故，电气设备和线路除必须符合相应的施工及验收规范外，还应在易燃、易爆场所严禁使用开放式电热设备，以及普通行灯和电钻等能产生电火花和危险温度的设备。同时，应禁用电热烘箱烘烤易燃、易爆物品。输送易燃、易爆物料的管道应与电气设备和线路保持一定的距离，以防止物料泄漏时喷到电气设备和电线上引起起火爆炸。

5. 控制摩擦热

摩擦热也是一种引火源，在有可燃物（粉尘、花絮）存在的生产车间或工段，由于机器上的轴承缺油、润滑不良，长期摩擦发热及砂轮的摩擦发热等，常可引起附着的可燃物着火。因此，对轴承要及时加油，保持良好的润滑，并经常清除附着的可燃污垢和缠绕纤维物质。此外，在安装轴承时，轴瓦间隙不能太小，机件的摩擦部分及搅拌和通风轴承，应采用有色金属或塑料制成的轴瓦，以减少发热，避免产生火花。

6. 控制化学反应热

化学反应热是化工生产中一种典型的引火源。在化工生产中，如硝化、氧化、聚合等许多化学反应都是放热反应，若出现加料错误、控温不当、冷却不良、搅拌中操作失误或出现故障时，都能导致物料冲出或起火爆炸。如生石灰与水作用，发热温度超过物质的自燃点，可使靠近的可燃物质着火；浸透干性植物油的纤维或木屑，能在空气中氧化发热而自燃起火；黄磷、石油储罐中清除的硫化铁等低温自燃的物质，能在空气中氧化而自燃；松节油、甘油等可燃物与高锰酸钾等氧化剂或硝酸等强酸接触可迅速氧化自行着火。这些化学反应热必须严格控制，并采取以下措施。

（1）控制投料速度

对于放热反应，加料速度不能超过设备的传热能力，否则将引起温度猛升，并发生剧烈反应和副反应，引起物料的分解和膨胀。如果加料速度突然减小，反应温度降低，这样反应物不能完全反应而积累，升温后反应加剧，温度和压力都可能升高而造成事故。对于吸热反应，若加料过快，反应物不能完全反应而积累升温后反应也会加剧进行，温度和压力都会突然升高；若加料过慢，会使反应设备里温度过高，物料膨胀，发生分解和副反应，形成爆炸事故。因此，必须按规定严格控制加料速度，防止反应过热形成分解爆炸。

（2）进行有效冷却

对于放热反应，要选择最有效的冷却方法及时将热量移去，防止超温；同时要注意冷却剂的选择，不可使用与反应物料相抵触的物质作为冷却剂。例如，环氧乙烷很容易与水发生剧烈反应，甚至微量的水渗到环氧乙烷液体中都会引起自聚发热而发生爆炸，所以，这类物料的冷却不可用水作为冷却剂，而应用液体石蜡等作为传热介质。

（3）防止搅拌中断

搅拌可以加速热量的传导，使反应物混合均匀，若反应过程搅拌中断，就会造成散热不良使局部温度过高、反应加剧而发生危险。例如，苯与浓硫酸混合进行磺化反应时，若物料加入后搅拌才开动，会造成物料分层，搅拌开动后会使反应加剧，这时冷却系统若不能很快将大量的反应热移去而使温度升高，未反应完的苯就会气化，造成设备和管线超压爆裂。

（4）加强对反应生热物品的管理

生石灰、电石等忌湿物品应存放在防雨、防水的干燥处，并远离可燃物；浸油的废棉纱、破抹布、工作服、手套等应放置在带盖的金属容器内，并及时清除；低温自燃的物质，宜用惰性气体保护，在低温条件下存放；相互接触自燃的可燃物和氧化性物质应分类隔离存放，不可混存。例如，黄磷应储存于水中，清理出来的活性硫化铁等应湿润后埋入土中。

7. 控制烟囱和排气管的火星

烟囱飞火和机动车辆排气管排出的火星常常是引起可燃物着火的原因，通常有以下防止的办法。

（1）防止飞火

在燃油机械设备的排气管上装设火花熄灭器，以冷却烟气流，熄灭烟火星；烟囱上设除尘装置，并定期通刷烟囱，清除烟灰、油垢等。

（2）保证各种炉灶燃烧充分

燃油炉的进油量和燃煤炉的添煤量要合理控制。

（3）远离可燃物

在烟囱周围的一定距离内，不准堆放任何易燃、易爆物品和搭建易燃建筑。在有着火、爆炸危险的场所，机动车辆不准随便进入，必须进入时须采取防火措施，并保持一定的防火间距。

8. 导除静电

在有易燃易爆物质的场所，静电放电产生的火花是造成火灾与爆炸的原因之一。导除静电的方法详见第六章第三节相关内容。

9. 防止雷电火花

雷电是带有足够电荷的云块与云块或云块与大地间的静电放电现象。雷电放电的特点是电压高，达几十万伏；时间短，仅几十微秒；电流大，可达几百千安。因此，在电流流过的地点可使空气加热到极高温度，产生强大的压力波。在化工企业中往往由此引起严重的火灾爆炸事故，因此，防雷保护也是企业防火防爆的重要内容。防止雷电火花的方法详见第六章第四节关于“防雷装置”的介绍。

10. 防止日光照射或聚焦

日光的照射不仅会成为某些化学物品的起爆能源，还能通过凸透镜、烧瓶（特别是圆瓶）或含有气泡的玻璃窗等聚焦（聚焦后的日光能达到很高的温度）引起可燃物着火。例如，氯气与氢气、氯气与乙烯的混合气能在日光的作用下剧烈反应而爆炸；乙醚在日光的作用下能生成过氧化物；硝化纤维在日光下暴晒，自燃点降低，并能自行着火；盛装低沸点易燃液体的铁桶如灌装过满，热天在烈日下暴晒，液体受热膨胀会使铁桶爆裂；压缩或液化气体钢瓶在强烈日光下存放，瓶内压力会增加甚至爆炸等。因此，对见光能反应的化学物品应选用金属桶或暗色玻璃瓶盛装，为了避免日光照射，这类物品的车间、库房应在窗玻璃上涂以白漆，或采用磨砂玻璃。易燃易爆危险品受热容易蒸发析离出气体物质，不得在日光下暴晒。

六、灭火器材

1. 灭火剂

（1）水

1）灭火作用。水是应用历史最长、范围最广、价格最廉的灭火剂。水的蒸发潜热较大，与燃烧物质接触被加热汽化吸收大量的热，使燃烧物质冷却降温，从而减弱燃烧的强度。水遇到燃烧物后汽化生成大量的水蒸气，能够阻止燃烧物与空气接触，并能稀释燃烧区的氧，使火势减弱。

对于水溶性可燃、易燃液体的火灾，如果允许用水扑救，水与可燃、易燃液体混合，可降低燃烧液体浓度以及燃烧区内可燃蒸气浓度，从而减弱燃烧强度。由水枪喷射出的加压水流，其压力可达几兆帕。高压水流强烈冲击燃烧物和火焰，会使燃烧强度显著降低。

2）灭火形式。经水泵加压由直流水枪喷出的柱状水流称为直流水；由开花水枪喷出的滴状水流称为开花水；由喷雾水枪喷出，水滴直径小于 100 μm 的水流称为雾状水。直流水、开花水可用于扑救一般固体如煤炭、木制品、粮食、棉麻、橡胶、纸张等的火灾，也可用于扑救闪点高于 120 ℃，常温下呈半凝固态的重油火灾。雾状水大大提高了水与燃烧物的接触面积，降温快效率高，常用于扑灭可燃粉尘、纤维状物质、谷物堆囤等固体物质的火灾，也可用于扑灭电气设备的火灾。与直流水相比，开花水和雾状水射程均较近，不适于远距离使用。

3）注意事项。禁水性物质如碱金属和一些轻金属，以及电石、熔融状金属的火灾不能用水扑救。非水溶性，特别是密度比水小的可燃、易燃液体的火灾，原则上也不能用水扑救。直流水不能用于扑救电气设备的火灾，浓硫酸、浓硝酸场所的火灾以及可燃粉尘的火灾。原油、重油的火灾，浓硫酸、浓硝酸场所的火灾，必要时可用雾状水扑救。

（2）泡沫灭火剂

泡沫灭火剂是重要的灭火物质。多数泡沫灭火装置都是小型手提式的，对于小面积火焰覆盖极为有效。也有少数装置配置固定的管线，在紧急火灾中提供大面积的泡沫覆盖。对于密度比水小的液体火灾，泡沫灭火剂有着明显的长处。

泡沫灭火剂由发泡剂、泡沫稳定剂和其他添加剂组成。发泡剂称为基料，稳定剂或添加剂则称为辅料。泡沫灭火剂由于基料不同有多种类型，如化学泡沫灭火剂、蛋白泡沫灭火剂、水成膜泡沫灭火剂、抗溶性泡沫灭火剂、高倍数泡沫灭火剂等。

（3）干粉灭火剂

干粉灭火剂是一种干燥易于流动的粉末，又称为粉末灭火剂。干粉灭火剂由能灭火的基料以及防潮剂、流动促进剂、结块防止剂等添加剂组成。一般借助于专用的灭火器或灭火设备中的气体压力将其喷出，以粉雾形式灭火。

（4）其他灭火剂

还有二氧化碳、卤代烷、七氟丙烷等灭火剂。手提式的二氧化碳灭火器适用于扑灭小型火灾，而大规模的火灾则需要固定管连接到二氧化碳系统，释放出足够量的二氧化碳覆盖在燃烧物质上。由于卤代烷灭火剂对大气臭氧层有破坏作用，根据《蒙特利尔协定书》及其他保护大气臭氧层的国际公约，我国已于2004年完全停止生产，于2010年停止使用。目前，新研制的卤代烷灭火剂替代品主要有七氟丙烷灭火剂、气溶胶灭火剂等。

2. 灭火器

（1）灭火器类型

根据其盛装的灭火剂种类，灭火器有泡沫灭火器、干粉灭火器、二氧化碳灭火器等多种类型。根据移动方式，灭火器则有手提式灭火器、背负式灭火器、推车式灭火器等几种类型。

（2）使用与保养

泡沫灭火器使用时需要倒置稍加摇动，而后打开开关对着火焰喷出药剂。二氧化碳灭火器只需一手持喇叭筒对着火源，一手打开开关即可。而干粉灭火器只需提起圈环干粉即可喷出。

灭火器应放置在阴凉和使用方便的地方，并注意有效期限。要防止喷嘴堵塞，压力或质量小于一定值时，应及时加料或充气。

（3）灭火器配置

小型灭火器配置的种类与数量，应根据火险场所险情、消防面积、有无其他消防设施等综合考虑。小型灭火器是指 10 L 泡沫、8 kg 干粉、5 kg 二氧化碳等手提式灭火器。应根据装置所属的类别和所占的面积，配置不同数量的灭火器。易发生火灾的高风险地点，可适当增设较大的泡沫或干粉推车式灭火器。

3. 灭火设施

（1）水灭火装置

1）喷淋装置。喷淋装置由喷淋头、支管、干管、总管、报警阀、控制盘、水泵、重力水箱等组成。当防火对象起火后，喷头自动打开喷水，具有迅速控制火势或灭火的特点。

喷淋头有易熔合金锁封喷淋头和玻璃球阀喷淋头两种形式。对于前者，防火区温度达到一定值时，易熔合金熔化锁片脱落，喷口打开，水经溅水盘向四周均匀喷洒。对于后者，防火区温度达到释放温度时，玻璃球破裂，水自喷口喷出。可根据防火场所的火险情况设置喷头的释放温度和喷淋头的流量。喷淋头的安装高度为 3.0~3.5 m，防火面积为 7~9 m^2。

2）水幕装置。水幕装置是能喷出幕状水流的管网设备。它由水幕头、干支管、自动控制阀等构成，用于隔离冷却防火对象。每组水幕头需在与供水管连接的配管上安装自动控制装置，所控制的水幕头一般不超过 8 只。供水量应能满足全部水幕头同时开放的流量，水压应能保证最高最远的水幕头有 3 m 以上的压头。

（2）泡沫灭火装置

泡沫灭火装置按发泡剂不同分为化学泡沫装置和空气机械泡沫装置两种类型。按泡沫发泡倍数分为低倍数、中倍数和高倍数三种类型。按设备形式分为固定式、半固定式和移动式三种类型。泡沫灭火装置一般由泡沫液罐、比例混合器、混合液管线、泡沫室、消防水泵等组成。泡沫灭火器主要用于灌区灭火。

（3）蒸汽灭火装置

蒸汽灭火装置一般由蒸汽源、蒸汽分配箱、输汽干管、蒸汽支管、配汽管等组成。把蒸汽释放到燃烧区，使氧气浓度降至一定程度，从而终止燃烧。试验得知，对于汽油、煤油、柴油、原油的灭火，燃烧区每立方米空间内水蒸气的量应不少于 0.284 kg。经验表明，饱和蒸汽的灭火效果优于过热蒸汽。

（4）二氧化碳灭火装置

二氧化碳灭火装置一般由储气钢瓶组、配管和喷头组成，按设备形式分为固定和移动两种类型，按灭火用途分为全淹没系统和局部应用系统。二氧化碳灭火用量与可燃物料的物性、防火场所的容积和密闭性等有关。

（5）氮气灭火装置

氮气灭火装置的结构与二氧化碳灭火装置类似，适于扑灭高温高压物料的火灾。用钢瓶储存时，1 kg 氮气的体积为 0.8 m^3，灭火氮气的储备量不应小于灭火估算用量的 3 倍。

（6）干粉灭火装置

干粉是微细的固体颗粒，有碳酸氢钠、碳酸氢钾、磷酸二氢铵、尿素干粉等。密闭库房、厂房、洞室灭火干粉用量每立方米空间应不少于 0.6 kg；易燃、可燃液体灭火干粉用量每平方米燃烧表面应不少于 2.4 kg。空间有障碍或垂直向上喷射时，干粉用量应适当增加。

（7）烟雾灭火装置

烟雾灭火装置由发烟器和浮漂两部分组成。烟雾剂盘分层装在发烟器筒体内。浮漂是借助液体浮力，使发烟器漂浮在液面上，发烟器头盖上的喷孔要高出液面 350~370 mm。

烟雾灭火剂由硝酸钾、木炭、硫黄、三聚氰胺和碳酸氢钠组成。硝酸钾是氧化剂，木炭、硫黄和三聚氰胺是还原剂，它们在密闭系统中可维持燃烧而不需要外部供氧。碳酸氢钠作为缓燃剂，使发烟剂燃烧速度维持在适当范围内而不至于引燃或爆炸。烟雾灭火剂燃烧产物 85%以上是二氧化碳和氮气等不燃气体。灭火时，烟雾从喷孔向四周喷出，在燃烧液面上布上一层均匀浓厚的云雾状惰性气体层，使液面与空气隔绝，同时降低可燃蒸气浓度，达到灭火目的。

第三节　化学物质毒害事故的防控

有毒、有害、危险化学品在生产、储存、使用、运输过程中容易发生泄漏。一旦发生泄漏，如果处置方法不当，会使灾情扩大，并造成火灾、爆炸等次生灾害事故。同时，由于这些物品本身可能具有较强的毒害性和腐蚀性，极易造成暴露人员的中毒、灼伤。大部分急性危害事故都是源于易燃或有毒物质的泄漏，而且火灾、爆炸、中毒事故的后果大小与扩散模式密切相关。

一、物质泄漏的特点

1. 泄漏的主要设备

根据泄漏情况，可以把生产中容易发生泄漏的设备归纳为 10 类，即管道、挠性连接器、过滤器、阀门、压力容器或反应罐、泵、压缩机、储罐、加压或冷冻气体容器、火炬燃烧器或放散管。

（1）管道

包括直管、弯管、法兰管、接头几部分，其典型泄漏情况和裂口尺寸为：

1）管道泄漏，裂口尺寸取管径的20%～100%；

2）法兰泄漏，裂口尺寸取管径的20%；

3）接头泄漏，裂口尺寸取管径的20%～100%。

（2）挠性连接器

包括软管、波纹管、铰接臂等生产挠性变形的连接部件，其典型泄漏情况和裂口尺寸为：

1）连接器本体破裂泄漏，裂口尺寸取管径的20%～100%；

2）接头泄漏，裂口尺寸取管径的20%；

3）连接装置损坏而泄漏，裂口尺寸取管径的100%。

（3）过滤器

由过滤器本体、管道、滤网等组成，其典型泄漏情况和裂口尺寸为：

1）过滤器本体泄漏，裂口尺寸取管径的20%～100%；

2）管道泄漏，指与过滤器连接的管道发生的泄漏，裂口尺寸取管径的20%。

（4）阀门

包括生产中应用的各种阀门，其典型泄漏情况和裂口尺寸为：

1）阀壳体泄漏，裂口尺寸取与阀连接管道管径的20%～100%；

2）阀盖泄漏，裂口尺寸取管径的20%；

3）阀杆损坏而泄漏，裂口尺寸取管径的20%。

（5）压力容器或反应罐

包括化工生产中常用的分离装置、气体洗涤器、反应釜、热交换器、各种罐和容器等，其典型泄漏情况和裂口尺寸为：

1）容器破裂而泄漏，裂口尺寸取容器本身尺寸；

2）容器本体泄漏，裂口尺寸取与之连接的粗管道管径的100%；

3）孔盖泄漏，裂口尺寸取管径的20%；

4）管嘴断裂而泄漏，裂口尺寸取管径的100%；

5）仪表管路破裂而泄漏，裂口尺寸取管径的20%～100%；

6）内部爆炸而泄漏，裂口尺寸取容器本体尺寸。

（6）泵

常用的泵有离心泵与往复泵等，其典型泄漏情况和裂口尺寸为：

1）泵体损坏而泄漏，裂口尺寸取与之连接管道管径的20%~100%；

2）泵体封压盖处泄漏，裂口尺寸取管径的20%。

（7）压缩机

包括离心式、轴流式和往复式压缩机，其典型泄漏情况和裂口尺寸为：

1）压缩机机壳损坏而泄漏，裂口尺寸取与之连接管道管径的20%~100%；

2）压缩机密封套泄漏，裂口尺寸取管径的20%~100%。

（8）储罐

指露天储存危险物资的容器或压力容器，也包括与之连接的管道和辅助设备，其典型泄漏情况和裂口尺寸为：

1）罐体损坏而泄漏，裂口尺寸取本体尺寸；

2）接头泄漏，裂口尺寸取与之连接管道管径的20%~100%。

（9）加压或冷冻气体容器

露天或埋地放置的加压或冷冻气体容器，其典型泄漏情况和裂口尺寸为：

1）气体爆炸而泄漏，露天容器内部气体爆炸使容器完全破坏，裂口尺寸取本体尺寸；

2）容器破裂而泄漏，裂口尺寸取本体尺寸；

3）焊缝断裂而泄漏，裂口尺寸取与其连接管道管径的20%~100%；

4）容器辅助设备泄漏，酌情确定裂口尺寸。

（10）火炬燃烧器或放散管

包括燃烧装置、放散管、接通头、气体洗涤器和分离罐等，泄漏主要发生在筒体和多通接头部位，裂口尺寸取管径的20%~100%。

2. 泄漏的原因

从人-机系统来考虑造成各种泄漏事故的原因主要有以下四类。

（1）设计失误

1）基础设计错误，如地基下沉，造成容器底部产生裂缝，或设备变形、错位等。

2）选材不当，如强度不够，耐腐蚀性差，规格不符等。

3）布置不合理，如压缩机和输出管没有弹性连接，因振动而使管道破裂等。

4）选用机械不合适，如转速过高、耐温、耐压性能差等。

5）选用计测仪器不合适。

6）储罐、储槽未加液位计，反应器（炉）未加溢流管或放散管等。

（2）设备原因

1）加工不符合要求，或未经检验擅自采用代用材料。

2）加工质量差，特别是焊接质量差。

3）施工和安装精度不高，如泵和电机不同轴、机械设备不平衡、管道连接不严密等。

4）选用的标准定型产品质量不合格。

5）对安装的设备没有按《机械设备安装工程施工及验收通用规范》（GB 50231—2009）进行验收。

6）设备长期使用后未按规定检修期进行检修，或检修质量差造成泄漏。

7）计测仪表未定期校验，造成计量不准。

8）阀门损坏或开关泄漏，又未及时更换。

9）设备附件质量差，或长期使用后材料变质、腐蚀或破裂等。

（3）管理原因

1）没有制定完善的安全操作规程。

2）对安全漠不关心，已发现的问题不及时解决。

3）没有严格执行监督检查制度。

4）指挥错误，甚至违章指挥。

5）让未经培训的工人上岗，工人知识不足，不能判断错误。

6）检修制度不严，没有及时检修已出现故障的设备，使设备带故障运转。

（4）人为失误

1）误操作，违反操作规程。

2）判断错误，如记错阀门位置而开错阀门。

3）擅自脱岗。

4）思想不集中。

5）发现异常现象不知如何处理。

3. 泄漏量计算

计算泄漏量是泄漏分析的重要内容，根据泄漏量可以进一步研究泄漏物质情况。

当发生泄漏的设备的裂口规则、裂口尺寸已知，泄漏物的热力学、物理化学性质及参数可查到时，可以根据流体力学中有关方程计算泄漏量。当裂口不规则时，采用等效尺寸代替，考虑泄漏过程中压力变化等情况时，往往采用经验公式计算泄漏量。

（1）液体泄漏量

单位时间内液体泄漏量，即泄漏速度，可按流体力学的伯努利方程计算得：

$$Q_0 = C_d A\rho\sqrt{2(P-P_0)/\rho+2gh} \tag{3-2}$$

式中 Q_0 为液体泄漏速度，kg/s；

C_d 为泄漏系数，按表 3-9 选取；

A 为裂口面积，m^2；

ρ 为泄漏液体密度，kg/m^3；

P 为设备内物质压力，Pa；

P_0 为环境压力，Pa；

g 为重力加速度，9.8 m/s^2；

h 为裂口之上液位高度，m。

式 3-2 表明，常压下液体泄漏速度取决于裂口之上液位的高低，非常压下液体泄漏速度主要取决于设备内物质压力与环境压力之差。

表 3-9　液体泄漏系数

雷诺数（Re）	裂口形状		
	圆形（多边形）	三角形	长方形
>100	0.65	0.60	0.55
≤100	0.50	0.45	0.30

当设备中液体是过热液体，即液体沸点低于周围环境温度时，液体经过裂口时由于压力较小而突然蒸发，蒸发吸收热量，使设备内剩余液体的温度降到常压沸点以下。这种场合，泄漏时直接蒸发的液体所占百分比为

$$F = C_P \frac{(T-T_d)}{H} \tag{3-3}$$

式中 C_P 为液体的比定压热容，J/（kg·K）；

T 为泄漏前液体温度，K；

T_d 为液体在常压下的沸点，K；

H 为液体的蒸发热，J/kg。

泄漏时直接蒸发的液体将以细小烟雾的形式形成云团，与空气相混合而吸收热量蒸发。如果空气传给液体烟雾的热量不足以使其蒸发，则烟雾将凝结成液滴降落

地面，形成液池。根据经验，当 $F>0.2$ 时，一般不会形成液池；当 $F<0.2$ 时，F 与带走液体之比有线性关系；当 $F=0$ 时，没有液体带走（蒸发）；当 $F=0.1$ 时，有50%液体带走（蒸发）。

（2）气体泄漏量

气体从设备的裂口泄漏时，其泄漏速度与空气的流动状态有关，因此，首先需要判断泄漏时气体流动属于亚音速流动还是音速流动，前者称为次临界流，后者称为临界流。

当式3-4成立时，气体流动属于亚音速流动：

$$\frac{P_0}{P}>\left(\frac{2}{\gamma+1}\right)^{\frac{\gamma}{\gamma-1}} \tag{3-4}$$

当式3-5成立时，气体流动属于音速流动：

$$\frac{P_0}{P}\leqslant\left(\frac{2}{\gamma+1}\right)^{\frac{\gamma}{\gamma-1}} \tag{3-5}$$

式中　P_0 为环境压力，Pa；

P 为设备内介质压力，Pa；

γ 为比热容比，即比定压热容 C_P 与比定容热容 C_V 之比。

气体呈亚音速流动时，泄漏速度为：

$$Q_0=YC_dA\sqrt{P\rho\gamma\left(\frac{2}{\gamma+1}\right)^{\frac{\gamma+1}{\gamma-1}}} \tag{3-6}$$

气体呈音速流动时，泄漏速度为：

$$Q_0=YC_dA\rho\sqrt{R\gamma\left(\frac{2}{\gamma+1}\right)T\left(\frac{2}{\gamma+1}\right)^{\frac{1}{\gamma-1}}} \tag{3-7}$$

式中，C_d 为气体泄漏系数，当裂口形状为圆形时取1.00，三角形时取0.95，长方形时取0.90；Y 为气体膨胀因子，对于音速流动，$Y=1$；对于亚音速流动，为：

$$Y=\sqrt{\left(\frac{1}{\gamma-1}\right)\left(\frac{\gamma+1}{2}\right)^{\frac{\gamma+1}{\gamma-1}}\left(\frac{P}{P_0}\right)^{\frac{2}{\gamma}}\left[1-\left(\frac{P_0}{P}\right)^{\frac{\gamma-1}{\gamma}}\right]} \tag{3-8}$$

式中　ρ 为泄漏气体密度，kg/m^3；

R 为摩尔气体常数，J/（mol·K）；

T 为气体温度，K。

随着气体泄漏设备内物质的减少而气体泄漏的流速变化时，泄漏速度的计算比较复杂，可以计算其等效泄漏速度。

（3）两相流泄漏量

在过热液体发生泄漏的场合，有时会出现液、气两相流动。均匀两相流的泄漏速度为：

$$Q_0=C_dA\sqrt{2\rho(P-P_C)} \quad (3-9)$$

式中 C_d 为两相流泄漏系数；

A 为裂口面积，m^2；

P 为两相混合物的压力，Pa；

P_c 为临界压力，可取为 0.55 P；

ρ 为两相混合物的平均密度，kg/m^3。

式 3-9 中，

$$\rho=\frac{1}{\frac{F_V}{\rho_1}+\frac{1-F_V}{\rho_2}} \quad (3-10)$$

式中 ρ_1 为液体蒸发的密度，kg/m^3；

ρ_2 为液体密度，kg/m^3；

F_V 为蒸发的液体占液体总量的比例。

式 3-10 中，

$$F_V=\frac{C_P(T-T_C)}{H} \quad (3-11)$$

式中 C_P 为两相混合物的比定压热容，J/（kg·K）；

T 为两相混合物的温度，K；

T_C 为临界温度，K；

H 为液体的蒸发热，J/kg。

当 $F_V>1$ 时，表明液体将全部蒸发为气体，应该按气体泄漏处理；如果 F_V 很小，则可近似地按液体泄漏速度计算公式来计算。

二、个人防护装备与器材

个人防护装备是危险化学品作业场所或化学事故抢险救援现场人员使用的个体保护装备或用品，能有效阻止有害物进入人体，是危险品作业场所危害控制的辅助措施及事故现场人员必需的防护装备。

1. 呼吸防护装备与器材

（1）呼吸防护装备的种类

呼吸防护用品主要分为过滤式（净化式）和隔绝式（供气式）两种。过滤式呼吸器只能在不缺氧的劳动环境（即环境空气中氧体积分数不小于18%）和低浓度毒污染下使用，一般不能用于罐槽等密闭狭小容器中作业人员的防护。过滤式呼吸器分为过滤式防尘呼吸器和过滤式防毒呼吸器。

隔绝式呼吸器能使使用者的呼吸器官与污染环境隔离，由呼吸器自身供气（空气或氧气），或从清洁环境中引入空气维持人体的正常呼吸。可在缺氧、尘毒严重污染、情况不明有生命危险的工作场所和危险化学品事故处置场所使用，一般不受环境条件限制。按供气形式分为自给式和长管式两种类型。危险化学品事故抢险救援场所人员主要佩戴隔绝式呼吸器。

1）过滤式（净化式）呼吸器。过滤式（净化式）呼吸器主要有防尘呼吸器和防毒呼吸器两种。过滤式（净化式）防尘呼吸器分为自吸式和送风式两种。过滤式防毒呼吸器主要是自吸式，一般由面罩、滤毒罐（盒）、导气管（直接式无导气管）、可调拉带等部件构成。面罩和滤毒罐（盒）是关键部件。

2）隔绝式呼吸器。隔绝式呼吸器有自给式呼吸器和长管呼吸器两种。

①自给式呼吸器。分为氧气呼吸器、空气呼吸器和化学氧呼吸器三种。氧气呼吸器一般为密闭循环式，主要部件有面罩、氧气钢瓶、清净罐、减压器、补给器、压力表、气囊、阀、导气管、壳体等。其工作原理是周而复始地将人体呼出气体中的二氧化碳脱除，定量补充氧气供人吸入。使用时间根据呼吸器储氧量等因素确定。

空气呼吸器一般为开放式，主要部件有面罩、空气钢瓶、减压阀、压力表、导气管等。压缩空气经减压后供人吸入，呼出气体经面罩呼吸阀排到空气中。空气呼吸器结构较为简单，使用时间短。

化学氧呼吸器有密闭循环式和密闭往复式两种，主要部件有面罩、生氧罐、气囊、阀、导气管等。生氧罐内装填含氧化学物质，现在广泛采用的是金属过氧化物，同时解决了吸收二氧化碳和提供氧气的问题。

②长管呼吸器。也称为长管面具，有送风式和自吸式两种。它是通过机械动力和人的肺力从清洁环境中引入空气供人呼吸，也可以高压气瓶作为气源经过软管送入面罩供人呼吸。长管呼吸器适用于流动性小的或定点的作业岗位，较为有效。

（2）呼吸防护用品的使用

1）正确选择呼吸器

①防尘呼吸器。应根据作业场所粉尘浓度、粉尘性质、分散度、作业条件及劳动强度等因素，合理选择不同防护级别的防尘或防微粒口罩。

②防毒呼吸器。应根据作业场所毒物的浓度、种类、作业条件选择使用，使用者应选择合适自己面型的面罩型号，选好滤毒罐的种类。

2）正确使用呼吸器

①过滤式呼吸器。使用前认真阅读产品说明书，熟悉其性能；进行必要的佩戴训练，掌握要领，能准确戴用；检查其质量，保持连接部位的密闭性。

使用时检查呼吸器的佩戴气密性（简易式防尘呼吸器除外），简易的方法是使用者佩戴好呼吸器，将滤器入气口封闭，做几次深呼吸，如果感到憋气，可以认为气密性良好。佩戴时，必须先打开滤器的进气口，使气流畅通。在使用中应注意以下几个方面：

a. 防尘呼吸器如感憋气应更换过滤元件；

b. 防毒呼吸器要留意滤毒罐是否失效，如嗅到异味、发现增重超过限度、使用时间过长等应警觉。

c. 发现已经失效或破损现象应立即撤离现场。

②隔绝式呼吸器。自给式呼吸器结构复杂、严密，使用者应经过严格训练，掌握操作要领，能做到迅速、准确佩戴。长管呼吸器使用前要严格检查气密性，用于危险场所时必须有第二者监护，用毕要检查清洗，保存备用。

自吸式长管呼吸器，要求进气管端悬置于无污染、不缺氧的环境中，软管要求平直，以免增加吸气阻力。

（3）呼吸防护用品的合理选用

呼吸防护用品应按有效、舒适、经济的原则选用。

（4）呼吸防护用品的维护保养

1）过滤式呼吸器使用后应认真清洗和检查，及时更换损坏部件，晾干保存；应存放在干燥、通风、清洁、温度适中的地点，超过存放期时，应封样送专业部门检验，合格后方可延期使用。

2）自给式呼吸器应有专人管理，用毕要检查、清洗，定期检验保养，妥善保存使之处于备用状态。

2. 其他防护装备与器材

（1）防护服

1）防护服的种类。防护服的种类很多，供从事化学品工作人员或应急处理现场人员使用的主要有防毒服、防火服。

①防毒服。主要用于化学物质作业场所和应急处理现场人员的防护，分为密闭型和透气型两类。前者采用抗浸透性、抗腐蚀的材料制成，在污染较严重的场所使用；后者采用透气性材料制成，主要在轻、中度污染场所使用。

②防火服。主要用于消防、火灾场所人员的防护，选用耐高温、不易燃、隔热遮挡辐射热效率高的材料制成。常用的材料有T、H、P、C防火布，石棉布，铝箔玻璃纤维布，铝箔石棉布，碳素纤维布等。

2）防护服的选用与维护。使用前应根据场所存在的危险因素选择质量合格的适宜的防护服种类。应对照产品技术条件检查其质量，认真阅读说明书，熟悉性能及注意事项；按照说明书的要求进行必要的穿用训练；要注意防护服的使用条件，不可超限度使用。使用完毕应进行检查、清洗，晾干保存，下次再用。产品应存放在干燥、通风、清洁的库房内。

以橡胶为基料的防护服可以使用肥皂水等洗去污染后冲洗晾干，撒些滑石粉后存放。以塑料为基料的防护服，一般在常温下清洗晾干。

特殊基料的防护服应按照说明书的要求进行清洗、存放。

（2）眼部防护用品

眼部防护用品主要有防辐射眼罩、防激光微波眼罩、防放射眼罩、防酸碱眼罩和防冲击眼罩。

1）防辐射眼罩。基本可以分为吸收式和反射式两类。其品种有电焊镜、防电火眼镜、炼钢镜和变色镜。吸收式眼罩是当光线射到镜片上时，被玻璃中掺入的金属氧化物选择性吸收，剩余部分允许透过。其缺点是吸收的能量会变成热能，又会照射眼睛，形成二次辐射。反射式眼罩是以吸收式镜片为基片，其表面镀反射膜来反射掉有害射线。

2）防激光微波眼罩

①防激光眼罩为风镜式，镜片基体大多以高分子合成材料制成，可以更换。根据防激光辐射的原理，防激光眼罩分为反射型、吸收型、复合型、爆炸型、光化学反应型和变色微晶玻璃型等类型。每副眼罩上均标明所防的光密度值和波长，不得错用。

②防微波眼罩为风镜式，在镜片上镀有一层二氧化锡薄膜。该膜具有良好的导电性、较高的透光率和附着力，对微波辐射能予以反射。镜框及镜架采用对微波有吸收性能的材料制成，能反射侧面射来的微波。

3）防放射眼罩

①密闭式有机玻璃眼罩。以橡胶材料做边框及护眼罩，外加松紧带。密闭性较好，镜窗可以屏蔽低能量的β射线。

②铅玻璃眼罩。镜片以铅玻璃制成，镜架与普通眼镜架材料相同。专用于接触X射线的作业。

4）防酸碱眼罩。全新防酸碱眼罩呈全封闭状，眼面呈斜方形，形状为弧弦形。软体眼罩左右侧及底部均有透气孔，耳部附有一根强拉力松紧带，可自由调节。在罩体上部有一沟槽，可以防止酸碱液喷溅时渗入皮肤与罩体的缝隙间。镜面采用专用高强度工程塑料及添加剂注塑而成，透光率可达89%以上，镜罩采用无毒塑料及添加剂注塑而成，可以任意折叠而不断、不裂，适用于有害液体飞溅场所佩戴。另外，以高强度工程塑料注塑而成的镜面可抗物体冲击和撞击，抗冲击强度可达G1（国家一级冲击）。所以，该眼罩还可在有物体冲击、粉尘飞扬及野外风沙场所使用，佩戴舒适。

5）防冲击眼罩

①防角膜异物伤眼罩。由镜片、框架和两侧防护挡板脚组成。镜片较普通眼镜加宽20%，视野较宽广；框架放大弯度，框上缘有卷边，配合挡板宽脚，均匀贴在眼周围，以防异物从旁侧进入；挡板上焊有通气孔，可减少镜片气雾。适用于机械加工行业机床通用工种的操作工、防物体冲击的劳动场所的人员佩戴。

②有机玻璃眼罩。由镜片、罩顶、系带等部件组成。镜片以有机玻璃制成，罩顶以人造革制成。有机玻璃眼罩重量轻，较普通玻璃眼罩轻一半，视野宽广，透明度在91%以上，耐冲击强度较普通玻璃高10倍。适用于机械工业的金属切割、锻压工以及野外地质作业防碎石、风沙等。

③铁丝眼罩。由铁丝罩体、人造革罩顶和系带等部件组成。罩体用16目绿色铁丝窗纱制成，铁纱网不妨碍视线，适用于建筑工程开山筑路、凿岩爆破等工种，防止粗砂碎石溅击眼睛。

（3）手、脚部防护用品

对于不同的作业环境，手、脚部防护用品是不同的，在危险化学品作业场所主要使用耐腐蚀的手套和鞋（靴）。常用的耐腐蚀手套有橡胶耐酸碱手套、乳胶耐酸碱手套和塑料耐酸碱手套（包括浸塑手套）。应具有耐酸碱腐蚀、防酸碱渗透、耐老化的特征，具有一定的强力性能，用于手接触酸碱液的防护。

1）耐酸碱手套。适用于接触酸碱溶液时戴用。手套应无伤痕、气泡、斑点、污渍及其他有碍使用的缺陷。手套防护长度应不小于《手部防护通用测试方法》（GB/T 12624—2020）中的最短长度。手套的技术要求、试验方法和标准应符合

《耐酸（碱）手套》（AQ 6102—2007）。

2）防酸碱靴。主要用于地面有酸碱及其他腐蚀性液体或有腐蚀性液体飞溅的场所。防酸碱靴的底和面应具有良好的耐酸碱性能和抗渗透性能。

三、化学物质毒害事故的应急防控

在发生化学物质泄漏事故的现场，正确、及时、有效地实施应急抢险和救援工作，是控制事故、减少损失的关键。具体包括以下几项工作。

1. 隔离、疏散

（1）建立警戒区域

事故发生后，应根据化学品泄漏扩散的情况或火焰热辐射所涉及的范围建立警戒区，并在通往事故现场的主要干道上实行交通管理。建立警戒区域时应注意以下几项内容。

1）警戒区域的边界应设警示标识，并有专人警戒。

2）除消防、应急处理人员以及必须坚守岗位的人员外，其他人员禁止进入警戒区。

3）泄漏溢出的化学品为易燃品时，区域内应严禁火种。

（2）紧急疏散

迅速将警戒区及污染区内与事故应急处理无关的人员撤离，以减少不必要的人员伤亡。紧急疏散时应注意以下情况。

1）如事故物质有毒时，需要佩戴个体防护用品或采用简易有效的防护措施，并有相应的监护措施。

2）应向上风（即逆风）方向转移，明确专人引导，护送疏散人员到安全区，并在疏散或撤离的路线上设立哨位，指明方向。

3）不要在低洼处滞留。

4）要查清是否有人留在污染区和着火区。

2. 防护

根据事故物质的毒性及划定的危险区域，确定相应的防护等级（见表 3-10），并根据防护等级按标准配备相应的防护器具（见表 3-11）。

3. 询情和侦检

（1）询问遇险人员情况，容器储量、泄漏量、泄漏时间、部位、形式、扩散范围，周边单位、居民、地形、电源、火源等情况，消防设施、工艺措施、到场人员处置意见。

表 3-10　　防护等级划分标准

毒性＼危险区	重度危险区	中度危险区	轻度危险区
剧毒	一级	一级	二级
高毒	一级	一级	二级
中毒	一级	二级	二级
低毒	二级	三级	三级
微毒	二级	三级	三级

表 3-11　　根据防护等级按标准配备防护器具

级别	形式	防化服	防护服	防护面具
一级	全身	内置式重型防化服	全棉防静电内外衣	正压式空气呼吸器或全防型滤毒罐
二级	全身	封闭式防化服	全棉防静电内外衣	正压式空气呼吸器或全防型滤毒罐
三级	呼吸	简易防化服	战斗服	简易滤毒罐、面罩或口罩、毛巾等防护器材

（2）使用检测仪器测定泄漏物质、浓度、扩散范围。

（3）确认设施、建（构）筑物险情及可能引发爆炸燃烧的各种危险源，确认消防设施运行情况。

4. 现场急救

在事故现场，化学品对人体可能造成的伤害为中毒、窒息、冻伤、化学灼伤、烧伤等。进行急救时，不论患者还是救援人员，都需要进行适当的防护。

（1）现场急救

1）选择有利地形设置急救点。

2）做好自身及伤病员的个体防护。

3）防止发生继发性损害。

4）应至少 2~3 人为一组集体行动，以便相互照应。

5）所用的救援器材需具备防爆功能。

（2）现场处理

1）迅速将患者脱离现场至空气新鲜处，并应确定受伤者所在环境是安全的。

2）呼吸困难时给氧，呼吸停止时立即进行人工呼吸，心搏骤停时立即进行心脏按压。口对口的人工呼吸及冲洗污染的皮肤或眼睛时，要避免进一步受伤。

3）皮肤污染时，脱去被污染的衣服，用流动清水冲洗，冲洗要及时、彻底、反复多次；头面部灼伤时，要注意眼、耳、鼻、口腔的清洗。

4）当人员发生冻伤时，应迅速复温。复温的方法是采用40~42 ℃恒温热水浸泡，使其温度提高至接近正常；在对冻伤的部位进行轻柔按摩时，应注意不要将伤处的皮肤擦破，以防感染。

5）当人员发生烧伤时，应迅速将患者衣服脱去，用流动清水冲洗降温，用清洁布覆盖创面，避免创面污染，不要任意把水疱弄破。患者口渴时，可适量饮水或含盐饮料。

6）使用特效药物治疗，对症治疗，严重者送医院观察治疗。

5. 泄漏处理

危险化学品泄漏后，不仅污染环境、对人体造成伤害，如遇可燃物质还有引发火灾爆炸的可能。因此，对泄漏事故应及时、正确处理，防止事故扩大。泄漏处理一般包括泄漏源控制及泄漏物处理两大部分。

（1）泄漏源控制

有时候可通过控制泄漏源来消除化学品的溢出或泄漏。在调度室的指令下，通过关闭有关阀门、停止作业或采取改变工艺流程、物料走副线、局部停车、打循环、减负荷运行等方法进行泄漏源控制。

容器发生泄漏后，应采取措施修补和堵塞裂口。制止危险化学品的进一步泄漏，对整个应急处理是非常关键的。能否成功地进行堵漏取决于几个因素：接近泄漏点的危险程度，泄漏孔的尺寸，泄漏点处实际的或潜在的压力，泄漏物质的特性。堵漏方法见表3-12。

表3-12　堵漏方法

部位	形式	方法
罐体	砂眼	使用螺钉加黏合剂旋进堵漏
	缝隙	使用外封式堵漏袋、电磁式堵漏工具组、粘贴式堵漏密封胶（适用于高压）、潮湿绷带冷凝法或堵漏夹具、金属堵漏锥堵漏
	孔洞	使用各种木楔、堵漏夹具、粘贴式堵漏密封胶（适用于高压）、金属堵漏锥堵漏
	裂口	使用外封式堵漏袋、电磁式堵漏工具组、粘贴式堵漏密封胶（适用于高压）堵漏

续表

部位	形式	方法
管道	砂眼	使用螺钉加黏合剂旋进堵漏
	缝隙	使用外封式堵漏袋、金属封堵套管、电磁式堵漏工具组、潮湿绷带冷凝法或堵漏夹具堵漏
	孔洞	使用各种木楔、堵漏夹具、粘贴式堵漏密封胶（适用于高压）堵漏
	裂口	使用外封式堵漏袋、电磁式堵漏工具组、粘贴式堵漏密封胶（适用于高压）堵漏
阀门	渗漏	使用阀门堵漏工具组、注入式堵漏胶、堵漏夹具堵漏
法兰	渗漏	使用专用法兰夹具、注入式堵漏胶堵漏

（2）泄漏物处置

泄漏物要及时进行覆盖、收容、稀释等处理，使泄漏物得到安全可靠的处置，防止二次事故的发生。泄漏物处置主要有以下四种方法。

1）围堤堵截。如果化学品为液体，泄漏到地面上时会四处蔓延扩散，难以收集处理。为此，需要筑堤堵截或者引流到安全地点。储罐区发生液体泄漏时，要及时关闭雨水阀，防止物料沿明沟外流。

2）稀释与覆盖。为减少大气污染，通常是采用水枪或消防水带向有害物蒸气云喷射雾状水，加速气体向高空扩散，使其在安全地带扩散。在使用这一技术时，将产生大量的被污染水，因此应疏通污水排放收容系统。对于可燃物，也可以在现场施放大量水蒸气或氮气，破坏燃烧条件。对于液体泄漏，为降低物料向大气中的蒸发速度，可用泡沫或其他覆盖物品覆盖外泄的物料，在其表面形成覆盖层，抑制其蒸发。

3）收容（集）。对于大型泄漏，可选择用隔膜泵将泄漏出的物料抽入容器内或槽车内；当泄漏量小时，可用沙子、吸附材料、中和材料等吸收中和。

4）废弃。将收集的泄漏物运至废物处理场所处置。用消防水冲洗剩下的少量物料，冲洗水排入污水系统。

（3）泄漏处理时注意事项

1）进入现场人员必须配备必要的个人防护器具。

2）如果泄漏物是易燃易爆的，应严禁火种。

3）应急处理时严禁单独行动，要有监护人，必要时用水枪、水炮掩护。

注意，化学品泄漏时，除受过特别训练的人员外，其他任何人不得试图清除泄漏物。

第四节　化工事故案例分析

一、8·12 天津滨海新区爆炸事故

1. 事故经过

2015 年 8 月 12 日，位于天津市滨海新区天津港的瑞海公司危险品仓库发生火灾爆炸事故，造成 165 人遇难、8 人失踪、798 人受伤，304 幢建筑物、12 428 辆商品汽车、7 533 个集装箱受损。截至 2015 年 12 月 10 日，依据《企业职工伤亡事故经济损失统计标准》等标准和规定统计，已核定的直接经济损失为 68. 66 亿元。

2. 事故分析

这是一个重大危险源控制不当引发的事故。安全工作的艰巨性在于既要不断深入控制已有的危险因素，又要预见并控制可能和正在出现的各种新的危险因素，分辨潜在的危险源及其可能引发的不安全状态。重大危险源控制不当主要表现在以下几个方面。

（1）事故的直接原因是，瑞海公司危险品仓库运抵区南侧集装箱内硝化棉由于湿润剂散失出现局部干燥，在高温（天气）等因素的作用下加速分解放热，积热自燃，引起相邻集装箱内的硝化棉和其他危险化学品长时间大面积燃烧，导致堆放于运抵区的硝酸铵等危险化学品发生爆炸。

（2）瑞海公司严重违反有关法律法规，是造成事故发生的主体责任单位。该公司无视安全生产主体责任，严重违反天津市城市总体规划和滨海新区控制性详细规划，违法建设危险货物堆场，违法经营、违规储存危险货物，安全管理极其混乱，安全隐患长期存在。

（3）调查组同时认定，还存在诸多地方部门的管理问题。

3. 事故预防

针对事故暴露出的教训与问题，调查组提出了十个方面的防范措施和建议。

（1）坚持“安全第一”的方针，切实把安全生产工作摆在更加突出的位置。

（2）推动生产经营单位落实安全生产主体责任，任何企业均不得违法违规变更经营资质。

（3）进一步理顺港口安全管理体制，明确相关部门安全监管职责。

（4）完善规章制度，着力提高危险化学品安全监管法治化水平。

（5）建立健全危险化学品安全监管体制机制，完善法律法规和标准体系。

（6）建立全国统一的监管信息平台，加强危险化学品监控监管。

（7）严格执行城市总体规划，严格遵循安全准入条件。

（8）大力加强应急救援力量建设和特殊器材装备配备，提升生产安全事故应急处置能力。

（9）严格进行安全评价、环境影响评价等中介机构的监管，规范其从业行为。

（10）集中开展危险化学品安全专项整治行动，消除各类安全隐患。

二、3·21 响水化工企业爆炸事故

1. 事故经过

2019 年 3 月 21 日 14 时 48 分，江苏省盐城市响水县陈家港化工园区内江苏天嘉宜化工有限公司旧固废仓库内长期违法储存的硝化废料持续积热升温导致自燃，燃烧引发硝化废料爆炸。爆炸园区地址位于江苏陈家港化工园区，占地面积 10. 05 平方公里，设有化工生产区、生活服务区、污水处理区、化工危险品存放区四大功能区。爆炸区域附近有多处住宅区和学校，其中一所幼儿园离事发现场直线距离仅 1. 1 公里，爆炸导致部分孩子受伤。事故造成 78 人死亡、76 人重伤，640 人住院治疗，直接经济损失 19. 86 亿元。

2. 事故分析

调查组查明，事故的直接原因是天嘉宜公司旧固废库内长期违法储存的硝化废料持续积热升温导致自燃，燃烧引发爆炸。调查组认定，天嘉宜公司无视国家环境保护和安全生产法律法规，刻意瞒报、违法储存、违法处置硝化废料，安全环保管理混乱，日常检查弄虚作假，固废仓库等工程未批先建。相关环评、安评等中介服务机构严重违法违规，出具虚假失实评价报告。

调查组同时认定，江苏省各级应急管理部门履行安全生产综合监管职责不到位，生态环境部门未认真履行危险废物监管职责，工信、市场监管、规划、住建和消防等部门也不同程度存在违规行为。响水县和化工园区招商引资时对安全环保把关不严，对天嘉宜公司长期存在的重大风险隐患视而不见，复产把关流于形式。江苏省、盐城市未认真落实地方党政领导干部安全生产责任制，重大安全风险排查管控不全面、不深入、不扎实。

3. 事故预防

调查组总结了八个方面的事故教训，提出了六个方面的防范措施建议，指出地方各级党委和政府及相关部门特别是江苏省、盐城市、响水县，要深刻汲取事故教训，举一反三，切实把防范化解危险化学品系统性的重大安全风险摆在更加突出的

位置，坚持底线思维和红线意识，牢固树立新发展理念，把加强危险化学品安全工作作为大事来抓，强化危险废物监管，严格落实企业主体责任，推动化工行业转型升级，加快制修订相关法律法规和标准，提升危险化学品安全监管能力，有效防范遏制重特大事故发生，切实维护人民群众生命财产安全。

三、7·3浙江海宁中毒窒息事故

1. 事故经过

2021年7月3日15时，浙江省海宁市迈基科新材料有限公司组织6名工人开展污水池清理作业。1名工人下到池底进行淤泥搅拌时因硫化氢中毒晕倒，另外4名工人在未采取有效应急措施的情况下进入池底施救，相继中毒，导致事故扩大。事故造成3人死亡、2人受伤。2021年7月6日，浙江省应急管理厅发布关于浙江迈基科新材料有限公司“7·3”中毒窒息较大事故情况的通报。

2. 事故分析

事故充分暴露了污水池清理作业领域安全生产存在着突出问题。

（1）企业安全生产主体责任不落实，未对污水池等有限空间作业进行风险辨识，安全隐患长期未得到整改；员工安全培训不到位，缺少必要的安全作业常识和救护技能。

（2）行业监管部门监督检查不力，应急管理等部门未对污水池清理作业等重点作业环节开展有效监督检查，安全培训、隐患排查、督查整治、严格执法等工作均不到位。

（3）属地党委政府履行安全生产职责不到位，未深刻吸取同类事故教训，组织开展安全生产大排查大整治不力，压实相关部门安全责任的工作措施未落实到位。

3. 事故预防

（1）坚决克服免不了、难到位等一系列错误思想

清理污水池作业一直有明确的安全生产规范要求。各级应急管理部门要坚决克服污水池清理环节量多面广一年发生几起也是免不了，部署、培训都在做，但丝丝入扣到企业难到位等错误思想，务必要看到污水池清理作业发生的安全生产较大事故已成为工矿领域安全生产较大事故中的重点，必须坚决遏制住多发态势。

（2）着眼有效落实，切实推进污水池清理作业安全整治

盯住难点、集中攻坚，聚焦污水池清理作业安全；开展专业化队伍建设，推广作业报备制；提高培训教育的针对性；进一步强化监督执法力度；抓实应急预案演

练；广泛开展宣传，强化舆论监督。

（3）持续开展大排查大整治，深入实施“遏重大”攻坚行动

以扎实开展污水池清理作业铁腕整治为抓手，充分利用安全风险普查成果，进一步摸清工矿企业危险作业安全底数，细化工矿领域“遏重大”攻坚举措，针对性地开展安全隐患大排查大整治，强化事故隐患整治“五到位”，确保事故隐患落实闭环整改。

本章小结

本章简要介绍了化学工程能量释放的危险、引起火灾爆炸和毒害的机理、火灾爆炸和毒害事故的原因及预防对策；对化学品物质的危险性进行了分析，阐述了化工生产过程能量释放的危险性及相应的安全对策措施，系统介绍了防火防爆及毒害事故的安全技术。

复习思考题

1. 什么是化学能？化学能的释放会造成哪些危害？
2. 简述化工火灾、爆炸事故的特征。
3. 简述化工火灾、爆炸的主要原因。
4. 针对火灾爆炸可以从哪些方面进行预防？
5. 有毒化学物质可以从哪些途径进入人体？会造成哪些毒害？
6. 简述从哪些方面预防化学物质毒害事故。

第四章　建筑安全工程

本章学习目标

1. 掌握建筑施工中几种常见的能量及其意外释放造成的事故类型和伤害形式。

2. 掌握建筑施工中的常见事故类型及其预防措施，重点掌握高处坠落事故的事故成因和预防措施。

3. 熟悉影响建筑本体的主要危险因素及其事故预防的主要措施。

4. 熟悉建筑消防工程的主要内容，并对建筑消防工程有一个系统性的认识。

第一节　建筑中能量释放的危险性

建筑安全问题，包括建筑施工过程中的安全以及建筑本体服务期内的安全问题。

在建筑施工过程中，不可避免地存在势能、机械能、电能、热能、化学能等形式的能量，这些能量如果由于某种原因失去了控制，超越了人们设置的约束限制而意外释放，则会引发事故，可能导致人员的伤害。其中前三种形式的能量引起的伤害最为常见。

在建筑本体服务期内，安全问题主要是如何预防因势能超越了人们设置的约束限制而引起的建筑物倒塌事故。

一、势能释放的危险性

处于高处的人员或物体具有较高的重力势能。势能意外释放引发的事故类型主要为高处坠落、物体打击和坍塌：当人员具有的势能意外释放时，会发生坠落或跌落事故；当物体具有的势能意外释放时，会发生物体打击等事故；当边坡和脚手架等重力势能意外释放时，则会引发坍塌事故。

势能意外释放造成高处坠落的主要危险因素有：临边、洞口安全防护措施不符合要求；脚手架上高空作业人员安全防护不符合要求；操作平台与交叉作业的安全防护不符合要求；操作人员未按操作规程操作等。

势能意外释放造成物体打击的主要因素有：进入施工现场未按要求系戴安全帽；安全帽不合格；脚手架外侧未用密目网封闭等。

势能意外释放造成的施工坍塌主要有两个方面：一是深基坑工程，二是脚手架和模板支撑工程。

1. 深基坑坍塌

深基坑是指挖掘深度超过 1.5 m 的沟槽和开挖深度超过 5.0 m 的基坑以及开挖深度未超过 5 m，但因地质条件、周围环境和地下管线复杂，或影响毗邻建（构）筑物安全的基坑（槽）。重力势能造成深基坑坍塌的主要因素有：边坡未放坡或放坡坡度不符合要求；超挖；在坑边 1.0 m 范围内堆土，或在 1.0 m 范围外堆土，但堆土高度超过要求；雨季坑内未及时排水。

2. 脚手架、模板支撑坍塌

重力势能造成脚手架、模板支撑坍塌的主要因素有：搭设、拆除未按已审批的施工方案进行；施工荷载超过允许荷载。

建筑施工多在坠落高度基准面 2 m 以上作业，也是建筑施工的主要作业，因此势能意外释放造成的高处坠落事故是主要的建筑施工事故，占事故总数的 35%～40%。而物体打击为建筑施工中的常见事故，占事故总数的 12%～15%。随着高层和超高层建筑的大量增加，基础工程规模越来越大，土方坍塌事故也就成了施工中的第五大类事故，目前约占事故总数的 5%～8%。

二、动能释放的危险性

动能是另一种形式的机械能。各种运输车辆，以及各种机械设备的运动部分，都具有较大的动能。人员一旦与之接触，将发生车辆伤害或机械伤害事故。

动能造成机械设备伤害的主要危险因素有：进行机械设备安装、拆除时，违反操作规程要求；防护措施不到位，如进行平刨或使用电锯时不带护具等；机械设备的各种限位、保护装置不符合要求；对机械设备未做定期检查，或对已检查出存在安全隐患的机械设备未及时整改处理。这类事故占事故总数的 10%左右，是建筑施工中的第四大类事故。

三、电能释放的危险性

建筑施工生产中广泛利用电能。当人员意外接近或接触带电体时，可能发生触电事故而受到伤害。

电能造成触电的主要危险因素有：临时用电防护、接地与接零保护系统、配电线路不符合要求；配电箱、开关箱、现场照明、电气设备、变配电装置等不符合要求；架空线路距建筑近或防护措施不到位等。触电事故是多发事故，占总数的18%~20%。

以上三种能量意外释放表现的事故类别和伤害形式见表4-1。

表4-1　　建筑施工常见能量意外释放造成的事故类别和伤害形式

能量类别	事故类别	常见伤害形式
势能	高处坠落	从脚手架或垂直运输设施上坠落的伤害
		从洞口、楼梯口、电梯口、天井口和坑口坠落的伤害
		从楼面、屋顶、高台边缘坠落的伤害
		从施工安装中工程结构上坠落的伤害
		从机械设备上坠落的伤害
		其他因滑跌、踩空、拖带、碰撞、翘翻、失衡等引起的坠落伤害
	物体打击	空中落物、崩块和滚动物体的砸伤
		触及固定或运动中的硬物、反弹物的碰伤、撞伤
		器具、硬物的击伤
		碎屑、碎片的飞溅伤害
	坍塌	沟壁、坑壁、边坡、洞室等土石方坍塌伤害
		因基础掏空、沉降、滑移或地基不牢等引起的其上墙体和建（构）筑物的坍塌伤害
		施工中的建（构）筑物的坍塌伤害
		施工临时设施的坍塌伤害
		堆置物的坍塌伤害
		脚手架、井架、支撑架的倾倒和坍塌伤害
		强力自然因素引起的坍塌伤害
		支撑物不牢引起其上物体的坍塌伤害

续表

能量类别	事故类别	常见伤害形式
势能	起重伤害	起重机械设备的折臂、断绳、失稳、倾翻事故的伤害
		吊物失衡、脱钩、倾翻、变形和折断事故的伤害
		操作失控、违章操作和载人事故的伤害
		加固、翻身、支撑、临时固定等措施不当引起的伤害
		其他起重作业中出现的砸、碰、撞、挤、压、拖作用的伤害
动能	机械伤害	机械转动部分的绞入、碾压和拖带伤害
		机械工作部分的钻、刨、削、锯、击、撞、挤、砸、轧等的伤害
		滑入、误入机械容器和运转部分的伤害
		机械部件飞出的伤害
		机械失稳和倾翻事故的伤害
		其他因机械安全保护设施欠缺、失灵和违章操作所引起的伤害
电能	触电	起重机械臂杆或其他导电物体搭碰高压线事故伤害
		带电电线（缆）断头、破口的触电伤害
		挖掘作业损坏埋地电缆的触电伤害
		电动设备漏电伤害
		雷击伤害
		拖带电线机具电线绞断、破皮伤害
		电闸箱、控制箱漏电和误触伤害
		强力自然因素致断电线伤害

第二节　建筑施工事故预防

建筑施工的事故类型主要有高处坠落、物体打击、坍塌、触电、机械伤害等，下面分别就每种事故类型介绍其预防措施。

一、高处坠落事故预防

1. 高处坠落事故的基本概念

（1）高处作业是指在坠落高度距基准面 2 m 以上（含 2 m）有可能坠落的作业处进行的作业。高处作业可分为临边作业、洞口作业、悬空作业三大类。操作人员在临边、洞口、攀登、悬空、操作平台及交叉作业区等高处作业中发生的坠落事故即为高处坠落事故。

（2）高处坠落事故在建筑业伤亡事故中占有相当高的比率，为防止高处坠落事故的发生，国务院及相关部门相继颁发并实施了许多相关安全法规，如《建筑施工高处作业安全技术规范》（JGJ 80—2016）、《龙门架及井架物料提升机安全技术规范》（JGJ 88—2010）、《建筑机械使用安全技术规程》（JGJ 33—2012）等。

2. 常见的高处坠落事故形式

高处坠落事故受害者不仅仅为施工操作工人，还有工程技术人员和专职安全员；高处坠落事故责任者包括建筑企业负责人、工程技术人员、专职安全员和操作工人，特别是未经安全培训的新入场工人；高处坠落事故部位多发生在脚手架和预留洞口等部位，尤其是从脚手架或操作平台坠落导致伤亡事故的案例最多；高处坠落事故多发生在从施工准备到主体结构施工阶段，以及装饰工程施工和工程收尾等各个阶段。高处坠落事故的常见形式主要有以下几种。

（1）从脚手架及操作平台上坠落，身体失衡，且未正确使用安全“三保”（即安全帽、安全带、安全绳）而导致的坠落。

（2）从平地坠入沟槽、基坑、井孔。

（3）从机械设备上坠落。

（4）从楼面、屋顶、高台等临边坠落。

（5）滑跌、踩空、拖带、碰撞等引起坠落。

（6）从“四口”坠落。

（7）从机械设备上坠落。

（8）从垂直运输设施上坠落。

3. 高处坠落事故预防对策

（1）加强各级人员的安全教育和安全技术培训工作

1）对施工现场操作工人加强培训教育，使其提高安全意识，增强自我保护能力，杜绝违章作业。

2）通过各种教育形式使施工各级人员充分认识到高处坠落事故规律性和事故危害性，牢固树立安全施工理念，使施工人员具备预防、控制重大安全事故发生的能力。

3）严格执行安全法规，发现自身或他人有违章作业的异常行为，要及时加以制止、纠正，使之达到安全要求，力求做到施工安全全员控制，有效预防、控制高处坠落事故发生。

（2）安全防护用品要配备到位和能够正确使用

1）根据实际需要配备安全帽、安全带和有关劳动防护用品。

2）在没有可靠的防护设施时，高处作业必须系安全带，并要做到高挂低用。

3）不准穿高跟鞋、拖鞋或赤脚作业，如果是悬空高处作业要穿软底防滑鞋。

4）不准攀爬脚手架或乘运料井字架吊篮上下。

（3）对高处作业人员身体条件的要求

1）患有高血压病、心脏病、贫血、癫痫等疾病的人员不适合高处作业。

2）疲劳过度、精神不振和思想情绪低落的人员要停止高处作业。

3）严禁酒后从事高处作业。

（4）安全网设置要求

1）凡 4 m 以上建筑施工工程，在建筑的首层要设一道 3~6 m 宽的安全网。

2）如果施工层采用立网做防护，应保证立网高出建筑物 1 m 以上，且立网要搭接严密。

3）保证安全网规格质量和使用安全性能。

（5）对高处作业不利的气候影响

1）六级以上强风天气，不得从事高处作业。

2）大雨、雪、雾天气，不得从事高处作业。

二、物体打击事故预防

1. 物体打击事故基本概念

（1）物体打击事故是指施工人员在操作过程中受到各种工具、材料、机械零部件等从高空下落造成的伤害，各种崩块、碎片、锤击、滚石等对人体造成的伤害，以及器具飞击、料具反弹等对人体造成的伤害等，物体打击事故不包括因爆炸弹起的物体打击。

（2）物体打击事故一直以来都是造成现场操作人员伤亡的重要原因之一，为此，国家制定发布了一系列法规，对防止物体打击事故的发生曾作过许多规定。《建筑施工安全检查标准》（JGJ 59—2011）规定，脚手架外侧挂设密目安全网，安全网间距应严密，外脚手架施工层应设 1.2 m 高的防护栏杆，并设挡脚板。《建筑施工高处作业安全技术规范》（JGJ 80—2016）规定，施工作业场所有坠落可能的物件，应一律先行撤除或加以固定。拆卸下的物体及余料不得任意乱置或向下丢弃。钢模板、脚手架等拆除时，下方不得有其他操作人员等。

2. 物体打击事故常见形式

建筑工程施工现场的物体打击事故不但会直接造成人员伤亡，而且对建筑物、构筑物、设备管线、各种设施等也都有可能造成损害。造成物体打击伤害的主要物体是建筑材料、构件和机具，物体打击事故的常见形式有以下几种。

（1）高处落物对人体造成的砸伤。

（2）反弹物体对人体造成的撞击。

（3）材料、器具等硬物对人体造成的碰撞。

（4）各种碎屑、碎片飞溅对人体造成的伤害。

（5）各种崩块和滚动物体对人体造成的砸伤。

（6）器具部件飞出对人体造成的伤害。

3. 物体打击事故预防措施

（1）施工现场的安全管理

1）对施工过程中的危险点，制定切实有效的施工方案。

2）对危险性较大的分项工程，制定专项安全技术措施。

3）制定施工过程中的安全技术措施，如交叉作业、拆除作业、危险区域的安全措施。

4）落实临边、洞口的防护措施和检查制度。

5）对施工现场环境进行有效控制，建立良好的作业环境。

（2）危险作业的安全管理

1）施工机械在使用前进行检查验收，落实施工机械的日常维护保养工作。

2）确定施工危险部位和过程，落实实施监控的人员、措施和方式。

3）重点监控内容包括悬空作业、起重机安装拆除作业。

4）脚手架搭设符合有关规定，经验收合格后方可使用。

5）严禁其他人员在机械回转半径和起吊物范围下方逗留。

（3）施工人员的安全教育管理

1）提高管理人员和施工作业人员的安全意识，加强安全操作知识的教育，防止因违章指挥和操作失误而造成事故发生。

2）监控各类人员持证上岗，验证持证有效性。

3）落实施工现场的安全管理，配备专业安全员负责施工安全有关工作。

4）落实班前的安全技术交底。

5）加强施工现场安全检查，防患于未然。

（4）预防物体打击事故发生的基本要求

1）人员进入施工现场必须按规定佩戴好安全帽，应在规定的安全通道内出入和上下，不得在非规定通道位置行走。

2）安全通道上方应搭设双层防护棚，防护棚使用的材料要能防止高处坠落物穿透。

3）临时设施不得使用石棉瓦做盖顶。

4）边长小于等于 250 mm 的预留洞口必须用坚实的盖板封闭，用砂浆固定。

5）作业过程一般常用工具必须放在工具袋内，物料传递时不准往下或向上乱抛材料和工具等物件，所有物料应堆放平稳，不得放在临边及洞口附近，并不得妨碍通行。

6）高处安装起重设备或垂直运输机具，要注意防止零部件坠落伤人。

7）吊运一切物料都必须由持有司索工上岗证人员进行指挥，散料应用吊篮装置好后才能起吊。

8）拆除或拆卸作业要在设置警戒区域、有人监护的条件下进行。

9）高处拆除作业时，对拆卸下的物料、建筑垃圾要及时清理和运走，不得在走道上任意乱放或向下丢弃。

三、坍塌事故预防

1. 坍塌事故基本概念

坍塌一般是指建筑物、堆置物倒塌和土石方塌方等。导致坍塌事故的主要原因有：一是施工单位不重视安全生产，缺乏安全管理经验；二是盲目施工，不编制安全施工方案，缺乏安全技术措施。主要体现在：开挖基坑、基槽时，边坡坡度过陡，且没有采取临时支撑等措施；现浇混凝土梁、模板支撑体系没有经过设计计算，模板或支撑构件的强度、刚度不足，模板支撑体系失稳造成倒塌；梁板混凝土强度未达到设计要求，提前拆模；脚手架、操作平台等集中堆放材料过多造成倒塌等。

2. 坍塌事故常见形式

（1）基槽或基坑壁、边坡、洞室等土石方坍塌。

（2）地基基础悬空、失稳、滑移等导致上部结构坍塌。

（3）工程施工质量极度低劣造成建筑物倒塌。

（4）塔吊、脚手架、井架等设施倒塌。

（5）施工现场临时建筑物倒塌。

（6）现场材料等堆置物倒塌。

（7）大风等强力自然因素造成的倒塌。

3. 坍塌事故预防措施

（1）防止坍塌事故的一般要求

1）必须规范编制施工方案，制定有针对性的安全技术措施，由施工单位各部门会审后经总工程师（或技术负责人）审核并签字。

2）技术负责人必须对作业人员进行书面安全技术交底，并明确现场施工安全负责人。

3）施工时由施工安全负责人指定专人负责监控，并加强安全检查，发现问题和隐患必须及时处理和整改。

（2）预防坍塌事故的主要管理措施

1）坑、沟、槽土方开挖，深度超过 1.5 m 的，必须按规定放坡或支护。基坑支护工程从设计开始就应该认真勘查现场状况，了解、确认地下环境，科学确定各种计算荷载，并充分考虑施工人员技术水平、材料性能、季节性施工等因素，最终确定合理的安全系数。基坑、井坑的边坡和支护系统应随时检查，发现边坡有裂痕、疏松等危险征兆应立即疏散人员。模板不能减少和扩大，特别是采用木支撑施工法时，要防止模板在混凝土施工时坍塌。距临时围墙 2 m 内不能搭建宿舍、仓库等设施。

2）基坑（槽）、边坡、基础桩、模板和临时建筑作业前，施工单位应按设计单位要求，根据地质情况、施工工艺、作业条件及周边环境编制施工方案，单位分管负责人审批签字，项目分管负责人组织有关部门验收，经验收合格签字后，方可作业。在基坑或沟槽开挖时，因受场地限制不能放坡，经常采用支撑结构以保证安全，见表 4-2。

表 4-2　　基坑支撑方式表

土质情况	基坑（槽）或管沟深度	支撑方式
天然含水量的亚黏土，地下水很少	3 m 以内	间断式、连续式支撑
	3~5 m	连续式支撑
松散的或含水量很高的黏性土	不考虑深度	连续式支撑
松散的或含水量很高的黏性土，地下水很多，有可能带走土粒	不考虑深度	连续式支撑

3）挖掘土方应从上而下施工，禁止采用挖空底脚的操作方法，并做好排水措施。挖出的泥土要按规定放置或外运，不得随意沿围墙或临时建筑堆放。施工中必

须严格控制建筑材料、模板、施工机械、机具或其他物料在楼层或屋面的堆放数量和重量，以避免产生过大的集中荷载，造成楼板或屋面断裂坍塌。

4）拆除工程必须编制施工方案和安全技术措施，经上级部门技术负责人批准方可动工，较简单的拆除工程也要制定有效、可行的安全措施。

5）安装和拆除大模板时，吊车司机与安装人员应经常检查索具，密切配合，做到稳起、稳落、稳就位，防止大模板大幅度摆动，碰撞其他物体，造成倒塌。

6）拆除建筑物，应按自上而下顺序进行，禁止数层同时拆除，当拆除某一部分的时候，应该防止其他部分发生坍塌。拆除建筑物一般不能采用推倒办法，遇有特殊情况必须采用推倒方法的时候，必须遵守下列规定：

①砍切墙根的深度不能超过墙厚的1/3，墙的厚度小于两块半砖的时候，不许进行掏掘；

②为防止墙壁向掏掘方向倾倒，在掏掘前，要用支撑撑牢；

③建筑物推倒前，应该发出信号，待全体工作人员避至安全地带后，才能进行。

7）要对施工人员进行技术、安全、文明施工、规范操作等多方面的培训、教育，增强其建筑施工的知识，提高其安全意识。对于危险性较大的工程，应编制安全专项施工方案，并组织有关专家参与论证审查。

四、触电事故预防

1. 施工现场触电事故常见形式

（1）带电电线、电缆破口、断头。

（2）电动设备漏电。

（3）起重机部件等触碰高压线。

（4）挖掘机损坏地下电缆。

（5）移动电线、机具时，电线被拉断、破皮。

（6）电闸箱、控制箱漏电或误触碰。

（7）强力自然因素导致电线断裂。

（8）雷击。

2. 施工现场触电事故预防措施

（1）雷击

下雨天气应该停止室外露天电焊作业；电焊工必须正确接线，设有良好的节点保护装置；必须在下雨天气进行室外施工焊接的情况下，必须有可行的保护措施；

电焊工上岗前，必须经过技术培训，考核合格后持证上岗。

(2) 起重机等部件接触高压线

塔吊不得靠近架空输电线路行走或作业，塔吊的任何部位与架空输电导线的安全距离都要符合规范要求；吊运施工应设置专人指挥，并要负责全程指挥；起重机停放地点应该远离高压电线。

汽车起重机作业后应将起重臂全部缩回放在支架上，再收回支腿。吊钩应用专用钢丝绳拴牢；应将车架尾部两撑杆分别撑在尾部下方的支座内，并用螺母固定；应将阻止机身旋转的销式制动器插入销孔，并将取力器操作手柄放在拖开位置，最后应锁住起重操作室门。

(3) 违章操作导致触电

维修人员在进行机械检修期间，应关闭电源开关，锁住开关箱，并注明“正在维修，严禁通电”等标识；其他施工人员在不知情况的前提下，不得接触与自己无关的电源开关。

施工人员在使用电灯之前应先检查电灯灯具及电线的安全性，发现有灯头破损、电线漏电等现象应及时更换。

(4) 电动设备漏电

手持式电动工具的外壳、手柄、负荷线、插头、开关等必须完好无损，必须安装漏电保护器；使用前必须空载检查，运转正常方可使用；作业时应戴绝缘手套。

(5) 挖掘机损坏地下电缆

人工挖沟槽时，挖土前应了解地下管线、人防及其他构筑物情况和具体位置。地下构筑物外露时，必须进行加固保护。作业过程中应避开管线和构筑物。在现场电力、通信电缆 2 m 范围内和现场燃气、热力、给排水等管道 1 m 范围内挖土时，必须在主管单位人员监护下采取人工挖土方式。

五、机械伤害事故预防

1. 机械伤害事故常见形式

(1) 机械转动部分的绞、碾和拖带造成的伤害。

(2) 机械部件飞出造成的伤害。

(3) 机械工作部分的钻、刨、削、砸、割、扎、撞、锯、戳、绞、碾造成的伤害。

(4) 进入机械容器或运转部分导致受伤。

(5) 机械失稳、倾覆造成的伤害。

2. 机械伤害事故预防措施

（1）各种机械的传动部分必须有防护罩、防护套。

（2）现场使用的圆锯应相应固定。有连续两个断齿和裂纹长度超过 2 cm 的不能使用，短于 50 cm 的木料要用推棍，锯片上方要安装安全挡板。

（3）木工平刨口要有安全装置。木板厚度小于 3 cm，严禁使用平刨。平刨和圆锯不准使用倒顺开关。

（4）使用套丝机、立式钻床、木工平刨作业等，严禁戴手套。

（5）混凝土搅拌机在运转中，严禁将头和手伸入料斗察看进料搅拌情况，也不得把铁锹伸入搅拌筒。清理料斗坑时要挂好安全绳。

（6）机械在运转中不得进行维修、保养、紧固、调整等作业。

（7）机械运转中，操作人员不得擅离岗位或把机械交给别人操作，严禁无关人员进入作业区和操作室。作业时思想要集中，严禁酒后作业。

（8）打夯机要两人同时作业，一人理线，操作机械要戴绝缘手套，穿绝缘鞋。严禁在机械运转中清理机上积土。

（9）使用砂轮机、切割机时，操作人员必须戴防护眼镜。严禁用砂轮切割 22 号绑扎钢丝。

（10）操作钢筋切断长 50 cm 以下短料时，手要离开切口 15 cm 以上。

（11）操作起重机械、物料提升机械、混凝土搅拌机、砂浆机等，必须经专业安全技术培训，持证上岗。坚持“十不吊”原则。

（12）加工机械周围的废料必须随时清理，保持脚下清洁，防止被废料绊倒，发生事故。

六、起重机伤害事故预防

1. 起重机伤害事故类型

起重机伤害事故包括脱钩、钢丝绳折断、安全防护装置缺乏或失灵、吊物坠落、起重机倾翻和碰撞致伤等。

2. 起重机伤害事故发生原因

（1）违反安全操作规程。如超载或未确认吊运物品重量，斜拉斜吊，吊重下站人，吊重捆扎不可靠，吊钩挂钩不可靠或操作人员不具备资格等。

（2）设备安全保护装置未装或失效。如起升高度限位器、起重量限制器、力矩限制器、吊钩防脱钩装置、运行极限限位器等未装或失效，设备接地或接零不可靠，漏电保护不可靠等。

（3）检查、检验工作未按要求进行。如未建立并执行定期检查制度（班前检、周检和月检等），未按要求报监督检验机构进行验收检验和定期检验。检修作业时无安全监护人员或无警示牌。使用、维修等作业人员未按规定穿戴劳动防护用品。

（4）塔式起重机安装或拆卸未按规定程序进行。汽车起重机作业时未能保证设备及吊运物品与作业环境中电线的安全距离。

（5）环境因素。如因雷电、阵风、龙卷风、台风、地震等强自然灾害造成的出轨、倒塌、倾翻等设备事故；因场地拥挤、杂乱造成的碰撞、挤压事故；因亮度不够和遮挡视线造成的碰撞事故等。

3. 起重机伤害事故预防措施

（1）使用单位应加强管理工作，与制造、安装和维修单位以及起重机械监督检验机构密切配合，贯彻执行各项检验制度。

（2）对操作人员进行培训、考核，严格执行安全操作规程，持证上岗。

（3）吊运作业前，应先试吊，确认制动器灵敏可靠后方可进行作业。吊运作业时，要保证吊运物平稳，以免碰伤施工人员或损坏建筑材料。高处作业时，接料人员应按要求系好安全带，在吊运物还没有稳定之前不得靠近吊运物。取钩人员要提高安全意识，按要求做好支撑加固后再取吊钩。遇有恶劣天气时，应停止起重吊装作业。

第三节 建筑本体事故的预防

建筑物作为人们生存、生产必须依赖的场所，应该具备耐久性和安全性。近年来，随着经济建设的发展，各地加快大兴土木，不少建筑因质量不符合安全要求，发生了多起安全事故，造成了大量财产损失和人员伤亡。

一、影响建筑本体安全性因素分类

建筑物在使用过程中，由于材料的老化、构件强度的降低、结构安全储备的减少，必然会产生由完好到损坏、有小损到大损、由大损到危险的过程。建筑物本体如发生事故，将会对建筑物造成毁灭性的损坏、倒塌和人员伤亡。引起房屋“发病”和“衰老”的原因包括设计因素、施工因素、材料因素、人为因素、环境因素、邻近工程因素、建筑物自身老化因素等。

1. 设计因素

建筑物的设计一般包括地基基础设计和上部结构设计。设计错误、无证设计或采用的设计标准过低，均会给建筑物安全带来隐患。

2. 施工因素

在施工阶段，施工单位片面追求工期和经济效益等，施工过程中没有按标准、规范操作，未达到设计要求，偷工减料，施工队伍的素质参差不齐，都为工程质量埋下了安全隐患。

3. 材料因素

由于在建筑物的施工和装修过程中采用不达标的建筑或装饰材料，以次充好，降低了建筑物的整体性能。

4. 人为因素

由于使用功能的变化，常常需要改变建筑物的功能和用途，这些人为因素导致建筑物出现安全隐患。例如，增加设计以外荷载；改变建筑物设计使用用途；拆改建筑物墙体；不经任何部门审批和设计验算，擅自在一层建筑物内挖掘地下室；为装饰装修，不考虑建筑物结构设计要求，随意拆除承重结构；周围环境变化对建筑物安全影响等。这些人为因素破坏了原有主体结构，拆改了承重墙体，导致荷载变化，严重影响了建筑物的安全性和耐久性，可能造成房屋开裂、倾斜、倒塌等重大事故。

5. 环境因素

在50~100年的寿命期（设计寿命期）内，建筑物有可能遭到地震、水灾、飓风等自然灾害的破坏。周边环境有爆破，基础、地下室、道路施工及车辆撞击等均会不同程度地削弱建筑物的安全性、耐久性。加上长期缺乏对建筑物的维护和保养，一些用户对建筑物的使用不当，建筑物安全性受到不同程度的影响。

6. 邻近工程因素

城市化建设的进程中，由于土地资源的稀缺，在旧建筑物附近新建或贴建建筑物的情况越来越普遍，施工过程中深基坑的开挖及降水处理不当，均会造成旧有建筑物的不均匀沉降和开裂，影响旧有建筑物的正常使用，带来安全隐患。

7. 建筑物自身老化因素

房屋建筑，尤其是多层砖混房屋在使用过程中，常年受到风化、气温变化、雨水浸润、冻融和有害气体或腐蚀性液体的侵蚀，墙体截面会有所削弱，从而影响其结构的承载能力。同时，电气、空调、消防等设备随着使用年限的增加，也会出现老化的现象。这些都将威胁房屋的使用安全。

二、建筑本体事故预防对策

建筑本体事故预防主要从建筑物生命周期的几个阶段来开展。根据影响建筑本体事故的各种因素，主要有以下几个方面的对策、措施。

1. 建筑本体施工过程的安全控制措施

施工过程是工程质量控制的关键环节，因此，要想保证建筑工程质量和安全，就必须在施工管理过程中注意以下几点。

（1）重视技术交底工作

技术交底，一般在工程开工前由设计单位、建设单位、监理单位和施工单位等共同参加，对工程的特点、重点部位、质量要求及可能发生的技术问题和处理方法等进行全面沟通，形成指导施工、预防事故、保证质量、提高考核素质的技术性文件，不能简单地流于形式。

（2）施工材料控制

对进入现场的各种材料均应有出厂合格证或实验检验记录，对主要材料如钢筋水泥更应进行检验。检验结果与原证明书和试验报告不符时，应重新取样复验，严禁使用不合格材料。水泥出厂后还应注意存放时间，一般不应超过 3 个月。沙石材料应注意其含泥量和颗粒级配等。

（3）主要部位的质量控制

1）地基。基槽开挖后应进行验槽，主要检查基槽的几何尺寸、槽底标高、土质状况等是否与设计要求一致。最常见的问题是出现含水量大、有孔洞、土质不匀而造成承载能力不够或大小不均。简单的处理方法有强夯、换填、打机等。对不符合设计要求的土质，应会同设计单位、监理单位、施工单位等研究确定处理意见，否则不得进行下一道工序。

2）现浇构件。主要包括梁、干和现浇板、楼梯等。这些都是结构的主要受力部位，应特别重视。主要是检查砖配合比，模板的尺寸、标高和牢固程度，钢筋的绑扎和固定，钢筋的保护层厚度和间距等。浇注混凝土的同时应按施工规范规定留取试件，以便进行强度试验。浇注后应及时进行养护，还要注意拆模时间等。

3）砖砌体。主要控制垂直度和砂浆饱满度要求。此外还应注意拉结筋的设置，相邻工作段的高度差一般不得超过一个楼层的高度，也不宜超过 4 m。脚手架的设置也应符合有关规定。特别需要指出的是有些单位为了提高砖墙的强度将砌筑砂浆由混合砂浆改为水泥砂浆。结果却恰恰相反，当采用水泥砂浆砌墙时，同标号的砖和砂浆砌出的墙体强度却会降低。

4）悬挑构件。建筑物的各个悬挑部位最易造成质量安全事故。特别是挑梁和悬挑板，它的受力钢筋在上面，施工中检查时踩在上面容易造成钢筋错位。若出现钢筋下沉，就等于减小了截面高度，从而大大降低其承载能力，甚至会出现一拆除模板构件就断裂的情况。此外，拆模时间也必须待混凝土强度达到100%设计强度。需要注意的是，对于多层建筑，下部强度虽达到规范要求，但上部各层通过支撑传至下层，荷载过大时也会造成下部受力构件损坏。

2. 建筑物使用过程的安全控制对策

任何产品都有其自身的使用要求。建筑物作为特殊的产品也有其使用范围，使用不当同样会给其带来不可想象的严重后果。主要应从以下两个方面加以控制。

（1）严禁私拆乱改

特别是住宅建筑，许多住户为了追求居室的效果而随意扒门倒窗、扩大门窗洞口，更有甚者将窗间墙拆除，误认为上部有圈梁支撑。实际上圈梁和构造柱是为抗震而设，不能作为房屋的承重结构。规范中就明确规定，当圈梁兼做过梁时需另外配置过梁钢筋。对7级地震设防区，一旦发生地震，私拆乱改的房屋就等于埋下了一颗不定时炸弹，后果不堪设想。

（2）严禁超载使用

对建筑物的楼板来说，其荷载分为两部分：一是恒荷载，即自重；二是活荷载，即人和物体的重量，这部分是随时间而变化的。例如，规定楼面活载的标准值为：住宅、宿舍、办公楼为1.5 kN/m^2，教室、阅览室为2.0 kN/m^2，藏书库、档案库为5.0 kN/m^2。要求在使用中不能超出房间的适用范围。如果改变用途，把一般的房间改为仓库，则明显超出其设计承载能力，这会危及建筑物的安全。

3. 加强建筑物本体安全管理工作的对策

（1）加强法律法规建设，依法监督管理

自从1989年《城市危险房屋管理规定》实施以来，国务院及相关部门相继颁发了《建设工程安全生产管理条例》《建设领域安全生产行政责任规定》《关于组织开展危旧房屋安全大检查加强房屋安全管理的紧急通知》等法规文件，基本建立起房屋安全管理法规体系。为继续完善和加强房屋安全管理，各地针对建筑物安全管理专门制定综合性法规或规章，纷纷出台《房屋安全管理条例》，通过健全国家和地方二级法规规章，遵循预防为主、防治结合、综合治理、确保安全的原则，为确保房屋安全正常使用，对建筑物及附属物进行安全检查、鉴定和对危险房屋进行综合治理等的管理活动提出具体要求，做到依法依章管理房屋安全工作，依法依章治理房屋安全工作。

（2）推行建筑物安全鉴定机构市场准入制度和鉴定人员执业资格制度

鉴于我国危旧建筑物量大面广、整治难度较大的特点，建筑物安全鉴定作为一个涉及公共安全、生命财产安全的行为，应该朝专业化、市场化、社会化方向发展，实行建筑物安全鉴定机构资质动态管理和市场准入制度，制定《建筑物安全鉴定机构管理办法》，并统一收费标准。建筑物安全鉴定人员的执业资格，必须达到相应的标准，参加国家考试取得。

（3）对公共房屋建筑及其附属设施的安全定期进行强制性“体检”

学校、幼儿园、政府机关、影剧院、商场、医院、体育场馆、娱乐场所等人群聚集的公共房屋安全与否，事关百姓人身安危，房地产行政主管部门应定期组织安全鉴定机构等相关部门，对这些公共场所的房屋安全进行普查和安全鉴定。

（4）建立健全房屋建筑安全管理动态信息系统

为实现房屋安全管理的网络信息化，应建立健全房屋安全管理动态信息系统（包括房屋安全检查和房屋修缮两个子系统）。通过该系统，可以对房屋的安全、修缮、防汛、灾害等数据进行全方位网络信息化管理，保障信息的及时、准确和完整。这样，可以及时掌握危险房屋的治理和灭失情况。

总之，建筑物本体是一个整体结构，各个基本构件都有其作用，不管哪个部位出问题，都会危及安全。只有按要求施工和不断进行保养维护，并按照规定进行规范管理，才能保证其正常安全使用，发挥其应有的作用。

第四节　建筑消防工程

建筑消防工程主要结合建筑防火设计的思想，分析建筑火灾发生、发展的基本规律，围绕建筑防火的技术措施，系统地阐述建筑设计防火、建筑消防系统、建筑防排烟、火灾自动报警系统等相关内容。目前，我国制定了建筑设计防火规范、高层民用建筑设计防火规范，以及石油库设计、车库设计、喷淋、报警等40余部消防技术规范和标准，几乎涵盖了现有的各种行业和各类建筑，这些规范为建筑消防工程的实际应用提供了技术支撑。

一、建筑消防基础知识

1. 建筑起火的主要原因

建筑起火的原因归纳起来大致可分为六类。

（1）生活和生产用火不慎。

（2）违反生产安全制度。

（3）电气设备设计、安装、使用及维护不当。

（4）自然现象引起，如自燃、雷击、静电、地震等。

（5）纵火。

（6）建筑布局不合理，建筑材料选用不当。

在建筑布局方面，防火间距不符合消防安全要求，没有考虑风向、地势等因素对火灾蔓延的影响，往往会造成大面积火灾。在建筑构造、装修方面，大量采用可燃构件和可燃、易燃装修材料，大大增加了建筑火灾发生的可能性。

2. 建筑火灾发展阶段

建筑火灾发展阶段如图 4-1 所示，一般情况下，火灾发展阶段大致分为起火、初期火灾、轰燃、旺燃期、渐熄 5 个阶段。轰燃阶段是指前后两种状态由量变到质变，在短暂瞬间完成，因此，也称为间燃，主要作为两阶段时间与性质的划分界线，对防火设计没有也不可能采取针对性措施；渐熄阶段对消防设计已没有实际意义。因此，从防火设计角度，实际上主要讨论起火、初期火灾、旺燃期三个阶段。

3. 建筑火灾蔓延方式

（1）火焰延烧

火焰初始燃烧表面可将可燃材料连续燃烧，并使之蔓延开来，即形成火焰延烧。其速度主要取决于火焰传热的速度。

（2）热传导

火焰燃烧产生的热量，经导热性能好的建筑构件或建筑设备传导，能够使燃烧蔓延到其他可燃物，即形成热传导蔓延方式。其特点是：一是必须有导热性好的媒介，如金属构件、薄壁构件或金属设备等；二是传导的距离较近，一般只能是相邻的建筑空间。可见传导蔓延扩大的火灾，其范围是有限的。

（3）热对流

热对流是建筑物内火焰及燃烧蔓延的主要方式。它是燃烧过程中热烟火与冷空气不断交换形成的。燃烧时，烟气轻热，升腾向上，温度较低的空气就会补充过来，形成对流。起火房间轰燃后，门窗大多被烧毁，烟火窜向室外或走廊，在更大范围内进行热对流，向水平及垂直方向蔓延，如遇可燃物就会加剧燃烧和对流。风力也会助长燃烧，并使对流更快。图 4-2 是剧场热对流造成火势蔓延的示意图。

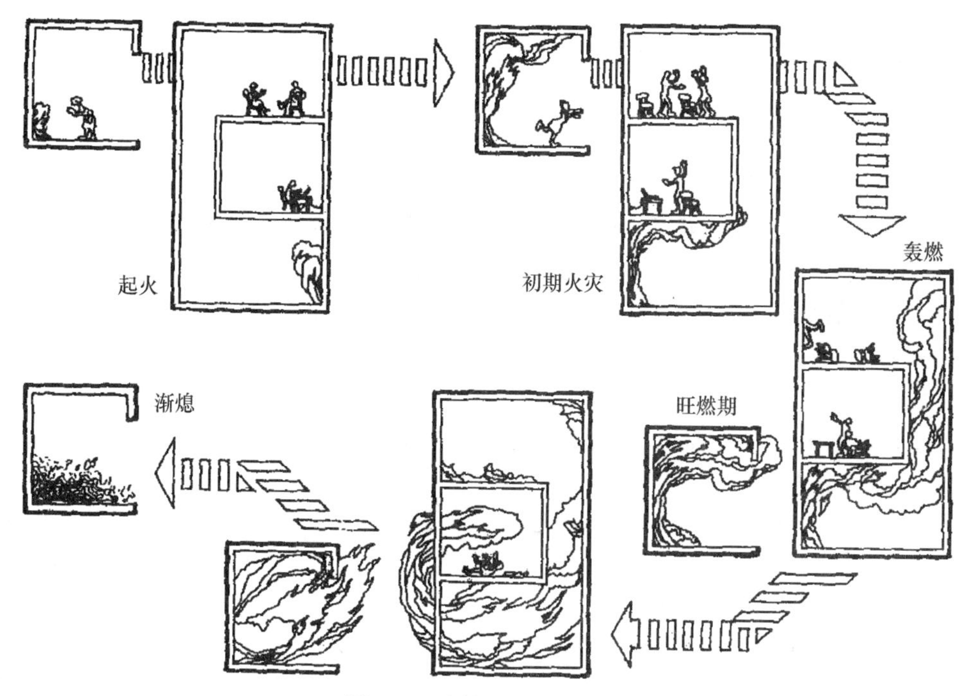

图 4-1　建筑火灾发展阶段

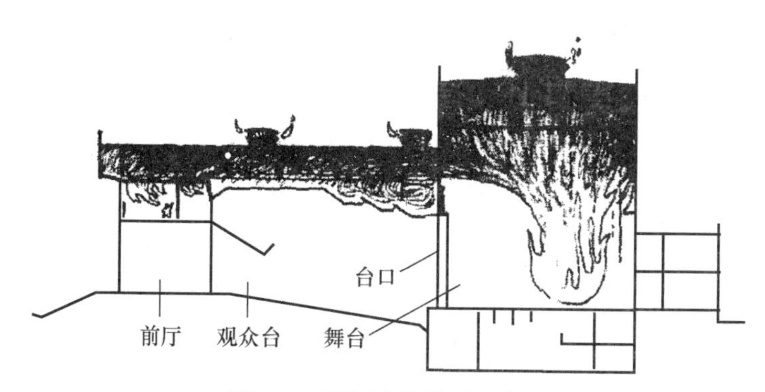

图 4-2　剧场火势蔓延示意图

（4）热辐射

热辐射是相邻建筑之间火灾蔓延的主要方式之一。建筑防火设计中限定的最小防火间距，主要就是考虑防止火焰辐射引起相邻建筑着火而设置的间隔距离。

4. 消防技术基础知识

（1）防火的基本措施

一切防火措施，都是为了防止产生燃烧的条件。

1）控制可燃物。以难燃或不燃的材料代替易燃或可燃的材料；用防火涂料刷涂可燃材料，改变其燃烧性能；对于具有火灾、爆炸危险性的厂房，采取通风方法，以降低易燃气体、蒸气和粉尘在厂房空气中的浓度，使之不超过最高允许浓度；凡是性质上能相互作用的物品，要分开存放等。

2）隔绝空气。使用易燃易爆物质的生产，应在密闭设备中进行；对有异常危险的生产，可充装惰性气体保护；易燃易爆物质隔绝空气储存，如钠存于煤油中，磷存于水中，二硫化碳用水封闭存放等。

3）消除着火源。如采取隔离、控温、接地、避雷、安装防爆灯、遮挡阳光、设禁止烟火标识等。

4）阻止火势蔓延。如在相邻两建筑之间留出一定的防火间距；在建筑内设防火墙、防火门窗、防火卷帘；在管道上设防火阀等。

（2）灭火的基本方法

一切灭火措施，都是为了破坏已经产生的燃烧条件，使燃烧熄灭。

1）隔离法。就是将火源处或其周围的可燃物质隔离或移开，使燃烧因隔离可燃物而停止。

2）窒息法。就是阻止空气流入燃烧区或用不燃物质冲淡空气，使燃烧物得不到足够的氧气而熄灭。

3）冷却法。这是灭火的主要方法，常用水和干冰冷却降温灭火，将灭火剂直接喷射到燃烧物上，以降低燃烧物的温度于燃点之下，使燃烧停止；或者将灭火剂喷洒在火源附近的物体上，使其不受火焰辐射热的威胁，避免形成新的着火点。灭火剂在灭火过程中不参与燃烧过程中的化学反应，这种方法属于物理灭火方法。

4）抑制法。就是使灭火剂参与到燃烧反应过程中去，使燃烧过程中产生的游离基消失，而形成稳定分子或低活性的游离基，使燃烧反应终止。

二、建筑防火技术

1. 建筑设计防火对策

（1）积极防火对策

即采用预防起火、早期发现（如设火灾探测报警系统）、初期灭火（如设自动喷水灭火系统）等措施，尽可能做到不发生火灾。采用这类防火对策为重点进行防火，可以减少火灾发生的次数，但不能排除遭受重大火灾的可能性。

（2）消极防火对策

即采用以耐火构件划分防火分区、提高建筑结构耐火性能、设置防排烟系统、设置安全疏散楼梯等措施，尽量不使火势扩大并疏散人员和财物。

以消极防火对策为重点进行防火，虽然可能仍会发生火灾，但却可以减小发生重大火灾的概率。消极防火对策和积极防火对策的目的是一致的，都是为了减轻火灾损失，保证人员的生命安全。

2. 建筑防火设计的基本安全目标

无论采用何种防火设计方法，首先应确定的是防火设计要达到的基本安全目标。综合各国在民用与特殊用途建筑上的防火设计目标，一般包括以下几点。

（1）在火灾初期保护建筑物内的人员生命安全。

（2）尽可能保持建筑结构的完整性。

（3）保障消防救援设施的可靠性。

（4）设法阻止火灾蔓延，减少火灾造成的经济财产损失。

3. 建筑设计防火技术

《建筑设计防火规范》和《高层民用建筑设计防火规范》等规定了建筑设计防火应采用的技术措施，主要包括以下四个方面。

（1）建筑防火系统

1）总平面防火。它要求在总平面设计中，应根据建筑物的使用性质、火灾危险性、地形、地势和风向等因素，进行合理布局，尽量避免建筑物相互之间构成火灾威胁和发生火灾爆炸后可能造成严重后果，并且为消防车顺利扑救火灾提供条件。

2）建筑物耐火等级。划分建筑物耐火等级是建筑设计防火规范中规定的防火技术措施中最基本的措施。它要求建筑物在火灾高温的持续作用下，墙、柱、梁、楼板、屋盖、吊顶等基本建筑构件，能在一定的时间内不破坏，不传播火灾，从而起到延缓和阻止火灾蔓延的作用，并为人员疏散、抢救物资、扑灭火灾以及为火灾后结构修复创造条件。

3）防火分区和防火分隔。在建筑物中采用耐火性较好的分隔构件将建筑物空间分隔成若干区域，一旦某一区域起火，则会把火灾控制在这一局部区域之中，防止火灾扩大蔓延。

4）防烟分区。对于某些建筑物，需用挡烟构件（挡烟梁、挡烟垂壁、隔墙）

划分防烟分区将烟气控制在一定范围内，以便用排烟设施将烟气排出，保证人员安全疏散和便于消防扑救工作顺利进行。

5）室内装修防火。在防火设计中应根据建筑物性质、规模，对建筑物的不同装修部位，采用相应燃烧性能的装修材料。要求室内装修材料尽量做到不燃或难燃，减少火灾的发生和降低蔓延速度。

6）安全疏散。建筑物发生火灾时，为避免建筑物内人员由于火烧、烟熏中毒和房屋倒塌而遭到伤害，必须尽快撤离；室内的财物也要尽快抢救出来，以减少火灾损失。为此，要求建筑物应有完善的完全疏散设施，为安全疏散创造良好的条件。

7）工业建筑防爆。在一些工业建筑中，使用和产生的可燃气体、可燃蒸气、可燃粉尘等物质能够与空气形成有爆炸危险的混合物，遇到火源就能引起爆炸。这种爆炸能够在瞬间以机械功的形式释放出巨大的能量，使建筑物、生产设备遭到毁坏，造成人员伤亡。对于上述有爆炸危险的工业建筑，为了防止爆炸事故的发生，减少爆炸事故造成的损失，要从建筑平面与空间布置、建筑构造和建筑设施方面采取防火防爆措施。

（2）消防给水、灭火系统

其设计的主要内容包括室外消防给水系统、室内消火栓给水系统、闭式自动喷水灭火系统、雨淋喷水灭火系统、水幕系统、水喷雾消防系统，以及二氧化碳灭火系统等。要求根据建筑的性质、具体情况，合理设置上述各种系统，做好各个系统的设计计算，合理选用系统的设备、配件等。

（3）采暖、通风和空调系统的防火、防排烟系统

采暖、通风和空调系统防火设计应按规范要求选好设备的类型，布置好各种设备和配件，做好防火构造处理等。在设计防排烟系统时要根据建筑物性质、使用功能、规模等确定好设置范围，合理采用防排烟方式，划分防烟分区，做好系统设计计算，合理选用设备类型等。

（4）电气防火、火灾自动报警控制系统

根据建筑物的性质，合理确定消防供电级别，做好消防电源、配电线路、设备的防火设计，做好火灾事故照明和疏散指示标志设计，采用先进可靠的火灾报警控制系统。此外，建筑物还要设计安全可靠的防雷装置。

4. 建筑防火安全设计的基本步骤和主要内容

（1）确定工程参数

建筑的使用功能、特征（大小、平面布置、结构形式等）以及空间规模、场

所内人员的密集程度等都会对火灾后果产生不同的影响。此外，建筑使用方的特殊需求，如特殊作业、危险物品的使用或存放、昂贵设备区及要求零故障区等，建筑使用者的特征如年龄、智力、是否睡眠、体能状态等，也都是必须了解的因素。因此，防火设计的第一步就是有关工程的资料收集与分析，确定工程参数。

（2）确定防火安全功能目标

功能目标指出一个建筑物怎样才能达到上述社会期望的安全目标，通常用可计量的术语加以表征。一旦明确了功能目标或损失目标，人们就必须有一个确定建筑及其系统发挥作用的性能标准的方法。

（3）制定性能指标和设计目标

性能指标是功能要求的量化表述，它给出了各种参数的临界值，包括材料温度、气体温度、能见度以及热辐射量等。通过计量和计算，应使建筑材料、建筑构件、系统以及建筑方法等满足性能指标的要求，从而达到消防安全总体目标和功能目标。设计目标是为满足性能指标所采用的具体设计方法和手段。

（4）确定火灾场景

在确定火灾场景时，应该考虑的因素有很多，其中包括：

1）建筑平面布局。

2）火灾荷载与分布状态。

3）火灾可能发生的位置。

4）室内人员的分布与状态。

5）火灾可能发生时的环境因素。

（5）提出和评估设计方案

本步骤中应提出多个消防安全设计方案，并按照规定进行评估，以确定最佳的设计方案。评估过程是一个不断反复的过程，在此过程中，许多消防安全措施的评估都是依据设计火灾曲线和设计目标进行的。必须考虑的基本因素包括：

1）火灾发生与发展。

2）烟气蔓延与控制。

3）火灾蔓延与控制。

4）火灾探测与灭火。

5）人员通报与疏散。

6）消防部门的接警与响应。

（6）编制报告和说明

编制报告与说明是防火安全性能化设计能否被批准的关键因素。该报告需要对分析和设计过程的步骤作全面描述，且报告分析和设计结果所提出的格式和方法要符合权威机构和客户的要求。

三、常用建筑防火系统简介

1. 消火栓系统

（1）系统的设置

根据我国有关消防技术规范要求，高层建筑及绝大多数单、多层建筑应设消火栓给水系统。它广泛应用于厂房、库房、科研楼（存有与水接触能引起燃烧爆炸的物品除外），有一定规模的剧院、电影院、俱乐部、礼堂、体育馆、展览馆、商店、病房楼、门诊楼、教学楼、图书馆书库及车站、码头、机场建筑物，重点保护的砖木、木结构古建筑，较高或特定的住宅。

（2）主要组件

1）消火栓设备。消火栓设备包括消火栓、水枪、水带、水喉（软管卷盘）、报警按钮等，平时放置在消火栓箱内。消火栓箱根据建筑物的美观要求选用，为保证消火栓箱火灾时能及时打开门，不宜采用封闭的薄钢板门，而应采用易敲碎的玻璃门。

2）管网设备。消火栓给水系统的消防用水是通过管网输送至消火栓的。管网设备包括进水（户）管、消防竖管、水平管、控制阀门等。进水管是室内、室外消防给水管道的连接管，对保证室内消火栓给水系统的用水量有很大的影响。消防竖管是连接消火栓的给水管道，一般应设置独立的消防竖管，管材采用钢管。阀门用于控制供水，以便于检修管道，一般阀门的设置应保证检修时关闭的竖管不超过一条。

3）消防水箱和气压给水设备。消防水箱是为消防队提供水源的消防设施。消防水箱储水，一方面，使消防给水管道充满水，节省消防水泵开启后充满管道的时间，为扑灭火灾赢得了时间；另一个方面，屋顶设置的增压、稳压系统和水箱能保证消防水枪的充实水柱，对于扑灭初期火灾的成败有决定性作用。气压给水设备是一种常见的增压稳压设备，包括气压水罐、稳压泵和一些附件。按气压水罐工作形式分为补气式、胶囊式消防气压给水设备，按是否设有消防泵组分为设有消防泵组的普通消防气压给水设备和不设消防泵组的应急消防气压给水设备。

此外，还需要水泵设备、消防水源、水泵接合器、减压装置、增压设施等消火栓系统配套设施。

2. 自动喷水灭火系统

（1）闭式自动喷水灭火系统

闭式自动喷水灭火系统是常见的一种固定灭火系统，它采用闭式喷头，通过喷头感温元件在火灾时自动动作，将喷头堵盖打开，喷水灭火。由于其具有良好的灭火效果，广泛应用于厂房、库房和民用建筑，面积较大的百货商场、展览大厅，高级旅馆和综合办公楼内的走道、办公室、客房，国家级文物保护单位的重点砖木或木结构建筑。

闭式自动喷水灭火系统根据工作原理不同，分为湿式自动喷水灭火系统、干式自动喷水灭火系统、预作用自动喷水灭火系统、干湿式自动喷水灭火系统和循环系统。

（2）开式自动喷水灭火系统

开式自动喷水灭火系统采用开式喷头，通过阀门控制系统开启。该系统用于保护特定的场合，可分为雨淋系统、水幕系统、水喷雾系统。

3. 建筑防排烟系统

防排烟系统设计的目的是将火灾时产生的大量烟气及时予以排除，以及阻止烟气从着火区向非着火区蔓延扩散，特别是防止烟气侵入作为疏散通道的走廊、楼梯间及其前室，以确保建筑物内人员顺利疏散、安全避难和为消防队员扑救创造有利条件。

（1）防排烟设施的设置范围

1）防烟楼梯间及其前室、消防电梯前室或两者合用前室。

2）一类建筑和建筑高度超过 32 m 的二类高层民用建筑的下列部位：无直接采光和自然通风，且长度超过 20 m 的内走道或虽有直接采光和自然通风，但长度超过 60 m 的内走道；面积超过 100 m^2，且经常有人停留或可燃物较多的无窗房间（包括设固定窗扇的房间和地下室的房间）；房间总面积超过 200 m^2 或一个房间面积超过 50 m^2，且经常有人停留或可燃物较多的地下室；封闭避难层（间）；建筑中庭等。

（2）防排烟方式

防排烟方式大体可分为自然排烟、机械排烟、机械加压送风防烟三种方式。

（3）防排烟系统的设备及部件

防排烟系统的设备及部件主要包括风机、排烟口、送风口、管道及防火阀等。

4. 火灾自动报警系统

火灾自动报警与联动控制技术是一项综合性消防技术，是现代电子技术和计算机技术在消防中应用的产物，包括火灾参数的检测技术，火灾信息处理与自动报警技术，消防设备联动与协调控制技术，消防系统的计算机管理技术，以及系统的设计、构成、管理和使用等。作为该技术的工程实践，火灾自动报警系统涉及的主要内容包括以下几个方面。

（1）火灾探测器的分类

按照其待测的火灾参数不同，可以划分为感烟式、感温式、感光式火灾探测器和可燃气体探测器，以及烟温、烟光、烟温光等复合式火灾探测器和双灵敏度火灾探测器。

（2）火灾自动报警系统的组成

火灾自动报警系统通常由火灾探测器、火灾报警控制器，以及联动模块与控制模块、控制装置等组成。

（3）火灾自动报警系统基本形式

火灾自动报警系统的基本形式有区域报警系统、集中报警系统和控制中心报警系统。

第五节　建筑事故案例分析

一、高处坠落事故案例分析

1. 案例 1

（1）事故经过

某年 8 月 27 日，在某通信楼工程现场，项目副经理分别安排泥工班组和空调班组晚上作业，其中泥工班组邹某等 5 人在水箱间屋面顶部进行水泥砂浆保护层施工，晚上 8 点 40 分，邹某在用手推车运输砂浆时，不慎从顶部直径 1.8 m 的检修人孔坠落至 6 层屋面，坠落高度 7.2 m。邹某随即被送往医院抢救，经抢救无效死亡。

（2）事故分析

1）直接原因：水箱间屋面直径 1.8 m 检修人孔未采取有效防护措施，未设专人管理。

2）间接原因

①现场安全管理混乱，安全防护措施不到位。

②工人安全意识淡薄，自我保护意识差。

③监理单位监管不力，监理人员对现场的安全隐患未及时发现并采取措施。

(3) 事故预防

1) 施工单位必须严格按照《建筑施工高处作业安全技术规范》(JGJ 80—2016) 和《建筑工程预防高处作业坠落事故若干规定》的要求切实做好现场临边洞口的防护，并落实责任人。

2) 完善各项安全管理制度并严格执行。

3) 对工人加强安全教育，提高安全防范意识和能力。

4) 监理公司必须履行监理单位的安全责任，加强对施工现场的安全监理。

2. 案例 2

(1) 事故经过

某年 10 月 5 日，深湾花园工程施工现场，因别墅坡屋顶小窗渗漏，防水工程分包单位派工人进行补漏作业。因无法直接爬上别墅屋面，工人便在别墅二层露台往坡屋面外檐搭设上屋用的竹梯子。13 时 50 分，正在搭设的竹梯子突然失稳向露台外侧倾斜，站在梯子上的伍某从竹梯上坠落至地面死亡。坠落高度约 8 m。

(2) 事故分析

1) 直接原因：搭设的梯子未进行可靠的固定，倾斜失稳，导致在梯子上面的工人坠落。

2) 间接原因

①分包单位安全管理不到位，采用不合理的现场搭设梯子攀登方案。

②工人在无详细技术方案、未采取足够安全措施的情况下现场搭设梯子。

③项目部对工人安全教育不到位，工人安全意识淡薄，对现场安全隐患认识不足。

④总包单位对分包单位安全管理不到位。

(3) 事故预防

1) 采用合理的攀登方案，如采用结构牢固的工具式梯子，并进行固定。现场搭设临时设施需编制详细的技术方案，审批后实施。

2) 加强现场安全管理，对安全隐患及时发现、及时消除。

3. 案例 3

(1) 事故经过

某年 2 月 20 日上午，某电厂 5、6 号机组续建工程现场，屋面压型钢板安装班组 5 名工人张某、罗某、贺某、刘某、戴某在 6 号主厂房屋面板安装压型钢板。在施工中未按要求对压型钢板进行锚固，即向外安装钢板，在安装推动过程中，压型钢板两端（张某、罗某、贺某在一端，刘某、戴某在另一端）用力不均，致使钢板一侧突然向外滑移，带动张某、罗某、贺某3人失稳坠落至三层平台死亡，坠落高度19.4 m。

（2）事故分析

1）直接原因

①临边高处悬空作业，不系安全带。

②违反施工工艺和施工组织设计要求进行施工。根据施工组织设计要求，铺设压型钢板一块后，应首先进行固定，再进行翻板，而实际施工中既未固定第一张板，也未翻板，而是平推钢板，由于推力不均从而失稳坠落。

③施工作业面下无水平防护（安全平网），缺乏有效的防坠落措施。

2）间接原因

①教育培训不够，工人安全意识淡薄，违章冒险作业。

②项目部安全管理不到位，专职安全员无证上岗，项目部对当天的高处作业未安排专职安全员进行监督检查，致使未能及时发现和制止违章和违反施工工艺的行为。

③施工设计方案、作业指导书中的安全技术措施不全面，没有对锚固、翻板、监督提出严格的约束措施，落实按工序施工不力，缺少水平安全防护措施。

（3）事故预防

1）建立健全安全生产责任制。安全管理体系要从公司到项目部到班组层层落实，切忌走过场。切实加强安全管理工作，配备足够的安全管理人员，确保安全生产体系正常运作。

2）进一步加强安全生产的制度建设。安全防护措施、安全技术交底、班前安全活动要全面、有针对性，既符合施工要求，又符合安全技术规范的要求，并在施工中不折不扣地贯彻落实，不能只停留在方案上。施工安全必须实行动态管理，责任要落实到班组，落实到现场。

3）进一步加强高处坠落事故的专项治理。高处作业是建筑施工中出现频率最高的危险性作业，事故率也最高，无论是临边、屋面、外架、设备等都会遇到。在施工中必须针对不同的工艺特点，制定切实有效的防范措施，开展高处作业的专项治理工作，控制高处坠落事故的发生。

4）坚决杜绝群死群伤的恶性事故。对易发生群死群伤事故的分部分项工程要制定有针对性的安全技术措施，确保万无一失。

5）加强对工人的培训教育，努力提高其安全意识。开展安全生产的培训教育工作，使工人树立“不伤害自己，不伤害别人，不被别人伤害”的安全意识，努力克服培训教育费时费力的思想，纠正只使用不教育的做法。

二、物体打击事故案例分析

1. 案例 1

（1）事故经过

某市住宅楼共 18 层，框架结构，由具有一级资质的某建筑公司承建。某年 5 月 19 日下午，柏某等 3 人在工地北面双笼电梯西侧道路处清理钢模板。双笼电梯从 13 层西侧阳台边爬升过程中，由于 14 层阳台梁底（标高 37.37 m）的一块钢模板（1 500 mm×200 mm）和支撑钢管伸出过长而受阻碍。中午，架子工谢某将爬升受阻的情况向项目工程师蒋某汇报，当时蒋某答复让架子工自己拆模板，而架子工未答应。下午上班后，架子工谢某看到木工王某刚好在该处脚手架上加固 14 层阳台的支模板，因此，谢某就向王某说明这个模板和钢管妨碍爬升，王某就一手抓钢管，一手拿锤子自行拆除这块钢模板。因为钢模板与混凝土之间隔着木板，使得钢模板没有水泥浆的附着力，当王某用锤子击打掉回形卡后，钢模板自行脱落。由于拆除时没有采取任何防护措施，钢模板正好从 13 层阳台与脚手架的空隙中掉落，钢模板在下落时，又碰到 12 层阳台，改变下落的方向，弹出坠落至建筑物水平距离 9 m 处，击中了正在该处清理钢模板的柏某头部，并击破安全帽，造成柏某脑外伤。事故发生后，现场人员当即拦车将柏某急送医院抢救，因抢救无效，于当日 15 时 15 分死亡。

（2）事故分析

发生这次事故的直接原因：木工王某未按高处拆模的安全操作规程拆除钢模板，《建筑施工高处作业安全技术规范》（JGJ 80—2016）规定，施工作业场所，有坠落可能的物体，应一律先行撤除或加以固定。而木工王某在没有采取安全防护措施的情况下，违章拆除钢模。

发生这次事故的间接原因：现场管理协调不力，安全防护设施不到位。其一，当架子工反映脚手架爬升受到阳台模板阻碍问题时，项目工程师未及时安排有经验的工人清除障碍；其二，在上部有人作业的情况下，下部却安排工人作业，且未实行交叉作业安全防护；其三，脚手架与阳台、墙体有空隙，没有满封；其四，安全挑网未及时按每隔 4 层设一道；其五，地面人员作业无安全防护棚。

此外，经现场勘察，立模时木工没有按爬架尺寸要求控制模板钢管的外露尺寸，没有按工艺要求选用钢模，随意用木板代替，因此模板安装不恰当是这起事故的又一间接原因。

（3）事故预防

1）加强安全生产教育，使得施工现场的每一位管理人员、每一个工人都能保持警觉，自觉遵章守纪，抵制和防止违章指挥、违章作业。

2）强化安全检查，及时发现和消除安全事故隐患，确保安全施工。

3）悬挑脚手架的建筑工程，必须按规定设置水平挑网，设置安全通道，设置地面人员安全作业棚。

2. 案例 2

（1）事故经过

某年 6 月 22 日，某市某高层建筑由该市某建筑公司施工。进行外墙装饰工程时，外墙抹灰班组为图施工操作方便，经班长同意后，拆除该大楼西侧外脚手架顶排朝下第 3 步围挡密目网，搭设了操作小平台。9 时 40 分左右，抹灰工牛某在取用抹灰材料时，觉得小平台上料口空当过大，就拿来了一块小木板，准备放置在小平台空当上。在旋转时，因小木板后段上的一根铁丝钩住了脚手架密目网，牛某想用力甩掉小木板的钢丝，不料用力太大而失手，小木板从 90 m 高度坠落，正好击中施工现场普工李某的头部。事故发生后，现场负责人立即将李某送医院抢救，但因伤势过重，救治无效而死亡。

（2）事故分析

1）直接原因：抹灰工牛某在小平台上放置小木板时，因用力过大失手掉下，导致木板从 90m 高度坠落，击中底层的李某。

2）间接原因：施工单位管理人员未落实安全防护措施，导致作业班组长擅自搭设不符规范的操作平台；缺乏对作业人员遵章守纪的教育，现场管理和安全检查不力。

3）主要原因：外墙抹灰班长只图操作方便，擅自同意作业人员拆除脚手架密目网，在脚手架外侧违章搭设操作小平台。

（3）事故预防

1）施工单位召开全体职工事故现场会，进行安全意识和遵章守纪教育，强调有关规章制度，加强安全管理和安全检查制度，杜绝各类事故发生。

2）施工单位对肇事班组进行处罚。

3）施工单位立即组织施工现场安全检查，对查出的事故隐患，限期整改并组织复查。

4）施工单位组织专职安全管理人员加强对现场安全检查的巡视，对违章作业、违章指挥加大执法力度。

三、坍塌事故案例分析

1. 案例 1

（1）事故经过

某住宅建筑，7 层砖混结构，由某建筑公司承建。某年 7 月 7 日下午 2 时 50 分左右，3 名架子工正在从事井字架搭设。当井字架安装到 26 m 高度时，3 名在井字架上的架子工突然发现井架有倒塌的危险，立即从井架上翻爬下来，就在这一瞬间，井架突然向东边方向倾斜，3 名架子工随井架的倒塌一起从 23 m 高空坠落，项目经理王某闻讯后立即组织工人将伤员送医院抢救，经医院全力抢救无效，3 名作业人员全部死亡。

（2）事故分析

发生这起井架倒塌伤亡事故的直接原因是：从事井架搭设的 3 名工人，仅有 1 名工人有架子工操作证，另 2 人均无操作证；井架已搭至 26 m 高度，按规定井架超过 15 m 高度应用 2 道缆风绳，实际施工中仅用 1 道钢丝绳作缆风绳，且每根缆风绳锚桩只用 1 根钢管，深度最大的仅 1. 2 m，最小的仅 0. 8 m，按规定井架如果用钢管桩必须使用联锚桩（即 2 根钢管），每根桩的深度必须超过 1. 7 m。事故井架的缆风绳数量和锚桩的设置严重违反有关规定。

（3）事故预防

1）加强对建筑施工现场的安全管理，重点应加强对施工现场项目负责人的安全教育、培训和管理，提高其安全意识和现场安全管理能力。

2）架子工必须经过培训和考核，持证上岗，严禁无证从事井字架的搭设和拆除作业。

3）施工过程中，应将井字架的搭设和拆除作为安全施工管理的重点。

4）应严格遵守架子工安全技术操作规程和井字架搭设的安全技术规程，严禁违章指挥和违章作业。

2. 案例 2

（1）事故经过

某年 7 月 18 日，在某市中水回流工程 A 标段工地上，四川省某市政公司正在做工程前期准备工作，主要了解地下管线情况、土质情况及实施管道的土方开挖。上午 8 时 30 分，开始管道沟槽开挖作业。9 时 30 分左右，当挖掘机挖沟槽至 2 m 深时，突然土体发生塌方，当时正在坑底进行挡土板支撑作业的作业人员李某避让不及，身体头部以下被埋入土中，事故发生后，现场项目经理立即组织人员进行抢救。虽经多方全力抢救但未能成功，下午 3 时 20 分左右，李某在该市某中心医院死亡。

（2）事故分析

1）直接原因：施工过程中土方堆置未按规范要求，即侧堆土高度不得超过 1.5 m、离沟槽边距离不得小于 1.2 m 的要求进行堆置，实际堆土高度达 2.5 m，距沟槽边距离仅 1 m；现场土质较差，现场为回填土，约 4.5 m 深，且紧靠开挖的沟槽，其中夹杂许多垃圾，土体松散。

2）间接原因：施工现场安全措施针对性较差。未能考虑员工逃生办法，对事故预见性较差，麻痹大意。施工单位领导安全意识淡薄，对三级安全教育、安全技术交底、进场安全教育未能引起足够重视。

3）主要原因：施工过程中土方堆置不合理；开挖后未按规范规定在深度达 1.2 m 时，及时进行分层支撑。实际是施工开挖 2 m 后，才开始支撑挡板，现场土质较差，土体很松散。

（3）事故预防

1）暂时停止施工，施工单位进行全面安全检查及整改。

2）召开事故现场会对职工进行安全教育，举一反三，提高安全意识。

3）施工单位制定有针对性的施工安全技术，严格按施工技术规范和安全操作规程作业，对作业人员进行安全技术交底，配备足够的施工保护设施。

4）明确和落实岗位责任制。

5）监理单位应加强施工过程的监理。

四、触电事故案例分析

1. 案例 1

（1）事故经过

某商业楼建筑面积 50 000 m^2，共 7 层，框架结构，内设采光井、电梯等设施，由某装饰工程队承建该建筑的室内装修工程。某年 2 月 1 日中午，工人张某与其他工人一起在 4 层客房卫生间进行管沟开槽作业，照明系统采用普通插口灯头接单相橡胶电线、220 V 电压、200 W 灯泡、无固定基座的行灯。11 时 30 分左右，其他工人下班后，张某在没切断电源的情况下，移动照明灯具，并与其他工人分开，另找作业面，继续作业。12 时，另一工人李某需要爬梯，在寻找爬梯过程中，看见张某身体靠在墙上，坐在积水中口吐白沫，身体上有电线，灯头脱落，灯泡已碎，可能触电了。李某立即通知其他工人拉闸断电，然后跑过去扔掉电线，将张某抱到干燥地方，送张某到医院抢救。经医院检查张某左手下腕内侧有约 5 cm×3 cm 的电击烧伤斑迹，因电击时间长、发现太晚以及现场抢救措施不当等原因，张某抢救无效伤亡。

（2）事故分析

1）直接原因：张某违反操作规程作业，在没有切断电源、未戴绝缘手套和未穿绝缘鞋条件下，左手抓住电线灯泡拖拉移动普通照明设备，造成电线与灯头受力脱开，电线裸露触及左手腕。

2）间接原因：现场设施不完善，临时照明灯具无固定基座，手持照明灯未使用 36 V 及以下的安全电压供电，照明专用回路无漏电保护装置，发生漏电不能自动切断电源。

3）主要原因：该工程内部装饰要用的手提电动工具较多，电源的接驳点多，用电量较大，实施作业前对现场用电未引起足够的重视，用电无方案、无措施。没有按照《施工现场临时用电安全技术规范》的要求完善三级配电、两级保护以及动力电源与照明电源分开设置的原则。设置的用电设备、电箱位置、末端开关箱的位置、相对固定漏电保护装置等不符合照明使用要求，一旦漏电不能及时断电。

（3）事故预防

1）临时用电设备在 5 台及 5 台以上或设备总容量在 50 kW 以上应编制临时用电施工方案。

2）动力配电箱与照明配电箱应分别设置，如在同一配电箱内，动力与照明线路也应分路设置，照明回路应装设参数相匹配的漏电保护装置。

3）潮湿积水、易触及带电体场所的照明电源电压不得大于 24 V，使用行灯的灯体与手柄应坚固、绝缘、耐热、耐潮，灯头与灯体结合牢固，灯泡外部有金属保护网。电线应采用单相三线橡胶线。

4）使用电气设备前必须穿戴和配备相应劳动防护用品，配备绝缘手套和绝缘鞋，移动和维修电气设备必须切断电源并派人监护。

5）掌握必要的救护常识，触电者脱离电源后，应尽量现场抢救，先救后搬，让触电者静卧于干燥通风处，进行人工呼吸。

2. 案例 2

（1）事故经过

某年 10 月 1 日，在上海某建筑公司承建的某别墅小区工地上，项目经理部钢筋组组长罗某和班组其他成员一起在 F 形 38 号房绑扎基础底板钢筋，并进行固定柱子钢筋的施工作业。因用斜撑固定钢筋柱子较麻烦，钢筋工张某就擅自把电焊机装在架子车上拉到基坑内，停放在基础底板钢筋网架上，然后将电焊机一次侧电线插头插进开关箱插座，准备用电焊固定柱子钢筋。当张某把电焊机焊把线拉开后，发现焊把到钢筋桩子距离不够，于是就把焊把线放在底板钢筋架上，将电焊机二次侧接地电缆绕在小车扶手上，并把接地连接钢板搭在车架上。当脚穿破损鞋子的张某双手握住车扶手去拉车架时，遭电击受伤倒地。事故发生后，现场负责人立即将张某送往医院，经抢救无效死亡。

（2）事故分析

1）直接原因：钢筋工张某在移动电焊机时，未切断电焊机一次侧电源，把焊把线放在钢筋架上，将电焊机二次侧接地连接钢板搭在车架上，在空载电源作用下，经二次侧接地电缆与钢板、车架、人体、钢筋、焊把线形成通电回路，张某鞋底破损不绝缘。

2）间接原因：工人未按规定穿着劳动防护用品，自我保护意识差，项目经理部对施工机具的管理无人负责，对作业人员缺乏针对性安全技术交底。

3）主要原因：项目经理部未按规定对电焊机配置二次侧空载降压保护装置，在基础等潮湿部位施工时未采取有效的防止触电的措施，使用前也未按规定对电焊机进行验收，致使存在安全隐患的机具直接投入施工，张某无证违章作业。

（3）事故预防

1）严格执行施工机具的管理制度，对投入使用的机械设备必须进行验收，杜绝存在安全隐患的机具投入作业。

2）施工现场必须编制详细的临时用电施工方案，重点落实专人负责检查、检验、维修。

3）加强对工人的教育和培训，增强自我保护意识，按规定配备个人劳动防护用品，并在施工中正确使用。

4）加大对施工现场危险作业过程的安全检查和监控力度，发现违章指挥、违章作业应及时制止。

五、机械伤害事故案例分析

1. 案例 1

（1）事故经过

某年 4 月 24 日，在某建筑公司施工工地上，主楼正进行抹灰施工，现场使用 1 台混凝土搅拌机拌制抹灰砂浆。上午 10 时 20 分左右，由于从搅拌机出料口到主楼北侧现场抹灰施工点约有 230 m 的距离，需用 2 台翻斗车进行水平运输，而抹灰工人较多，造成砂浆供应不及时，工人在现场停工待料。抹灰工长王某非常着急，到砂浆搅拌机边督促拌料（当时搅拌机操作员为备料不在搅拌机旁），王某去备料口查看搅拌机内的情况，并将头伸入料口内，结果头部被正在爬升的料斗夹住，人跌落在料斗下，料斗下落后又压在王某的胸部，造成大量出血。事故发生后，现场负责人立即将王某送往医院，经抢救无效，于当日上午12时左右死亡。

（2）事故分析

1）直接原因：抹灰工长王某安全意识不强，在搅拌机操作工不在场的情况下，违章作业，擅自开启搅拌机，且在搅拌机运行过程中将头伸进料口内，导致料斗夹到其头部。

2）间接原因：施工单位对施工现场的安全管理不严，施工过程中对安全工作检查督促不力；对工人的安全教育不到位，安全技术交底未落到实处，导致抹灰工擅自进行砂浆搅拌；搅拌机操作工为备料而不在搅拌机旁，给无操作证人员违章作业创造条件；施工作业人员安全意识淡薄，缺乏施工现场的安全知识和自我保护意识。

3）主要原因：抹灰工长王某违章作业，擅自操作搅拌机。

（3）事故预防

1）必须建立各级安全生产责任制，施工现场各级管理人员和作业人员都应按照各自职责严格执行规章制度，杜绝违章作业的情况发生。

2）施工现场的安全教育和安全技术交底应落到实处，要让每个施工作业人员都知道施工现场的安全生产纪律和各自工种的安全操作规程。

3）现场管理人员必须强化现场的安全检查力度，加强对施工危险作业的监控。

4）应根据现场实际工作量的情况配置和安排充足的人力物力，保证施工的正常进行。

5）施工作业人员应提高自我防范意识，明确自己的岗位和职责，不能擅自操作自己不熟悉或与自己工种无关的设备设施。

2. 案例2

（1）事故经过

某年10月16日，上海某建筑企业承包的高层工地。17时30分，瓦工班普工杨某在完成填充墙上嵌缝工作后，站在建筑物15层施工电梯通道板中间2根道竖管边准备下班。当时施工电梯笼装着混凝土小车向上运行，电梯操作工听到上面有人呼救，就将电梯开到16层楼面，发现16层没有人，就再启动电梯往下运行，下行至不到15层处，正好压在将头部与上身伸出道竖管探望施工电梯运行情况的杨某头部左侧顶部，致其当场昏迷。当电梯笼内人员发现在15层连接运料平台板的电梯稳固撑上有人趴在上面，便及时采取措施，将伤者送往医院抢救，但杨某因头部颅脑外伤严重，抢救无效死亡。

（2）事故分析

1）直接原因：杨某在完成填充墙上嵌缝工作后，擅自拆除道竖管的临边防护措施，将头部与上身伸入正在运行的施工电梯轨道中。

2）间接原因：分包项目经理部施工电梯管理制度不健全，安全教育培训不够，安全检查不到位；作业班长安排工作时，未按规定做好安全监护工作；总包单位对施工现场的安全管理力度不够，未严格实施总包单位对现场管理的具体要求，对安全隐患整改监督不力。

3）主要原因：施工企业安全管理松懈，安全措施制定不严格，对施工人员的安全教育培训工作不够深入。

（3）事故预防

1）总包单位必须加强对施工现场各分包单位和安全生产管理的监管力度，强化安全生产责任制，健全和实施安全生产的规章制度。

2）施工企业必须加强对工人的安全教育与培训，提高工人的自我保护意识，加强施工作业前有针对性的安全技术交底工作，杜绝各类违章现象。

3）总包单位与施工企业针对事故发生原因，举一反三，实施现场全面安全检查，制定有效的安全防护措施，严格按体系要求对安全防护设施进行检查与检验工作，杜绝隐患。

本章小结

本章主要从系统安全工程角度分析了建筑安全事故的成因，并结合建筑安全事故的类型，介绍了建筑施工常见事故的预防对策以及建筑物本体事故的预防方法，同时结合消防工程的相关理论，介绍了建筑消防工程的主要内容，最后通过常见的建筑安全事故类型对部分事故案例进行了分析，使读者能从大的方面对建筑安全有清晰的认识。

复习思考题

1. 造成建筑安全事故的主要能量是什么？该能量意外释放造成的事故类型有

哪些？

2. 高处坠落事故的主要原因有哪些？如何采取有效防止措施？
3. 建筑施工过程中物体打击事故有哪些常见形式？
4. 请分析施工工地触电事故的主要成因。
5. 影响建筑本体事故的主要危害因素有哪些？其中人为因素主要有哪些？
6. 如何加强建筑物的安全管理？
7. 建筑物火灾蔓延的方式有哪些？
8. 防火和灭火的主要方法原理是什么？
9. 建筑设计防火的主要内容有哪些？
10. 建筑物起火的主要原因有哪些？

第五章　机械安全工程

本章学习目标

1. 了解机械产品的种类、机械安全设计与机械安全装置的基本知识、机械设备使用安全的基本知识。

2. 掌握机械伤害的种类及预防机械伤害的措施，机械设备在设计、生产、使用、维修等各个环节的安全技术和安全措施，起重机械事故的预防措施，压力容器类事故的预防措施。

第一节　机械能释放的危险性

一、机械能的基本知识

机械能是能的一种形式，是动能与势能的总和，并且势能和动能可以相互转换。

1. 势能

由于各物体间存在相互作用而具有的、由各物体间相对位置决定的能叫势能，又称为位能。势能是状态量，按作用性质的不同，可以分为引力势能、弹性势能、电势能和核势能等。力学中势能有引力势能、重力势能和弹力势能。

从安全生产的角度主要考虑弹性势能和重力势能。重力势能是物体由于被举高而具有的能，其大小由地球和地面上物体的相对位置决定。物体质量越大，位置越高，做功本领越大，物体具有的重力势能就越多。判断一个物体是否具有重力势能，关键看此物体相对某一个平面有没有被举高，即相对此平面有没有一定的高度。弹性势能是物体因为弹性形变而具有的能量。

（1）重力势能可用下式计算：

$$E(p)=mgh \tag{5-1}$$

式中　m——物体的质量，kg；

g——重力加速度，m/s；

h——物体的高度，m。

（2）弹性势能可用下式计算：

$$P_E=1/2\ kx^2 \tag{5-2}$$

式中　k——弹性系数；

x——压缩量，m。

2. 动能

物体由于运动而能够做功，它们具有的能量叫作动能。动能通常被定义成使某物体从静止状态转变为运动状态所做的功。对于平动物体，动能的大小是运动物体的质量和速度平方乘积的二分之一。物体的速度越大，质量越大，具有的动能就越多。运动速度相同的物体，质量越大，它的动能也越大。

（1）平动物体的动能可用下式计算：

$$T=\frac{1}{2}mv^2 \tag{5-3}$$

式中　m——物体的质量，kg；

v——物体的速度，m/s。

（2）绕定轴转动物体的动能可用下式计算：

$$T=\frac{1}{2}J\omega^2 \tag{5-4}$$

式中　J——物体的转动惯量，kg · m^2；

ω——物体的角速度，rad/s。

二、机械能释放的危险性

1. 机械能的意外释放

在生产现场，需要由外部供给能量以进行各种生产或加工作业，这些能量主要是机械能。在生产过程中如果机械能是在人们的控制下工作，那它不会对人们造成伤害，但是当机械能意外释放时可能会对人们造成伤害。

机械能的意外释放又分为两种情况：一是机械能释放的形式是生产需要的，但是在释放的量上超过了工件承受极限，造成设备受损或人员受伤，这种形式的能量释放常见于一些往复机械和拔丝机械工作中；二是机械能释放的形式是生产不需要的，能量的意外释放造成设备受损或人员伤亡，这类机械能意外释放造成事故是在生产中最常见的。

机械能意外释放的原因主要有：

（1）机械设备设计上存在问题，包括材料选用不当、强度计算不准确、结构缺陷等。

（2）机械设备制造上存在问题，包括使用材料不当、加工方法上的缺陷等。

（3）机械设备使用上存在问题，包括超负荷运转、维修不良、操作错误等。

（4）屏护失效，包括屏障防护失效、安全防护间距不足等。

（5）工作环境问题。

2. 机械能意外释放的危险

机械能的意外释放将可能造成各种危险，给安全生产带来严重的威胁。其主要危险表现在：

（1）人员伤害的危险（一次危险）。

（2）设备损坏的危险（一次危险）。

（3）影响安全控制系统动作的危险（一次危险）。

（4）引发火灾的危险（二次危险）。

（5）引发爆炸的危险（二次危险）。

（6）引发危险物质泄漏的危险（二次危险）。

（7）引发其他的危险（二次危险）。

第二节　机械安全基础知识

机械是由若干相互联系的零部件按一定规律装配起来，能够完成一定功能的装置。机械设备在运行中，至少有一部分按一定的规律做相对运动。成套机械装置由原动机、控制操纵系统、传动机构、支承装置和执行机构组成。

一、机械设备及安全设施

1. 机械设备的种类

机械设备种类极多，机械行业的主要产品见表5-1。

表 5-1 机械行业的主要产品

农用机械	拖拉机、内燃机、播种机、收割机等
重型矿山机械	冶金机械、矿山机械、起重机械、装卸机械、工矿车辆、水泥设备等
工程机械	叉车、铲土运输机械、压实机械、混凝土机械等
石化通用机械	石油钻采机械、炼油机械、化工机械、泵、风机、阀门、气体压缩机、制冷空调机械、造纸机械、印刷机械、塑料加工机械、制药机械等
电工机械	发电机械、变压器、电动机、高低压开关、电线电缆、蓄电池、电焊机、家用电器等
机床	金属切削机床、锻压机械、铸造机械、木工机械等
汽车	载货汽车、公路客车、轿车、改装汽车、摩托车等
仪器仪表	自动化仪表、电工仪器仪表、光学仪器、成分分析仪、汽车仪器仪表、电料装备、电教设备、照相机等
基础部件	轴承、液压件、密封件、粉末冶金制品、标准紧固件、工业链条、齿轮、模具等
包装机械	包装机械、金属制包装物品、金属集装箱等
环保机械	水污染防治设备、大气污染防治设备、固体废物处理设备等

非机械行业的主要产品包括铁道机械、建筑机械、纺织机械、轻工机械、船舶机械、飞行机械等。

2. 机械安全设施

机械安全设施是通过采用安全装置、防护装置或其他手段，对一些机械危险进行预防的安全技术措施，其目的是防止机器在运行时产生各种对人员的接触伤害。

（1）固定安全装置

在可能的情况下，应该通过设计设置防止接触机器危险部件的固定安全装置。装置应能自动满足机器运行的环境及过程条件。装置的有效性取决于其固定的方法和开口的尺寸，以及在其开启后距危险点应有的距离。安全装置应设计成只有用旋具、扳手等专用工具才能拆卸的装置。

（2）联锁安全装置

联锁安全装置的基本原理是，只有当安全装置关合时，机器才能运转；而只有当机器的危险部件停止运动时，安全装置才能断开。联锁安全装置可采取机械的、电气的、液压的、气动的或组合的形式。在设计联锁装置时，必须使其在发生任何故障时，都不使人员暴露在危险之中。

（3）控制安全装置

要求机器能迅速停止运动，可以使用控制安全装置。控制安全装置的原理是，只有当控制装置完全闭合时，机器才能开动。当操作者接通控制装置后，机器的运行程序才开始工作；如果控制装置断开，机器的运动就会迅速停止或者反转。通常，在一个控制系统中，控制安全装置在机器运转时不会锁定在闭合的状态。

（4）自动安全装置

自动安全装置的机制是把暴露在危险中的人体从危险区域中移开。它仅能使用在有足够的时间来完成这样的动作而不会导致伤害的环境下，因此，仅限于在低速运动的机器上采用。

（5）隔离安全装置

隔离安全装置是一种阻止身体的任何部分靠近危险区域的设施，如固定的栅栏等。

（6）可调安全装置

在无法实现对危险区域进行隔离的情况下，可以使用部分可调的固定安全装置。这些安全装置可能起到的保护作用在很大程度上依赖于操作者的使用和对安全装置的正确调节以及合理维护。

（7）自动调节安全装置

自动调节安全装置由于工件的运动而自动开启，当操作完毕后又回到关闭的状态。

（8）跳闸安全装置

跳闸安全装置的作用是，在操作到危险点之前，自动使机器停止或反向运动。该类装置依赖于敏感的跳闸机构，同时也依赖于机器能够迅速停止（使用刹车装置可能做到这一点）。

（9）双手控制安全装置

这种装置迫使操作者要用两只手来操纵控制器。但是，它仅能对操作者而不能对其他有可能靠近危险区域的人提供保护。因此，还要设置能为所有的人提供保护的安全装置。当使用这类装置时，其两个控制开关之间应有适当的距离，而机器也应当在两个控制开关都开启后才能运转，而且控制系统需要在机器的每次停止运转后重新启动。

二、机械伤害和安全操作

1. 机械伤害事故的类型

（1）卷绕和绞缠

引起这类伤害事故的是作回转运动的物体（如轴类零件），包括联轴节、主轴、丝杠等。回转件上的凸出物和开口，如轴上的凸出键、调整螺栓或销、圆轮形状零件（链轮、齿轮、带轮）的轮辐、手轮上的手柄等，在运动情况下，将人的头发、饰物（如项链）、肥大衣袖或下摆卷绕或绞缠也会引起伤害事故。

（2）卷入和碾压

引起这类伤害事故的主要是相互配合的运动部件，例如，相互啮合的齿轮之间以及齿轮与齿条之间，带与带轮、链与链轮进入啮合部位的夹紧点，两个作相对回转运动的辊子之间的夹口引发的卷入；滚动的旋转件引发的碾压，如轮子与轨道、车轮与路面等。

（3）挤压、剪切和冲撞

引起这类伤害事故的是作往复直线运动的物体，例如，相对运动的两部件之间，运动部件与静止部分之间由于安全距离不够产生的夹挤，作直线运动部件的冲撞等。直线运动有横向运动（如大型机床的移动工作台、牛头刨床的滑枕、运转中的带链等部件的运动）和垂直运动（如剪切机的压料装置和刀片、压力机的滑块、大型机床的升降台等部件的运动）。

（4）飞出物打击

由于发生断裂、松动、脱落或弹性位能等机械能释放，使失控的物体飞甩或反弹出去，对人造成伤害。例如，轴的破坏引起装配在其上的带轮、飞轮、齿轮或其他运动零部件坠落或飞出，螺栓的松动或脱落引起被它紧固的运动零部件脱落或飞出，高速运动的零件破裂碎块甩出，切削废屑的崩甩，运动部件超行程脱轨等导致的伤害事故。另外，还有弹性元件的位能引起的弹射导致的伤害事故。例如，弹簧等的断裂，在压力、真空下的液体或气体位能引起的高压流体喷射等。

（5）切割和擦伤

切削刀具的锋刃，零件表面的毛刺，工件或废屑的锋利飞边，机械设备的尖棱、利角和锐边，粗糙的表面（如砂轮、毛坯）等，无论是运动的还是静止的，这些由于形状产生的危险都会造成伤害。

（6）碰撞和剐蹭

物体结构上的凸出、悬挂部分（如起重机的支腿、吊杆，机床的手柄等），长、大加工件伸出机床的部分等，这些物件无论是静止的还是运动的，都可能产生危险。

运动物体的危险大量表现为人员与可运动物件的接触伤害，各种形式的机械危险与其他非机械危险往往交织在一起。在进行危险识别时，应该从机械系统的整体出发，考虑机器的不同状态、同一危险的不同表现方式、不同危险因素之间的联系和作用，以及显现或潜在的不同形态等。

2. 机械设备的危险部位

机械设备运行时，其一些部件甚至其本身作不同形式的机械运动。机械设备由驱动装置、变速装置、传动装置、工作装置、制动装置、防护装置、润滑系统和冷却系统等部分组成。机械设备可造成碰撞、夹击、剪切、卷入等多种伤害。其主要危险部位如下：

（1）旋转部件和成切线运动部件间的咬合处，如动力传输带和传动带轮、链条和链轮、齿条和齿轮等。

（2）旋转的轴，包括连接器、心轴、卡盘、丝杠、圆形心轴和杆等。

（3）旋转的凸块和孔处。含有凸块或空洞的旋转部件是很危险的，如风扇叶、凸轮、飞轮等。

（4）对向旋转部件的咬合处，如齿轮、轧钢机、混合辊等。

（5）旋转部件和固定部件的咬合处，如辐条手轮或飞轮和机床床身、旋转搅拌机和无防护开口外壳搅拌装置等。

（6）接近部位，如锻锤的锤体、动力压力机的滑枕等。

（7）通过部位，如金属刨床的工作台及其床身、剪切机的刀刃等。

（8）单向滑动，如带锯边缘的齿、砂带磨光机的研磨颗粒、凸式运动带等。

（9）旋转部件与滑动部件之间，如某些平版印刷机、纺织机械等。

3. 机械伤害事故原因分析

（1）物的不安全状态

物的安全状态是保证安全的重要前提和物质基础。这里，物包括机械设备、工具、原材料、中间与最终产成品、排出物和废料等。物的不安全状态构成生产中的客观安全隐患和风险。例如，机械设计不合理、未满足安全人机要求、计算错误、安全系数不够、对使用条件估计不足等；制造时零件加工质量差、以次充好、偷工减料等；运输和安装中的野蛮作业使机械及其元部件受到损伤而埋下隐患等。物的不安全状态是引发事故的直接原因。

（2）人的不安全行为

在操作过程中，人的不安全行为是引发事故的另一个重要直接原因。人的行为受到生理、心理等各种因素的影响，表现是多种多样的。缺乏安全意识和安全技能差（即安全素质低下）是引发事故的主要的人的原因。例如，不了解所使用设备存在的危险，不按安全规程操作，缺乏自我保护和处理意外情况的能力等。指挥失误（或违章指挥）、操作失误（操作差错及在意外情况时的反射行为或违章作业）、监护失误等是人的不安全行为常见的表现。在日常工作中，人的不安全行为大量表现在不安全的工作习惯上。例如，工具或量具随手乱放，测量工件不停机，站在工作台上装卡工件，越过运转刀具取送物料，攀越大型设备不走安全通道等。

（3）安全管理缺陷

安全管理水平包括领导的安全意识水平，对设备（特别是对危险设备）的监管，对人员的安全教育和培训，安全规章制度的建立和执行等。安全管理缺陷是事故发生的间接原因。

4. 机械设备安全操作

为了保证机械设备的安全运行以及操作工人的安全和健康，采取的安全措施一般可分为直接、间接和指导性三类。

（1）直接安全技术措施是在设计机器时，考虑消除机器本身的不安全因素。

（2）间接安全技术措施是在机械设备上采用和安装各种安全有效的防护装置，克服在使用过程中产生不安全因素。

（3）指导性安全技术措施是制定机器安装、使用、维修的安全规定和设置标识，以提示或指导操作程序从而保证安全作业。

要保证机械设备不发生工伤事故，不仅机械设备本身要符合安全要求，更重要的是要求操作者严格遵守安全操作规程，按照安全操作规程的规定安全操作。当然，机械设备的安全操作规程因其种类不同而内容各异，机械设备安全操作总的原则如下。

（1）正确穿戴好个人防护用品。该穿戴的必须穿戴，不该穿戴的就一定不要穿戴。例如，机械加工时要求女工戴护帽，如果不戴就可能将头发绞进去；同时，要求不得戴手套，如果戴了，机械的旋转部分就可能将手套绞进去，将手绞伤。

（2）操作前要对机械设备进行安全检查，而且要空车运转一下，确认正常后，方可投入运行。

（3）机械设备在运行中也要按规定进行安全检查。特别是对紧固的物件看看是否由于振动而松动，以便重新紧固。

（4）设备严禁带故障运行。千万不能凑合使用，以防出事故。

（5）机械安全装置必须按规定正确使用，绝不能将其拆掉。

（6）机械设备使用的刀具、工夹具以及加工的零件等一定要装卡牢固，不得松动。

（7）机械设备在运转时，严禁用手调整；也不得用手测量零件，或进行润滑、清扫杂物等。如必须进行，应首先关停机械设备。

（8）机械设备运转时，操作者不得离开工作岗位，以防发生问题时无人处置。

（9）工作结束后，应关闭开关，把刀具和工件从工作位置退出，并清理好工作场地，将零件、工夹具等摆放整齐，打扫好机械设备的卫生。

操作具体的机械设备时，除遵守上述规定外，还应该根据设备的种类，按照所使用设备的安全操作规程进行操作。

第三节　机械设备的安全设计

一、机械设备的本质安全设计

机械设计本质安全是指机械的设计者在设计阶段采取措施来消除安全隐患的一种机械安全方法，包括在设计中排除危险部件，减少或避免在危险区处理工作需求，提供自动反馈设备并使运动的部件处于密封状态之中等。

机械设备本质安全设计是指通过设计减小风险，即减小伤害事故发生的可能性或减小事故的严重程度。具体方法是在机械设计阶段，从零件材料到零部件的合理形状和相对位置，从限制操纵力、运动件的质量和速度到减小噪声和振动，采用本质安全技术与动力源，应用零部件间的强制机械作用原理，结合人机工程学原则等多项措施，通过选用适当的设计结构，尽可能避免或减小危险；也可以通过提高设备的可靠性、操作机械化或自动化以及实行在危险区之外的调整、维修等措施，避免或减小危险，实现机械设备的本质安全。

1. 本质安全技术设计

本质安全技术，是指利用该技术进行机械设备预定功能的设计和制造，不需要采用其他安全防护措施，就可以在预定条件下执行机械设备的预定功能，满足机器自身安全的要求。本质安全技术设计主要有以下一些措施。

（1）避免锐边、尖角和凸出部分

在不影响预定使用功能前提下，机械设备及其零部件应尽量避免设计成会引起损伤的锐边、尖角、粗糙且凸凹不平的表面和较突出的部分。金属薄片的棱边应倒钝、折边或修圆。可能引起刮伤的开口端应包覆。

（2）安全距离的原则

利用安全距离防止人体触及危险部位或进入危险区，是减小或消除机械风险的一种方法。在规定安全距离时，必须考虑使用机器时可能出现的各种状态、有关人体的测量数据、技术和应用等因素。机械的安全距离包括以下两类距离要求。

1）防止可及危险部位的最小安全距离。它是指作为机械组成部分的有形障碍物与危险区的最小距离，用来限制人体或人体某部位的运动范围。当人体某部位可能越过障碍物或通过机械的开口去触及危险区时，安全距离足够长，限制其不可能触碰到机械的危险部位，从而避免了危险。

2）避免受挤压或剪切危险的安全距离。当两移动件相向运动或移动件向固定件运动时，人体或人体的某部位在其中可能受到挤压或剪切。可以通过增大运动件间的最小距离，使人的身体可以安全地进入或通过，也可以减小运动件间的最小距离，使人的身体部位伸不进去，从而避免危险。

（3）限制有关因素的物理量

在不影响使用功能的情况下，根据各类机械的不同特点，限制某些可能引起危险的物理量值来减小危险。例如，将操纵力限制到最低值，使操作件不会因破坏而产生机械危险；限制运动件的质量或速度，以减小运动件的动能，限制噪声和振动等。

（4）使用本质安全工艺过程和动力源

对预定在爆炸气氛中使用的机器，应采用全气动或全液压控制系统和操纵机构，或“本质安全”电气装置，也可采用电压低于“功能特低电压”的电源，以及在机械设备的液压装置中使用阻燃和无毒液体。

2. 安全人机工程学设计

在机械设计中，通过合理分配人机功能、适应人体特性、人机界面设计、作业空间的布置等，履行安全人机工程学原则，提高机器的操作性能和可靠性，使操作者的体力消耗和心理压力尽量降到最低，从而减小操作差错。

3. 限制机械应力设计

机械选用的材料性能数据、设计规程、计算方法和试验规则，都应该符合机械设计与制造的专业标准或规范的要求，使零件的机械应力不超过许用值，保证安全系数，以防止由于零件应力过大而被破坏或失效，避免故障或事故的发生。同时，通过控制连接、受力和运动状态来限制应力。

（1）限制连接应力

采用可靠的紧固方法，对螺栓连接、焊接等，通过采用正确计算、结构设计和紧固方法来限制连接应力，防止运转状态下连接松动、破坏，紧固失效。

（2）防止超载应力

通过在传动链预先采用“薄弱环节”预防超载（如采用易熔塞、限压阀、断路器等限制应力)，避免主要受力件因超载而被破坏。

(3) 避免可变应力

避免在可变应力（主要是周期应力）下零件产生疲劳。例如，钢丝绳滑轮组的钢丝绳在缠绕时，尽量避免其反向弯折导致的疲劳破坏。

(4) 保证回转件的平衡

设计时，对材料的均匀性和回转精度应作出规定，并在使用前经过静平衡或动平衡试验，防止在高速旋转时引起振动，或使回转件的应力加大，甚至造成碎裂(如砂轮)。

4. 材料和物质的安全性

用以制造机械设备的材料、燃料和加工材料在使用期间不得危及人员的安全或健康。

(1) 承载能力

材料的力学特性，如抗拉强度、抗剪强度、冲击韧性、屈服极限等，应能满足执行预定功能的载荷作用的要求。

(2) 对环境的适应性

材料应有良好的环境适应性，机械设备在预定的环境条件下工作时，应有抗腐蚀、耐老化磨损的能力，不会因受物理性、化学性、生物性的影响而失效，从而避免事故的发生。

(3) 材料的均匀性

根据零件的功能，保证材料的均匀性，防止由于工艺设计不合理，使材料的金相组织不均匀而产生残余应力，防止由于内部缺陷（如夹渣、气孔、异物、裂纹）给安全埋下隐患。

(4) 避免材料的危险

在设计和制造选材时，应避免采用有毒性的材料或物质，应避免机器自身或由于使用某种材料而产生的气体、液体、粉尘、蒸气或其他物质造成的火灾和爆炸风险。对可燃、易爆的液体及气体材料，应设计使其在填充、使用、回收或排放时减小危险或无危险。

二、机械设备可靠性设计

1. 设备的可靠性设计

可靠性是指机器或其零部件在规定的使用条件下和规定期限内执行规定的功能而不出现故障的能力。

（1）规定的使用条件

这是指机械设计时考虑的空间限制，包括环境条件（如温度、压力、湿度、振动、大气腐蚀等）、负荷条件（载荷、电压、电流等）、工作方式（连续工作或断续工作）、运输条件、存储条件及使用维护条件等。

（2）规定的时间

这是指机械设备在设计时规定产品的时间性指标，如使用期、有效期、行驶里程、作用次数等。

（3）规定的功能

这是指机械设备的性能指标，是该机械若干功能全体的总和，而不是其中一个元件或一部分的功能。

可靠性应作为安全功能完备性的基础，这一原则适用于机械设备的零部件及机械各组成部分。提高机械设备的可靠性可以降低危险故障率，减少需要查找故障和检修的次数，不因为失效使机械设备产生危险的误动作，从而可以减小操作者面临危险的概率。

2. 采用机械化和自动化技术

在生产过程中，用机械设备来补充、扩大、减轻或代替人的劳动，该过程称为机械化过程。自动化则更进了一步，即机械具有自动处理数据的功能。机械化和自动化技术可以使人的操作岗位远离危险或有害现场，从而减少工伤事故，防止职业病。同时，也对操作人员提出了较全面的素质要求。

（1）操作自动化

在比较危险的岗位或被迫以机器特定的节奏连续参与的生产过程，使用机器人或机械手代替人的操作，使得工作条件不断改善。

（2）装卸、搬运机械化

装卸机械化可通过工件的送进滑道、手动分度工作台等措施实现。搬运的自动化可通过采用工业机器人、机械手、自动送料装置等实现。这样可以限制由搬运操作产生的风险，减少重物坠落、磕碰、撞击等接触伤害。装卸应注意防止由于装置与机器零件或被加工物料之间阻挡而产生的危险，以及检修故障时产生的危险。

3. 易损部件的安全设计

在设计机器时，应尽量考虑将一些易损而需经常更换的零部件设计得便于拆装和更换，提供安全接近或站立措施（梯子、平台、通道），锁定切断的动力，机械设备的调整、润滑、一般维修等操作点配置在危险区外，这样可减少操作者进入危险区的次数，从而减小操作者面临危险的概率。

三、机械设备安全控制系统设计

1. 控制系统的安全设计原则

机械设备在使用过程中，典型的危险工况有意外启动、速度变化失控、运动不能停止、运动机器零件或工件掉下飞出、安全装置的功能受阻等。控制系统的设计应考虑各种作业的操作模式或采用故障显示装置，使操作者可以安全进行干预的措施，并遵循以下原则和方法。

（1）机构启动及变速的实现方式

机构的启动或加速运动应通过施加或增大电压或流体压力去实现，若采用二进制逻辑元件，应通过由“0”状态到“1”状态去实现；相反，停机或降速应通过去除或降低电压或流体压力去实现，若采用二进制逻辑元件，应通过“1”状态到“0”状态去实现。

（2）重新启动的原则

动力中断后重新接通时，如果机器自发启动会产生危险，就应采取措施，使动力重新接通时机械设备不会自行启动，只有再次操作启动装置，机械设备才能运转。

（3）零部件的可靠性

这应作为安全功能完备性的基础，使用的零部件应能承受在预定使用条件下的各种干扰和应力，不会因失效而使机械设备产生危险的误动作。

（4）定向失效模式

这是指部件或系统主要失效模式是预先已知的，而且总是这些部件或系统失效，这样可以事先针对其失效模式采取相应的预防措施。

（5）“关键”件的加倍（或冗余）

控制系统的关键零部件，可以采用备份的方法，当一个零部件万一失效，用备份件接替以实现预定功能。当与自动监控相结合时，自动监控应采用不同的设计工艺，以避免共因失效。

（6）自动监控

自动监控的功能是保证当部件或元件执行其功能的能力减弱或加工条件变化而产生危险时，可以停止危险过程，防止故障停机后自行再启动，触发报警器。

（7）可重编程序控制系统中安全功能的保护

在关键的安全控制系统中，应注意采取可靠措施防止储存程序被有意或无意改变。可能的话，应采用故障检验系统来检查由于改变程序而引起的差错。

（8）有关手动控制的原则

1）手动操纵器应根据有关人类工效学原则进行设计和配置。

2）停机操纵器应位于对应的每个启动操纵器附近。

3）除了某些必须位于危险区的操纵器（如急停装置、吊挂式操纵器等）外，一般操纵器都应配置于危险区外。

4）如果同一危险元件可由几个操纵器控制，则应通过操纵器线路的设计，使其在给定时间内，只有一个操纵器有效。但这一原则不能用于双手操纵装置。

5）在有风险的地方，操纵器的设计或防护应做到，如果不是有意识的操作则操纵器不会动作。

6）如果机械允许使用几种操作模式以代表不同的安全水平（如允许调整、维修、检验等），则这些操作模式应装备能锁定在每个位置的模式选择器。选择器的每个位置都应相应于单一操作或控制模式。

（9）特定操作的控制模式

对于必须移开或拆除防护装置，或使安全装置的功能受到抑制才能进行的操作（如设定、示教、过程转换、查找故障、清理或维修等），为保证操作者的安全，必须使自动控制模式无效，采用操作者伸手可达的手动控制模式（如止动、点动或双手操纵装置），或在加强安全条件下（如降低速度、减小动力或其他适当措施）才允许危险元件运转并尽可能限制接近危险区。

2. 防止气动和液压系统危险的设计

当机械设备采用气动、液压、热能等系统时，必须通过设计来避免与这些能量形式有关的各种潜在危险。

（1）借助限压装置控制管路中最大压力不能超过允许值，不因压力损失、压力降低或真空度降低而导致危险。

（2）所有元件（尤其是管子和软管）及其连接应密封，要针对各种有害的外部影响加以防护，不因泄漏或元件失效而导致流体喷射。

（3）当机械设备与其动力源断开时，储存器、蓄能器及类似容器应尽可能自动卸压，若难以实现，则应提供隔离措施或局部卸压及压力指示措施，以防剩余压力造成危险。

（4）机器与其能源断开后，所有可能保持压力的元件都应提供有明显识别排空的装置和绘制有注意事项的警告牌，提示对机器进行任何调整或维修前必须对这些元件卸压。

3. 预防电气危险的设计

电的安全是机械安全的重要组成部分，机械设备中电气部分应符合有关电气安全标准的要求。预防电的危险尤其应注意防止电击、短路、过载和静电，减少或限制操作者进入危险区。

四、机械设备的安全说明和安全标志

使用信息（说明）由文字、标记、信号、符号或图组成，以单独或联合使用的形式，向使用者传递信息，用以指导使用者（专业或非专业）安全、合理、正确地使用机器。使用信息是机器的组成部分之一。对重要信息（如需给出的各种警告信息），应采用标准化用语。

1. 安全信息使用的一般要求和依据

（1）安全信息使用的一般要求

1）明确机器的预定用途。使用信息应具备保证安全和正确使用机器所需的各项说明。

2）规定和说明机器的合理使用方法。使用信息中应要求使用者按规定方法合理使用机器，说明安全使用的程序和操作模式。对不按要求而采用其他方式操作机器的潜在风险，应提出适当的警告。

3）通知和警告遗留风险。遗留风险是指通过设计和采用安全防护技术都无效或不完全有效的那些风险。将这些信息通知和警告使用者，以便在使用阶段采用补救安全措施。

4）使用信息应贯穿机械使用的全过程。该过程包括运输、交付试验运转（装配、安装和调整）、使用（设定、示教或过程转换、运转、清理、查找故障和机器维修），如果需要的话还应包括解除指令、拆卸和报废处理在内的所有过程，都应提供必要的信息。这些使用信息在各阶段可以分开使用，也可以联合使用。

5）使用信息不可用于弥补设计缺陷。使用信息不能代替应该由设计来解决的安全问题，它只起提醒和警告的作用，不能在实质意义上避免风险。

（2）安全信息使用的依据

1）风险的大小和危险的性质。根据风险大小可依次采用安全色、安全标志、警告信号，直到警报器。

2）需要信息的时间。提示操作要求的信息，应采用简洁形式长期固定在所需的机械设备部位附近；显示状态的信息应与机械设备运行同步出现；警告超载的信息应在接近额定值时提前发出；危险紧急状态的信息应及时发出，且持续的时间应与危险存在的时间一致，信号的消失应随危险状态而定。

3）机械设备结构和操作的复杂程度。对于简单机械设备，一般只需提供有关标志和使用操作说明书；对于结构复杂的机械设备，特别是有一些危险性的大型设备，除了各种安全标志和使用说明书（或操作手册）外，还应配备有关负载安全的图表、运行状态信号，必要时应提供报警装置等。

4）视觉颜色与信息内容。红色表示禁止和停止，危险警报和要求立即处理的情况；红色闪光警告操作者状况紧急，应迅速采取行动；黄色提示注意和警告；绿色表示正常工作状态；蓝色表示需要执行的指令或必须遵守的规定。

2. 安全信息的配置位置和形式

（1）在机身上，可配置各种标志、信号、文字警告等。

（2）随机文件，如可配置操作手册、说明书等。

（3）其他方式。可根据需要，以适当的信息形式配置。

3. 安全信号和警告装置

安全信号的功能是提醒注意，如机器启动、起重机开始运行等；显示运行状态或发生故障，如故障显示灯；危险事件的警告，如超速的报警、有毒物质泄漏的报警等。

（1）信号和警告装置类别

1）视觉信号。其特点是所占空间小、视距远、简单明了，可采用亮度高于背景的稳定光和闪烁光。警告信号宜采用闪光形式。

2）听觉信号。该信号是利用人的听觉反应，用声音传递信息，有不受照明和物体障碍限制、强迫人们注意的特点。常见的听觉信号有蜂鸣器、铃、报警器等。听觉信号在发出 1 s 内，应能被操作者识别；其声级应比背景噪声至少高 10 dB（A）。当背景噪声超出 110 dB（A）时，不应再采用听觉信号。

3）视听组合信号的特点是光、声信号共同作用，用以加强危险和紧急状态的警告功能。

（2）信号和警告装置应满足的要求

1）在危险事件出现前或即时发出。

2）含义确切，一种信号只能有一种含义。

3）能被明确地察觉和识别，并与其他用途信号明显区别。

4）警告装置的设计、配置应便于检查，操作手册应对检查规定做出说明。

5）防止由于视觉或听觉信号过多而引起混乱，或显示频繁而导致“敏感度”降低，这样反而会丧失应有的作用。

（3）安全标志和随机文件

1）安全标志。标志也称标识、标记。它是用来说明机械或零部件的性能、规格和型号、技术参数或表达安全信息的标牌。

安全标志由安全色、几何图形和图形符号构成，有时附以简短的文字警告说明，以表达特定安全信息为目的，并有规定的使用范围、颜色和形式。安全标志的用途很广，如用于安全标志牌、交通标志牌、防护栏杆、机器上不准乱动的部位、紧急停止按钮、裸露齿轮的侧面、机械安全罩的内面、安全帽、起重机的吊钩滑轮架和支腿、行车道中线、坑池周围的警戒线、有碰撞可能的柱子或电线杆、梯子或楼梯的第一阶梯和最后阶梯、信号旗等。

①安全标志的分类与功能。安全标志分为禁止标志、警告标志、指令标志和提示标志四类。禁止标志，表示不准或制止人们的某种行动；警告标志，使人们注意可能发生的危险；指令标志，表示必须遵守，用来强制或限制人们的行为；提示标志，示意目标地点或方向。

②安全标志应遵守的原则。一是醒目清晰。一目了然，易从复杂背景中识别。符号的细节、线条之间易于区分。二是简单易辨。由尽可能少的关键要素构成，符号与符号之间易分辨，不致混淆。三是易懂易记。容易被人（即使是外国人或不识字的人）理解，牢记不忘。例如，禁火、防爆的文字警告，或简要说明防止危险的措施（如指示佩戴个人防护用品），或具体说明“严禁烟火”“小心碰撞”等。

机械设备易发生危险的部位，必须有安全标志。标志牌应设置在醒目且与安全有关的地方，使人们看到后有足够的时间来注意它所表示的内容，不宜设在门、窗、架或可移动的物体上。标志应清晰持久，直接印在机器上的信息标志应牢固，在机器的整个寿命期内都应保持颜色鲜明、清晰、持久。每年至少应检查一次，发现变形、破损或图形符号脱落及变色等影响效果的情况，应及时修整或更换。

2）随机文件。机械设备除了本身的标志外还应该包含随机文件，随机文件主要是指操作手册、使用说明书或其他文字说明（如保修单等）。说明书内容包括安装、搬运、储存、使用、维修和安全卫生等有关规定，应该在各个环节对遗留风险提出通知和警告，并给出对策、建议。具体应包括以下几点。

①关于机器的运输、搬运和储存的信息。机械设备的储存条件和搬运要求；尺寸、质量、重心位置；搬运操作说明，如起吊设备施力点及吊装方式等。

②关于机器自身安装和交付运行的信息。装配和安装条件；使用和维修需要的空间；允许的环境条件（如温度、湿度、振动、电磁辐射等）；机器与动力源的连接说明（尤其是对于防止电的过载）；机器及其附件清单、防护装置和安全装置的

详细说明；电气装置的有关数据；全部应用范围（包括禁用范围）。

③有关劳动安全卫生方面的信息。机器工作的负载图表（尤其是安全功能图解表示）；产生的噪声、振动数据和由机器发出的射线、气体、蒸气及粉尘等数据；所用的消防装置形式；环境保护信息；证明机器符合有关强制性安全标准要求的正式证明文件。

④有关机器使用操作的信息。手动操纵器的说明；对设定与调整的说明；停机的模式和方法（尤其是紧急停机）；关于由某种应用或使用某些附件可能产生特殊风险的信息，以及应用所需的特定安全防护装置的信息；有关禁用信息；对故障的识别与位置确定、修理和调整后再启动的说明；无法由设计者通过采用安全措施消除的风险信息；可能发射或泄漏有害物质的警告；使用个人防护用品和所需提供培训的说明；紧急状态应急对策的建议等。

⑤维修信息。检查的性质和频次；需要具有专门技术知识或特殊技能的维修人员或专家执行维修的说明；可由操作者进行维修的说明；提供便于维修人员执行维修任务（尤其是查找故障）的图样和图表；停止使用、拆卸和由于安全原因而报废的信息等。

第四节　起重机械安全

一、起重机械分类

起重机械是指用于垂直升降或者垂直升降并水平移动重物的机电设备，包括额定起重量大于或者等于0.5 t的升降机，额定起重量大于或者等于1 t且提升高度大于或者等于2 m的起重机，承重形式固定的电动葫芦等。

1. 起重机械分类

按运动方式，起重机械可分为以下四种基本类型。

（1）轻小型起重机械

如千斤顶、手拉葫芦、滑车、绞车、电动葫芦、单轨起重机等，多为单一的升降运动机构。

（2）桥式类型起重机

分为梁式、通用桥式、龙门式、冶金桥式、装卸桥式及缆索起重机等，具有两个及两个以上运动机构，通过各种控制器或按钮操纵各机构的运动。一般由起升、大车和小车运行机构完成重物在三维空间内的搬运。

（3）臂架类型起重机

分为固定旋转式、门座式、塔式、汽车式、轮胎式、履带式、浮游式起重机等，其特点与桥式起重机相似，但运动机构还有变幅机构、旋转机构。

（4）升降类型起重机

如载人电梯或载货电梯、货物提升机等，其特点是虽只有一个升降机构，但安全装置与其他附属装置较为完善，可靠性大。有人工和自动控制两种。

2. 起重机械工作特点

（1）起重机械通常结构庞大，机构复杂，能完成起升运动、水平运动。例如，桥式起重机能完成起升、大车运行和小车运行三个运动，门座起重机能完成起升、变幅、回转和大车运行四个运动。在作业过程中，常常是几个不同方向的运动同时操作，技术难度较大。

（2）起重机械所吊运的重物多种多样，载荷是变化的。有的重物重达几百吨甚至上千吨，有的物体长达几十米，形状也很不规则，有散粒、热熔状态，还有易燃易爆危险物品等，吊运过程复杂而危险。

（3）大多数起重机械需要在较大的空间范围内运行，有的要装设轨道和车轮（如塔吊、桥吊等），有的要装上轮胎或履带在地面上行走（如汽车吊、履带吊等），有的需要在钢丝绳上行走（如客运、货运架空索道），活动空间较大，一旦造成事故，影响的范围也较大。

（4）有的起重机械需要直接载运人员在导轨、平台或钢丝绳上做升降运动（如电梯、升降平台等），其可靠性直接影响人身安全。

（5）起重机械暴露的、活动的零部件较多，且常与吊运作业人员直接接触（如吊钩、钢丝绳等），潜藏着许多偶发性危险因素。

（6）作业环境复杂。从大型钢铁联合企业，到现代化港口、建筑工地、铁路枢纽、旅游胜地，都有起重机械在运行；作业场所常常会遇到高温、高压、易燃易爆、输电线路、强磁等危险因素，对设备和作业人员形成威胁。

（7）起重机械作业中常常需要多人配合，共同进行。一个操作，要求指挥、捆扎、驾驶等作业人员配合熟练、动作协调、互相照应。作业人员应有处理现场紧急情况的能力。多个作业人员之间的密切配合通常存在较大的难度。

起重机械的上述工作特点，决定了它与安全生产的关系很大。如果在起重机械的设计、制造、安装、使用和维修等环节上稍有疏忽，就可能造成伤亡或设备事故。一方面造成人员的伤亡，另一方面也会造成很大的经济损失。

二、起重机械事故类型和特点

1. 起重机械事故类型

（1）失落事故

失落事故是指起重作业中，吊载、吊具等重物从空中坠落所造成的人身伤亡和设备毁坏的事故。失落事故是起重机械事故中最常见的，也是较为严重的。常见的失落事故有以下几种类型。

1）脱绳事故。脱绳事故是指重物从捆绑的吊装绳索中脱落溃散发生的伤亡毁坏事故。造成脱绳事故的主要原因是重物的捆绑方法与要领不当，造成重物滑脱；吊装重心选择不当，造成偏载起吊或吊装中心不稳导致重物脱落；吊载遭到碰撞、冲击、振动等而摇摆不定，造成重物失落等。

2）脱钩事故。脱钩事故是指重物、吊装绳或专用吊具从吊钩口脱出而引起的重物失落事故。造成脱钩事故的主要原因是吊钩缺少护钩装置，护钩保护装置机能失效，吊装方法不当及吊钩口变形等。

3）断绳事故。断绳事故是指因起升绳或吊装绳破断而引起的重物失落事故。造成起升绳破断的主要原因多为超载起吊拉断钢丝绳；起升限位开关失灵造成过卷拉断钢丝绳，斜吊、斜拉造成乱绳挤伤切断钢丝绳，钢丝绳因长期使用又缺乏维护保养造成疲劳变形，磨损损伤等达到或超过报废标准仍然使用等。造成吊装绳破断的主要原因多为吊装角度太大，使用吊装绳的抗拉强度超过限值而拉断吊装钢丝绳，品种规格选择不当，或仍使用已达到报废标准的钢丝绳捆绑、吊装重物，造成吊装绳破断。吊装绳与重物之间接触无垫片等保护措施，也会造成棱角割断钢丝绳而出现吊装绳破断事故。

4）吊钩破断事故。吊钩破断事故是指吊钩断裂造成的重物失落事故。造成吊钩破断事故的原因多为吊钩材质有缺陷，吊钩因长期磨损断面减小已达到报废极限标准却仍然使用，或经常超载使用造成疲劳破坏以至于断裂破坏。

（2）挤伤事故

挤伤事故是指在起重作业中，作业人员被挤压在两个物体之间所造成的挤伤、压伤、击伤等人身伤亡事故。造成伤亡事故的主要原因是起重作业现场缺少安全监督指挥管理人员，现场从事吊装作业和其他作业人员缺乏安全意识或从事野蛮操作等人为因素。发生挤伤事故多为吊装作业人员和从事检修维护人员。常见的挤伤事故主要有以下几种。

1）吊具或吊臂与地面物体之间的挤伤事故。在车间、仓库等室内场所，地面作业人员处于大型吊具或吊臂与机器设备、土建墙壁、牛腿立柱等障碍物之间的狭窄场所，容易发生挤伤事故。

2）升降设备的挤伤事故。电梯、升降货梯、建筑升降机等的维修人员或操作人员，不遵守操作规程，被挤压在轿厢、吊笼与井壁井架之间造成的挤伤。

3）机体与建筑物间的挤伤事故。这类事故多发生在高空从事桥式类型起重机维护检修人员中，被挤压在起重机端梁与支承轨梁的立柱或墙壁之间，或在高空承轨梁侧通道通过时被运行的起重机撞击击伤。

4）机体旋转击伤事故。这类事故多发生在野外作业的汽车起重机、轮胎起重机和履带起重机中。

5）翻转作业中的撞伤事故。从事吊装司索、翻转、倒个等作业时，由于吊装方法不合理，装卡不牢，捆绑不当，吊具选择不合理，重物倾斜下坠，吊装选位不佳，指挥及操作人员站位不好，司机误操作等原因造成吊装失稳、吊载摆动冲击等，均会造成翻转作业中的砸、撞、碰、击、挤、压等各种伤亡事故，这种类型事故在挤压事故中尤为突出。

（3）坠落事故

坠落事故主要是指从事起重作业的人员，从起重机体等高空处向下坠落至地面的摔伤事故。常见的坠落事故有以下几类。

1）从机体上滑落摔伤事故。这类事故多发生在高空的起重机上进行维护、检修作业中，检修作业人员缺乏安全意识，抱着侥幸心理不戴安全带，由于脚下滑动、障碍物绊倒或起重机突然起重造成晃动，使作业人员失稳从高空坠落于地面而摔伤。

2）机体撞击坠落事故。这类事故多发生在检修作业中，因缺乏严格的现场安全监督制度，检修人员遭到其他正在作业的起重机端梁或悬臂撞击，从高空坠落摔伤。

3）维修工具零部件坠落砸伤事故。在高空起重机上从事检修作业时，常常因不小心，使维修更换的零部件或维护检修工具从起重机机体上滑落，造成砸伤地面作业人员和机器设备等事故。

（4）触电事故。触电事故是指从事起重操作和检修作业的人员，由于触电遭到电击所发生的伤亡事故。触电事故按室内外不同场合和不同起重机类型可分为以下两类。

1）室内作业的触电事故。室内起重机的动力电源是电击事故的根源。

2）室外作业的触电事故。在室外施工现场从事起重运输作业的自行式起重机、塔式起重机、汽车起重机、轮胎起重机和履带式起重机越来越多，虽然这些起重机的动力源非电力，但出现触电事故并不少。在作业现场往往有裸露的高压输电线，由于现场安全指挥监督混乱，常有自行式起重机的悬臂或起升钢丝绳摆动触及高压线使机体导电，进而造成操作人员或吊装司索人员间接遭到高压电线中的高压电击伤害。

（5）机体毁坏事故

机体毁坏事故是指起重机因超载失稳等产生机体断裂、倾翻造成集体严重损坏及人身伤亡的事故。常见机体毁坏事故有以下几种类型。

1）断臂事故。各种类型的悬臂起重机，由于悬臂设计不合理、制造装配有缺陷以及长期使用已有疲劳破坏隐患，一旦超载起吊就有可能造成断臂或悬臂严重变形等机毁事故。

2）倾翻事故。倾翻事故是自行式起重机的常见事故，自行式起重机倾翻事故大多是由于起重机作业前支承不当（如野外作业场地支承基础松软、起重机支腿未能全部伸出、起重量限制器或力矩限制器等安全装置动作失灵、悬臂长度与规定起重量不符）、超载起吊等因素造成的。

3）机体摔伤事故。无车轮止垫或无固定锚链等，或者上述安全设施机能失效，当遇到强风吹击时往往会造成起重机被大风吹跑、吹倒，甚至从栈桥上翻落造成严重的机体摔毁事故。

4）相互撞毁事故。在同一跨中的多台桥式类型起重机由于相互之间无缓冲碰撞保护措施，或缓冲碰撞保护设施毁坏失效，会导致起重机相互碰撞致伤。野外作业的多台悬臂起重机群在悬臂旋转作业中也难免相互撞击而出现碰撞事故。

2. 起重机械事故的特点

（1）发生在起重机械安装、拆除、维修作业中的伤害事故较多

起重机械安装、拆除、维修作业是危险性较大的作业。如起重机械碰撞挤压人、高处坠落等伤害事故，主要是在起重机械安装、拆除、维修作业中发生的。

（2）起重机械事故的伤害类型比较集中

造成起重机械伤害事故的直接原因，主要有机体倾翻、高处坠落、触电、吊载坠落和碰撞挤压五类，约占全部起重伤害事故总数的87%。其中，尤以吊载坠落和碰撞挤压两类最为突出，两项合计约占64%。

（3）管理原因造成的伤害事故较多

发生在起重机械作业中的伤害事故有人的不安全行为、物的不安全状态、管理原因等，但主要还是管理原因，属于管理原因的主要有：一是安全管理规章制度不

健全，不落实；二是对起重机械作业有关人员缺乏安全教育，无证操作现象时有发生；三是管理不严格，监督检查力度不够，违章作业现象屡禁不止；四是维修保养不及时，带病运行现象屡见不鲜；五是起重机械的设计、制造、使用、维修不当或有质量缺陷；六是责任主体不明确。

（4）起重机械伤害事故的机种比较集中

桥门式起重机、流动式起重机、升降起重机和塔式起重机四类起重机械发生的伤害事故较多，四类合计发生伤害事故数接近全部起重机械伤害事故总数的70%~80%。特别是桥门式和流动式起重机，发生伤害事故概率最高，两类合计接近全部起重伤害事故的一半。

三、起重机械事故的预防

1. 起重机械的安全装置

起重机械属于特种设备，鉴于其安全至关重要，因此在起重机械上需装设安全装置，以预防事故发生。不同类型的起重机，应安装不同类型和性能的安全装置。常见的安全装置有以下几种。

（1）过卷扬限制器

起重机的卷扬机构必须装有过卷扬限制器，当吊钩滑车起升距起重机构架300 mm时，可以自动切断电机的电源，电动机停止运转。这样，可保证起重机的安全运行，避免由于过卷扬提升，而造成的钢丝绳被拉断、重物坠落等事故的发生。

（2）行程限制器

行程限制器是防止起重机驶近轨道末端而发生撞击事故，或两台起重机在同一条轨道上发生碰撞事故所采取的安全装置。行程限制器能保证距离轨道末端200 mm处以及起重机互相驶近距500 mm处时，立即切断电源，停止运行。

（3）自动联锁装置

桥式起重机上多有裸线通过，为了预防检修人员触电，要求在驾驶室通往车架（或桥架）的仓门口处装设自动联锁装置，实现检修时停电、检修完后通电，保证检修作业的安全。

（4）缓冲器

缓冲器是一种吸收起重机与物体相碰时能量的安全装置，在起重机的制动器和终点开关失灵后起作用。当起重机与轨道端头立柱相接时，保证起重机能较平稳地停车。起重机上常用的缓冲器有橡胶缓冲器、弹簧缓冲器和液压缓冲器。当车速超过 120 m/min 时，一般缓冲器不能满足要求，必须采用光线式防止冲撞装置、超声波式防止冲撞装置以及红外线反射器等。

（5）制动器

起重设备上的制动器，能使起重设备在升降、平移和旋转过程中随时停止工作和使重物停留在任何高度上。它既能防止意外事故，又能满足工作要求。制动器的种类繁多，有弹簧式制动器、安全摇柄等。由于制动器的作用对于起重机来说十分重要，许多事故的发生往往是由于制动器的失灵或发生故障而造成的。因此，为保障起重作业安全，必须加强对制动器的检查与保养，一般要求每班检查一次。

（6）重量限制器

重量限制器是起重机的超载防护装置。按其结构方式和工作原理的不同，可分为机械式和电子式两种类型。在起重作业过程中，当起重量超过起重机额定起重量的10%时，重量限制器将起作用，使机构断电，停止工作，从而起到超载限制的作用。

（7）力矩限制器

对于动臂变幅的起重机（如塔式起重机、流动式起重机等），除考虑载荷的大小外，还应考虑随着动臂变幅引起的载荷重心至起重机的距离的变化，即起重力矩问题。力矩限制器就是一种综合起重量和起重机运行幅度两方面因素，以保证起重力矩始终在允许范围内的安全装置，可分为机械式和电子式两种类型。机械式力矩限制器有杠杆式和水平吊臂上使用的两种限制器。在起吊操作中，当起重量增大到限定值时，该限制器能够带动控制块触动控制开关而断开电源，停止工作。电子式力矩限制器在操作过程中能够通过仪表自动将实际起重力矩与额定起重力矩进行比较，若超载，继电器就会自动切断工作机构电源，保证安全。电子式力矩限制器克服了机械式力矩限制器的缺点，广泛应用于各种起重机上。

（8）危险电压报警器

臂架型起重机在输电线附近作业时，由于操作不当，臂架钢丝绳等过于接近甚至碰触电线，会造成感电事故或触电事故。为了防止这类事故发生，特研制出了危险电压报警器，其原理是：报警器输电线路为三相交流电，各相间相位差为 120°，空间电场分布是交变电场。从理论上讲，距各相线距离相等的点的电位应为零。但实际线路布设，不存在电位为零的点，根据电场分布特性，只要检测出触电位的绝对值和电位梯度，与预先设置的基准电压比较，就可以判断臂架距电线的距离，并及时发出警报。

2. 各类事故的预防措施

起重伤害事故一般有挤压、高处坠落、重物失落、倒塌、折断、倾覆、触电、撞击事故等。每一种事故都与其环境有关，有人为造成的，也有因设备有缺陷造成的，或人和设备双重因素造成的。

（1）起重机挤压事故的预防

1）起重机机体与固定物、建筑物之间的挤压。这种事故多发生在运行起重机或旋转起重机与周围固定物之间。事故多数由于空间较小，被伤害者位于司机视野的死角，或是司机缺乏观察而造成的。该类事故预防措施是在起重机与固定物之间要有适当的距离，至少要有 0.5 m 间距，作业时禁止人员通过。

2）吊具、吊装重物与周围固定物、建筑物之间的挤压。该类事故的预防措施是：首先应合理布置场地、堆放重物。货物的堆放应有适当间隙，巨大构件和容易滚动及翻倒的货物要码放合理，便于搬运。其次，应选择适合所吊货物的吊具和索具，合理地捆绑与吊挂，避免在空中旋转或脱落。最后，禁止直接用手拖拉旋转重物，信号指挥人员要按原定的吊装方案指挥。

3）起重机、升降机自身结构之间的挤压事故。该类事故的预防措施是：操纵卷扬机的位置要得当；没有封闭的吊笼，其通道应该封闭，不准过人；通道入口应设防护栏杆；检修接近上极限装置时，要注意防止撞头；底坑工作时，要注意桥箱和配重落下，避免事故发生。

（2）起重作业高处坠落事故的预防

该类事故的预防措施是：在起重操作地点，都必须按规定装设护圈、栏杆，防止人员坠落；桥箱、吊笼运行时，要注意不准超载；制动器和承重构件必须符合安全要求；防坠落装置必须可靠；电器设备要有保险装置，并要定期检查，防止事故发生。

（3）起重机械吊具或吊物失落事故的预防

吊物或吊具失落是起重伤害事故中数量较多的一种。该类事故的预防措施是：首先，提升高度限位器要保证有效，避免过卷扬事故，司机在作业前要检查提升高度限位器是否有效，失效时应不准启动。其次，要注意检查吊钩，是否有磨损或裂纹变形，该报废的不准使用。最后，要检查钢丝绳的状况，每班操作前都必须将钢丝绳从头到尾地细致检查一遍，是否有磨损、断丝、断脱，有无显著变形、扭结、弯折等，不符合的要及时更换。

（4）起重机倾翻、折断事故的预防

倾翻事故多数发生于流动式起重机和沿轨道运行的塔式起重机。该类事故的预防措施是：起重机司机应该严格执行操作规程，防止麻痹大意；塔式起重机除防止超载外，还要注意按要求配重、压重、铺设轨道和安装合格。

折断事故包括结构折断和零部件折断。该类事故的预防措施是：每次使用都要对各主要部件和安全装置进行检查，防止由于机械部件的损坏而发生折断事故。此外，在作业过程中，当风速超过 20 m/s 时，要停止作业。在安装中如果遇到 13 m/s 的风、下雨、下雪等恶劣天气，应停止作业。

（5）起重机械触电事故的预防

起重机发生触电事故比较多。该类事故的预防措施是：在维修作业时，必须停电拉闸，且有人监护；同时，要注意检查起重机的接地电阻和绝缘电阻，保证接地和绝缘良好。

3. 安全管理措施

（1）建立、健全安全责任制

要建立和健全起重机械安全管理岗位责任制，起重机械安全技术档案管理制度，起重机械司机、指挥作业人员、起重司索人员（捆绑吊持人）安全操作规程，起重机械安装、拆除、维修人员安全操作规程，起重机械维修保养制度等，要分工明确，落实责任，奖罚分明。

（2）加强教育培训

按照国家有关技术标准，对起重机械作业人员进行安全技术培训考核，对起重机械司机、指挥作业人员、起重司索人员进行安全技术培训考核，提高他们的安全技术素质，做到持证上岗作业。

（3）实行系统安全管理

起重机械安全管理是一个比较复杂的系统工程，必须对起重机械的设计、制造、安装、使用、维修等进行全过程的管理，做到科学、全面、规范、有序。要努力做到起重机械设计结构是合理的，技术水平是先进的，制造的产品是优质的，使用性能是安全、可靠、舒适的。

（4）强化安全监察力度

安全管理部门要依据国家有关安全法规、标准的规定，加强对起重机械的安全监察。一要对起重机制造厂家的制造资格进行安全认证，对其生产的起重机械产品进行安全质量监督检验，安全质量不合格的起重机械产品不得出厂，把好起重机械产品制造的安全质量关。二要对从事起重机械安装、拆除、维修的企业实行安装、拆除、维修资格的安全质量认证，不具备从事起重机械安装、拆除、维修能力的企业，不得承担起重机械安装、维修业务，把好起重机械安装、拆除、维修的安全质量关。三要把好起重机械安全技术检验关。对新安装的、大修的、改变重要性能的起重机械进行特殊的安全技术检验，经检验合格并发给使用合格证后方准投入运行。对在用的起重机械进行定期（每两年）的常规安全技术检验，未经检验合格的起重机不准继续使用。四要对起重机作业中发生的伤亡事故，按照“四不放过”进行严肃处理。

第五节　压力容器安全

压力容器是指盛装气体或者液体，承受一定压力的密闭设备。储运容器、反应容器、换热容器和分离容器均属于压力容器。为了与一般容器（常压容器）相区别，只有同时满足以下三个条件的容器，才能称为压力容器。

一是工作压力大于或者等于0.1 MPa。工作压力是指压力容器在正常工作情况下，其顶部可能达到的最高压力（表压力）。

二是工作压力与容积的乘积大于或者等于2.5 MPa·L。容积是指压力容器的几何容积。

三是盛装介质为气体、液化气体以及介质最高工作温度高于或者等于其标准沸点的液体。

一、压力容器分类

1. 按压力大小分类

（1）低压（L）容器，0.1 MPa≤p<1.6 MPa。

（2）中压（M）容器，1.6 MPa≤p<10 MPa。

（3）高压（H）容器，10 MPa≤p<100 MPa。

（4）超高压（U）容器，p≥100 MPa。

2. 按生产过程中的作用分类

按生产过程中的作用，压力容器可分为反应压力容器、换热压力容器、分离压力容器和储存压力容器。

3. 按安装方式分类

按安装方式，压力容器可分为固定式压力容器和移动式压力容器。

4. 按安全技术监督和管理分类

为了更有效地实施科学管理和安全监督检查，我国《压力容器安全技术监察规程》中根据工作压力、介质危害性及其在生产中的作用将压力容器分为三类，并对每类的压力容器在设计、制造过程，以及检验项目、内容和方式做出了不同的规定。压力容器已实施进口商品安全质量许可制度，未取得进口安全质量许可证书的商品不准进口。

(1) 第三类压力容器

具有下列情况之一的，为第三类压力容器。

1) 高压容器。

2) 中压容器（仅限毒性程度为极度和高度危害介质）。

3) 中压储存容器（仅限易燃或毒性程度为中度危害介质，且 pV 乘积大于等于 10 MPa·m^3）。

4) 中压反应容器（仅限易燃或毒性程度为中度危害介质，且 pV 乘积大于等于 0.5 MPa·m^3）。

5) 低压容器（仅限毒性程度为极度和高度危害介质，且 pV 乘积大于等于 0.2 MPa·m^3）。

6) 高压、中压管壳式余热锅炉。

7) 中压搪玻璃压力容器。

8) 使用强度级别较高的材料制造的压力容器（指响应标准中抗拉强度规定值下限≥540 MPa）。

9) 移动式压力容器。包括铁路罐车（介质为液化气体、低温液体）、罐式汽车[液化气体运输（半挂）车、低温液体运输（半挂）车、永久气体运输（半挂）车]和罐式集装箱（介质为液化气体、低温液体等）。

10) 球形储罐（容积大于等于 50 m^3）。

11) 低温液体储存容器（容积大于 5 m^3）。

(2) 第二类压力容器

具有下列情况之一的，为第二类压力容器。

1) 中压容器。

2) 低压容器（仅限毒性程度为极度和高度危害介质）。

3) 低压反应容器和低压储存容器（仅限易燃介质或毒性程度为中度危害介质）。

4) 低压管壳式余热锅炉。

5) 低压搪玻璃压力容器。

(3) 第一类压力容器

除上述规定以外的低压容器为第一类压力容器。

由于各国的经济政策、技术政策、工业基础和管理体系的差异，压力容器的分类方法也互不相同。采用国际标准或国外先进标准设计压力容器时，应采用相应的分类方法。

二、压力容器破裂的形式及其预防

一般机件的失效，可以有三种类型，即过量的变形、断裂和表面状态的变化。而作为一种生产工艺设备的压力容器，当然也可能由于产生过量的弹性或塑性变形而失效，但从压力容器危及人身安全方面来看，最主要的是预防它在运行过程中突然破裂。根据压力容器破裂的形式和原因，一般把压力容器的破裂分为韧性破裂（或延性破裂）、脆性断裂、疲劳破裂、腐蚀破裂和蠕变破裂五种形式。

导致压力容器破裂失效的各种因素属于第二类危险源，即导致能量或危险物质约束或限制措施破坏或失效的各种因素。而压力容器内盛装的各种状态下的物质称为第一类危险源，即生产过程中存在的、可能发生意外释放的能量（能源或能量载体）或危险物质。因此，预防压力容器事故的发生就是要控制第一类危险源和第二类危险源。

1. 韧性破裂及其预防

韧性破裂是压力容器在内部压力作用下，器壁上产生的应力达到容器材料的强度极限，从而发生断裂破坏的一种形式。

压力容器通常采用碳钢或低合金钢制造，材料中一般含有脆性夹杂物，容器内的压力使器壁受到拉伸。在拉应力的作用下，器壁产生较大的塑性变形，塑性变形严重的地方，特别是在材料中的夹杂物处首先破裂；或使夹杂物与基体界面分离而形成显微空洞（又称微孔），随着容器内压力的升高，空洞逐渐长大和聚集，其结果便是形成裂纹，乃至最后韧性破裂。压力容器的韧性破裂实际上是材料中显微空洞形成和长大的过程，而且一般是在器壁上发生较大塑性变形之后发生的。

（1）压力容器韧性破裂的原因

1）盛装液化气体介质的容器充装过量。

2）使用中的压力容器超温超压运行。

3）容器壳体选材不当或容器安装不符合安全要求。

4）日常维护保养不当，造成壳体大面积腐蚀变薄。

（2）压力容器韧性破裂的特征

发生韧性破裂的压力容器，从它破裂以后的变形程度、断口形貌和裂开的情况以及爆破压力等方面常常可以看出金属韧性破裂具有的一般特征。

1）破裂容器器壁有明显的伸长变形。金属的韧性破裂是在经过大量的塑性变形后发生的，因此容器具有明显的形状变化。

2）断口呈暗灰色纤维状。碳钢或低合金钢韧性断裂时，由于显微空洞的形成、长大和聚集，最后成为锯齿形的纤维状断口，断口呈暗灰色。

3）容器一般不是碎裂。韧性破裂的容器，因为材料具有较好的塑性和韧性，所以破裂方式一般不是碎裂，即不产生碎片，而只是裂开一个口。

4）容器实际破裂压力接近计算破裂压力。金属的韧性断裂是经过大的塑性变形，而且是外力引起的应力达到断裂强度时发生的，所以，韧性破裂的压力容器器壁上的平均应力是达到或接近材料的抗拉强度的，其实际破裂压力与计算值接近。

（3）韧性破裂的预防

要防止压力容器发生韧性破裂事故，最根本的措施是保证容器在任何情况下由内压在器壁上引起的总体薄膜应力低于器壁材料的屈服极限，并留有适当的安全裕度，因此必须做到以下几点。

1）在设计和制造压力容器时，要选用有足够强度和厚度的材料，以保证压力容器在规定的工作压力下安全使用。

2）压力容器应按核定的工艺参数运行，安全附件应安装齐全、正确，并保证灵敏可靠。

3）使用中加强巡回检查，严格按照工艺参数进行操作，严禁压力容器超温、超压、超负荷运行，防止过量充装。

4）加强维护保养工作，采取有效措施防止腐蚀性介质对压力容器的腐蚀。

2. 脆性破裂及其预防

脆性破裂的压力容器没有明显的塑性变形，破裂时器壁的压力远远低于材料的强度极限，甚至低于材料的屈服极限，这种破坏与脆性材料的破裂很相似，称为脆性破裂。

脆性破裂包括开裂和裂纹扩展两个阶段。开裂是指从已经存在的缺陷处开始发生不稳定的裂纹，一般缺陷处的韧性较差，在开裂时，缺陷尖端处的一小块材料所产生的应变速度与容器的工作载荷速度相同，通常由于石油化学工业所用的低温压力容器所受的是静荷载，则缺陷尖端处的小块材料所产生的应变速度也是静载速度。裂纹扩展是指容器开裂后形成的裂纹不断扩大的过程。脆性破裂的扩展速度非常快（接近于声速 340 m/s），因此，在裂纹扩展过程中，裂纹尖端处材料的应变速度相当于动载的极高速度。当裂纹尖端处材料的应变超过材料的负荷极限时，裂纹便开始迅速扩展，以致造成材料或容器在低应力状态下发生脆性破裂。

（1）容器脆性破裂的原因

脆性破裂都是在较低的应力水平（断裂时的应力一般都低于材料的屈服极限）下发生的。从国内外许多压力容器脆性断裂事故来看，造成脆性断裂的主要因素有两个：一是构件存在缺陷，二是材料的韧性差。而在低温下由于钢对缺口的敏感性增大，更容易发生冷脆，因此，低温也是造成压力容器脆性断裂的一个外在因素。

（2）压力容器脆性破裂的特征

压力容器发生脆性破裂时，在破裂形状、断口形貌等方面都具有一些与韧性破裂正好相反的特征。

1）容器器壁没有明显的伸长变形。脆性破裂的容器一般都没有明显的伸长变形，许多在水压试验时脆裂的容器，其试验压力与容积增量的关系在破裂前基本还是线性关系，即容器的容积变形还是处于弹性状态。

2）裂口齐平，断口呈金属光泽的结晶状。脆性断裂一般是正应力引起的解理断裂，所以裂口齐平，并与主应力方向垂直。容器脆断的纵缝，裂口与器壁表面垂直，环向脆断时，裂口与容器的中心线相垂直。

3）容器常破裂成碎块。由于脆性破裂的容器材料韧性较差，而且脆断的过程又是裂缝迅速扩展的过程，破裂往往都是在一瞬间发生，容器内的压力难以通过一个小裂口释放，所以脆性破裂的容器常裂成碎块，且常有碎片飞出。

4）破裂事故多数在温度较低的情况下发生。由于金属材料的断裂韧性随着温度的降低而下降，脆性断裂一般都发生在温度较低的情况下。

此外，脆性破裂常见于用高强度钢制造的容器。

（3）脆性破裂的预防

防止脆性破裂最基本的措施就是减小或消除构件的缺陷，要求材料具有良好的韧性，符合使用温度的需要。就压力容器来说，主要应该注意以下几个方面。

1）减少容器结构及焊缝的应力集中。裂纹是造成脆性断裂的主要因素，而应力集中往往又是产生裂纹的重要原因。

2）容器材料要具有较好的韧性。材料的韧性差是造成脆性断裂的另一个重要因素，要防止容器的脆性破裂，必须要求制造容器的材料具有较好的韧性。应根据容器的使用条件（主要是使用温度）选用合适的材料，要求选用的材料在使用温度下具有规范规定的韧性指标。

3）消除残余应力。钢构件残余应力的存在也是产生脆性破裂的一个影响因素。所以，消除残余应力也是防止容器发生脆性破裂的一个重要措施。

4）加强对容器的检验。裂纹等缺陷既然是导致脆性破裂的首要因素，因此除了采取积极措施，如减少应力集中、消除残余应力等，以防止产生裂纹外，对已经制成的或在使用的压力容器，加强技术检验，及早发现缺陷，也是防止压力容器发生脆性破裂事故的一项措施。

3. 疲劳破裂及其预防

疲劳破裂是指压力容器在反复加压、泄压过程中，壳体材料长期受到交变载荷作用，由于疲劳而在低应力状态下突然发生的破坏形式。

疲劳破裂按机理分为高应力低循环疲劳（低周疲劳）和低应力高循环疲劳（高周疲劳）。金属材料的疲劳破裂过程基本上分为疲劳裂纹的萌生和疲劳裂纹的扩展两个阶段。

（1）疲劳破裂的原因

压力容器的疲劳破裂，绝大多数属于金属的低周疲劳。低周疲劳的特点是承受较高的交变应力，而应力交变的次数并不需要太高。

1）存在较高的局部应力。这在压力容器的个别部位是可能存在的。在压力容器的接管、开孔、转角以及其他几何形状不连续的地方，在焊缝附近，以及在钢材存有缺陷的区域内，都有程度不同的应力集中，这些部位的应力接近甚至超过材料的屈服极限，具备产生低周疲劳的条件。

2）存在交变载荷。压力容器器壁上的交变应力主要是在以下的情况中产生：间歇操作的容器经常进行反复的加压和卸压；容器在运行过程中压力在较大幅度的范围（如超过20%）内变化和波动；容器的操作温度发生周期性的较大幅度的变化，引起器壁温度应力的反复变化；容器有较大的强迫振动并由此产生较大的局部应力；容器受到周期性的外载荷作用等。

（2）疲劳破裂的特征

1）容器没有明显的变形。压力容器的疲劳破裂也是先在局部应力较高的地方产生微细的裂纹，然后逐步扩展，到最后所剩下的截面积的应力达到材料的断裂强度因而发生开裂。所以，它也和脆性破裂一样，一般没有明显的变形，壁厚也没有明显的减薄。

2）破裂断口存在两个区域。疲劳断裂的断口形貌与脆性破裂有明显区别。疲劳破裂断口一般都存在比较分明的两个区域，一个是疲劳裂纹产生及扩展区，另一个是最后断裂区。

3）压力容器常因开裂泄漏而失效。疲劳破裂的压力容器一般不像脆性破裂那样，常常会产生脆片，而只是开裂一个缝口，使容器泄漏而失效。

4）破裂总是在容器经过反复的加压和卸压以后发生。容器的疲劳破裂是器壁在交变应力作用下，经过裂纹的产生和扩展最后才断裂的，所以，它总是发生在容器反复多次的加压和卸压以后。

(3) 疲劳破裂的预防

要防止压力容器的疲劳破裂事故，除了在运行中尽量避免不必要的频繁加压和卸压、过分的压力波动和悬殊的温度变化等载荷因素外，主要还在于设计容器时采取适当的措施。一方面，尽可能地减小应力集中，使容器器壁的个别部位的局部应力不至于超过材料的屈服极限。另一方面，如果容器上确实难以避免出现较高的局部应力，则应作疲劳分析和疲劳设计。具体措施如下。

1) 压力容器的制造质量应符合要求，避免先天性缺陷，以减小过高的局部应力。

2) 在压力容器安装中应注意防止外来载荷的影响，以减小压力容器本体的交变载荷。

3) 在运行中要注意操作的正确性，尽量减少升压、卸压的次数，操作中要防止温度压力波动过大。

4) 对无法避免外来载荷、无法减少开停次数的压力容器，制造前应作疲劳设计，以保证压力容器不致发生疲劳破裂。

4. 腐蚀破裂及其预防

腐蚀破裂是指压力容器材料在腐蚀性介质作用下，引起容器由厚变薄或材料组织结构改变、力学性能降低，使压力容器承载能力不够而发生的破坏形式。腐蚀破裂的形式大致可分成五类，即均匀腐蚀、点腐蚀、晶间腐蚀、应力腐蚀和疲劳腐蚀。而其中最危险而又较常见的是壳体金属被应力腐蚀破坏而产生的破裂。

压力容器的防腐蚀措施是各式各样的，需要根据不同的设备条件和不同的工作介质采用不同的方法。在压力容器中，通常采用以下几种防腐蚀措施。

(1) 选择合适的抗腐蚀材料

大多数的工作介质对设备材料的腐蚀作用都是有选择性的，即它只能对某一些材料或在某一种操作条件下产生腐蚀。因此，在设计制造压力容器时，可以根据工作介质的腐蚀特点选用合适的抗腐蚀材料。

(2) 使容器壳体与腐蚀性介质隔离

为了避免腐蚀性介质对容器壳体产生腐蚀，可以采用耐腐蚀的材料把工作介质与容器壳体隔离开来。常用的方法是在容器内壁涂上防腐层或内加衬里。

(3) 消除能引起应力腐蚀的因素

在压力容器的各种腐蚀破坏形式中，最危险的是应力腐蚀，而应力腐蚀又往往要在一定的条件下才能产生。因此，可以在容器的设计、制造和使用过程中，采取相应的措施消除可能引起应力腐蚀的各种因素。

5. 蠕变破裂及其预防

在高温下操作的压力容器，壳体会由于长期处在高温的条件下，因应力的作用而产生缓慢而连续的塑性变形，使容器的直径逐步增大，严重时会导致容器破裂。这种由于金属材料的蠕变而造成容器的破裂，称为蠕变破裂。

金属材料在高温下，其组织会发生明显的变化，晶粒长大，珠光体和某些合金成分有球化或团絮状倾向，钢中碳化物还能析出石墨等，有时还可能出现蠕变的晶间开裂或疏松微孔。某些情况下，材料的金相组织发生改变，使韧性下降，严重时在低应力状态下便会发生蠕变破裂。一般材料的蠕变破裂温度为其熔化温度的25%~35%，发生蠕变的温度为300~350 ℃。钛钢及合金钢的蠕变温度通常为400~450 ℃。

（1）蠕变破裂的原因

1）选材不当。例如，由于设计时的疏忽或材料管理的混乱，错用碳钢代替抗蠕变性能较好的合金钢制造高温容器部件。

2）结构不合理，使部件的局部区域产生过热。

3）制造时材料组织改变，抗蠕变性能降低。

4）操作不正常，维护不当，致使容器部件局部过热，也是造成蠕变破裂的一个主要原因。

（2）蠕变破裂的特征

容器部件发生蠕变破裂时，一般都有比较明显的变形。变形量的大小则视材料在高温下的塑性而定。有些材料在常温下进行加载试验时具有良好的塑性，却会在较高的使用温度下变脆，这时，破裂的部件常常没有明显的变形，呈脆性破坏。

（3）蠕变破裂的预防

1）选择满足高温力学性能要求的合金材料制造压力容器。

2）选用结构合理、制造质量符合标准的压力容器。

3）在使用中防止容器局部过热。经常维护保养，清除积垢、结炭，可有效防止容器蠕变破裂事故的发生。

三、压力容器破裂爆炸事故及预防

压力容器内介质发生异常的物理或化学变化使容器内压力急剧升高而超过容器材料的极限承载能力时，将导致容器破裂而爆炸。对于可燃气体，容器爆炸后，在容器外还会形成二次化学爆炸。爆炸破坏的危害极大，不但造成人员中毒和发生火灾，而且爆炸引起的冲击波和爆炸碎片还可能造成对建筑物的破坏和人员伤亡。

1. 压力容器爆炸事故的类型

压力容器爆炸是一种极其迅速的物理和化学的能量释放过程。压力容器破裂时，带压气体突然外泄，气体瞬间膨胀，释放出大量的能量，这就是物理爆炸。如果容器内充装的是可燃的液化气体，在容器破裂后，它立即蒸发并与周围的空气形成可爆性混合气体，遇到明火或容器碎片撞击设备产生火花或高压气流所产生的静电作用，会立即发生化学爆炸，即通常所说的二次爆炸。因此，压力容器破裂时，其爆炸能量不但与它原有的压力和容器的容积有关，而且还与介质特性及其在压力容器内的物理状态有关。

压力容器的气体介质从形态上大致可分为两类，即压缩气体和液化气体。容积与压力相同而形态不同的介质，在容器破裂时的爆炸过程不是完全一样的，释放的能量也有差别。

（1）压缩气体容器爆炸事故

大部分压力容器内的介质都是以气态存在的，即所谓永久气体。永久气体在容器破裂时，不产生物质状态的变化，而仅仅是降压膨胀，这一过程是气体由容器破裂前的压力降至大气压力的简单膨胀过程。这一过程所经历的时间一般都很短，因此，不管容器内的工作介质与周围大气存在多大的温差，都可以认为容器内的气体与大气没有热量交换，即气体的膨胀是在绝热状态下进行的，所以永久气体容器的爆破能量也就是气体绝热膨胀所做之功。

（2）液化气体容器爆炸事故

工作介质为液化气体的压力容器，破裂时的情况与压缩气体的压力容器不尽相同。因为除了其气体部分与压缩气体一样迅速膨胀外，其液体部分也因膨胀降压而急剧蒸发，所以液化气体压力容器破裂时释放的能量更巨大。

当液化气体压力容器破裂时，容器内气体首先迅速膨胀，使容器内的压力瞬间降至大气压力。此时，由于容器内的液体是被液化了的气体（常温常压下），因此，其温度必定高于其在常压（大气压力）下的沸点。液体处于过热状态，气、液两相失去平衡，液体迅速大量蒸发，内部充满气泡，气体体积急剧膨胀，迅速充满整个容器空间，使壳体进一步受到很高压力的冲击，容器的破裂进一步扩大。这种因压力突然下降而使原来处于平衡状态的饱和液体在大气压下过热而迅速沸腾蒸发，体积激烈膨胀而显示出的爆炸现象，称为暴沸或蒸气爆炸。这种现象发生时，延塑性好的材料制成的容器，壳体的整个形状都会发生改变，圆筒体甚至会反向卷曲；延塑性差的材料，破裂面有时会出现受冲击破裂的特征。

（3）可燃气体容器爆炸事故

工作介质为可燃气体的压力容器爆破时，除了容器内气体膨胀释放能量以外，往往还会产生容器外第二次爆炸，放出更大的能量。容器一旦破裂，其内部的可燃气体瞬间大量涌出，并迅速与容器外部的空气混合，很快便形成了一定爆炸浓度的混合气体。由于气体高速流出产生的静电或容器破裂时的碎片撞击设备或其他设施产生火花，混合气体马上发生爆炸，即在压力容器爆破后很快又发生化学性爆炸，这就是通常所说的压力容器的二次爆炸。这两次爆炸是相继产生的，中间间隔的时间很短，难以分辨两次爆炸的声音，通常感觉是一声爆炸后稍拉长的声音的效果。第二次爆炸的能量一般比第一次气体膨胀的能量大得多。

要准确计算这部分爆炸性混合气体发生二次爆炸时的爆炸能量是比较困难的，因为有许多不可确定因素。虽然容器内可燃气体的量是已知的，而且在容器爆炸时几乎全部流出，但是可燃气体流出后一般都是以球状或其他形状的形式在空间扩散，只有外围一部分可燃气体能与大气中的氧充分混合形成爆炸性混合浓度，这种混合浓度以爆破容器破坏部位为中心形成一定的浓度梯度。越靠近爆破容器，混合气中氧含量越低，甚至没有机会与氧混合，故二次爆炸并不是全部外泄的可燃气体都参加了反应，而是参与反应的可燃气体量的多少与许多因素有关。例如，容器周围的气流情况、出现火源的时间及气体爆炸极限范围等因素难以确定，但可以估算其爆炸能量范围，最大爆炸能量是全部可燃气体的燃烧热，最小爆炸能量则是这种可燃气体在它的爆炸上限条件下的燃烧热。

2. 压力容器爆炸的危害

压力容器爆炸的危害有物理危害和化学危害。物理危害是指压力容器爆炸时，其爆破能量产生的冲击波对爆破现场及附近设施所造成的危害。化学危害是指压力容器介质为毒性或可燃介质，容器发生爆破时，除造成物理危害外，由于毒性气体或可燃气体的迅速外泄扩散造成对环境的污染和对人体的毒害，或造成空间爆炸和引发火灾等。因此，压力容器爆炸的危害性是较为严重的。

（1）压力容器爆炸能量造成的破坏作用

冲击波是一种强扰动的传播，或者说是一种介质状态突跃变化的传播，这种突跃变化是介质受到外界作用而产生的。压力容器破裂时，容器内的高压气体大量冲出，使它周围的空气受到冲击而发生扰动，使其压力、密度、温度等产生突跃变化，这种扰动在空气中传播就成为冲击波。空气冲击波中状态突跃变化最明显表现在空气瞬间压力上的变化，在离爆炸中心有一定距离 s 的地方，空气压力会随时间发生迅速变化，开始时压力突然升高，产生很大的压力，接着又迅速衰减。压力传递出去，使正压在极短的时间内迅速降至零且还要降至小于大气压的负压。如此反复循环波动数次，但压力的变化随着时间的推移、次数的增多而变得一次比一次小得多，直至衰减为零。这种压力变化中最大的正压力（开始时产生的）就是冲击波阵面上的超压 Δp。Δp 随着距离 s 的增大而不断衰减，存在着一定的衰减梯度，Δp 越大，其所传播的距离就越远。冲击波的破坏性主要与 Δp 有关。

在爆炸中心附近，空气冲击波的 Δp 可以达到几个甚至十几个大气压，极具破坏力，爆炸中心附近的建筑物、设备、管道等在如此高的压力冲击下，将被摧毁。即使是在一个大气压力以内的冲击波，也具有很大的破坏作用。接近 0.005 MPa 的超压就可以将门窗玻璃破碎。冲击波的超压对建筑物的破坏作用见表 5-2。

表 5-2　　不同超压对建筑物的破坏作用

超压 Δp/MPa	对建筑物的破坏情况
0.005~0.006	门窗玻璃部分破碎
0.006~0.01	受压面的门窗玻璃大部分破碎
0.015~0.02	窗框损坏
0.02~0.03	墙体产生裂缝
0.04~0.05	墙体大裂缝，屋瓦掉落
0.06~0.07	木建筑厂房柱折断，房架松动
0.07~0.10	砖墙倒塌
0.10~0.20	防震钢筋混凝土破坏，小房屋倒塌
0.20~0.30	大型钢架结构破坏

冲击波除破坏建筑物外，它的超压还会直接危害在其波及范围内的人身安全。表 5-3 是空气冲击波对人体的伤害作用。

表 5-3　　空气冲击波对人体的伤害作用

超压 Δp/MPa	对人体的伤害作用
0.02~0.03	轻微损伤
0.03~0.05	听觉器官损伤或骨折
0.05~0.10	内脏严重损伤或死亡
>0.10	大部分人员死亡

空气冲击波对人体的伤害，除波阵面超压外，高速气流的危害也不容忽视，速度高达几十米每秒的气流夹杂着砂石碎片等杂物往往会加重对人体的损害。

冲击波超压与气体爆炸能量有关。爆炸能量越大，冲击波强度越大，波阵面上

的超压 Δp 也越大。但冲击波危害除与超压 Δp 有关外，还与其传播的距离有关。冲击波的强度随着传播距离的增大而逐渐衰减。因为冲击波正压区随着时间的增加而不断变宽，压缩区的空气量不断增大而消耗能量，加之在传播过程中由于阻力而引起的能量的消耗，波的强度就自然会随传播距离的增大而迅速减弱。

此外，压力容器破坏时，其爆炸能量释放的反作用力和零部件、碎片在爆炸能量作用下高速飞出所造成的危害也不容忽视。

（2）毒性介质压力容器破裂所造成的危害

毒性介质压力容器一旦破裂，毒性物质迅速外泄，在空气中扩散造成一定面积的毒害区域，对毒害区域内的人和动植物造成较大的伤害，甚至污染水源。特别是液化气体压力容器，因其所充装的液化气体中有很多是有毒物质，如液氨、液氯、二氧化硫、二氧化氮、氢氰酸等，故容器破裂时，这些液化气体容器中的饱和液体瞬间大量蒸发，生成体积庞大的有毒蒸气，并在空气中迅速扩散。在常温下，大多数液化气体蒸气爆炸生成的蒸气体积约为液体体积的 100~250 倍。这些蒸气生成以后，在周围的大气中很快就形成足以令人死亡或严重中毒的毒气浓度。压力容器中常见有毒气体的危险浓度及其危害见表 5-4。

表 5-4　　有毒气体的危害浓度及其危害

有毒气体名称	吸入 5~10 min 致死浓度/%	吸入 0.5~1 h 致死浓度/%	吸入 0.5~1 h 致重病浓度/%
氨	0.5		
氯	0.09	0.003 5~0.005	0.001 4~0.002 1
二氧化硫	0.05	0.053~0.065	0.015~0.019
硫化氢	0.08~0.1	0.042~0.06	0.036~0.05
二氧化氮	0.05	0.032~0.053	0.011~0.021
氢氰酸	0.027	0.011~0.014	0.01

（3）压力容器事故造成的火灾危害

压力容器发生破裂爆炸等事故时，往往伴随而来的是火灾。因为很多压力容器的介质都是可燃介质，特别是可燃液化气介质的压力容器，这些可燃气大量外泄并与空气混合，除发生前面所介绍的二次爆炸外，还会酿成重大的火灾事故。这些火灾事故造成的危害有时甚至超过容器本体爆炸造成的危害。以可燃液化气体储罐为例，储罐破裂时，虽然只有一部分液体被蒸发生成气体，但由于这部分气体在空气中的爆炸，另一部分未被蒸发而以雾状的液滴散落在空气中的液体也会与周围的空气混合而起火燃烧。所以这种容器一旦破裂，并在器外发生二次爆炸时，器内的全部可燃液化气体几乎是全部烧净的。这些可燃气体爆炸燃烧所放出的热和燃烧后生成的气体（水蒸气、二氧化碳）及空气中的氮气升温膨胀，形成体积巨大的高温燃气团，使周围很大一片地区变成火海，在这一片地区范围内的所有可燃物都将起火燃烧，在此范围内的人员也被烧伤，并随周围可燃物的燃烧，高温气团不断膨胀、扩大，使燃烧范围不断扩大，造成恶性事故。

除了可燃介质压力容器发生事故会引发火灾外，非可燃高温气体介质也会因压力容器事故而引发火灾，但这种火灾往往不是直接火灾而是间接火灾。如外泄的高温气体引燃附近低燃点可燃物或附近易燃介质的设备装置等，而引发火灾。甚至有时连常温带气液介质的压力容器也会引发一些偶然的火灾事故，这也是不可忽视的。

3. 压力容器爆炸的原因

压力容器爆炸主要有以下几方面的原因。

（1）超压超温。

（2）压力容器有先天性缺陷。

（3）未按规定对压力容器进行定期检验和报废。

（4）压力容器内腐蚀和容器外腐蚀。

（5）安全阀卡涩，未按规定进行定期校验，排气量不够。

（6）操作人员违章操作。

（7）压力容器同时进入发生化学反应的物质而引发爆炸。

4. 压力容器爆炸事故的预防

（1）在压力容器设计阶段，要查明所设计容器的性能要求，包括温度、压力、内部介质及其性质、有关的腐蚀问题、负荷性质、适用的规范及标准等，根据容器的性能要求选择合适的材料和规格，并按照国家标准规定进行结构设计。

（2）在压力容器制造阶段，必须加强施工质量监督管理，保证生产出的压力容器质量稳定。压力容器加工质量的好坏是压力容器在使用过程中是否发生爆炸事故的关键因素之一，必须是有资质的单位才能加工压力容器，生产中要加强各个生产环节的管理，确保产品质量。

（3）根据压力容器使用的条件采取相应的安全技术措施，如安装超压泄放装置、安全阀、爆破片等多重安全保险装置，确保压力容器中的压力不超过容器最大许用压力。

（4）在压力容器使用过程中，抓好安全管理。具体措施有：操作人员应持有相应级别的作业证并进行培训考核；制定安全操作规程和安全管理制度；定期检验容器及其安全附件，使其处于良好的工作状态；配备必要的防火、防爆、防毒设施；重视压力容器的技术档案资料管理等。

第六节　机械事故案例

一、常见机械事故

1. 混凝土泵车臂撞击死亡事故

（1）事故经过

2021 年 5 月 9 日 7 时许，根据工作安排，某机械公司工人左某军和王某（有混凝土泵车有效操作证）将混凝土泵车（车牌号：桂 E085××）驾驶至事故工程管理学院中庭，并在现场工人的配合下架设了臂架及支腿。随后工地混凝土浇筑班组王某礼、王某本等工人开始在一层走廊地面进行混凝土浇筑作业。泵车操作员王某负责操作混凝土泵车出浆，王某礼等人负责使用耙子将混凝土浆抹平，王某本则负责使用晃板将混凝土浆压实压平。9 时 30 分左右，一层走廊地面混凝土已浇筑过半，此时王某操作泵车臂欲将其移动至下一个区域，在泵车臂架移动过程中，泵车臂架突然快速下坠，并出现较大幅度上下晃动。正在作业的王某本躲闪不及，被泵车臂架第五节末端两次撞击到背部，失稳倒地。

（2）事故分析

1）王某本安全意识淡薄，作业时走进混凝土泵车臂架晃动危险范围，导致其被臂架末端撞击。

2）因混凝土泵车控制四节臂的油缸平衡阀锁止装置漏油及控制四节臂油缸活塞杆与油缸缸筒处漏油，导致泵车臂架快速下坠并上下晃动，属于臂架液压系统潜在故障引发的工作异常。

（3）事故预防

1）建立健全公司的管理制度，加大监理力度，强化作业现场的安全巡查，及时发现各类生产安全事故隐患并督促施工单位采取切实有效的整改措施落实整改。

2）对混凝土泵车进行检修、改进，加装限制泵车臂架移动的装置，让其在固定的范围内移动，防止此类事故再次发生。

3）施工单位和监理单位严格落实安全生产职责，牵头组织并督促各施工单位开展一次全方位的安全风险排查工作。

4）加强对作业人员的安全教育培训，加强安全监督人员的现场检查，杜绝工人违章作业行为。

5）安全管理部门要进一步加大对市管工程的监管力度，督促企业建立健全自我约束、持续改进的内生机制，采取有针对性的监督措施，有效落实企业主体责任，严防类似事故再次发生。

（4）基于能量释放理论的事故分析

1）两类危险源分析。该泵车臂架位于高处具有势能，有发生意外的可能而释放出能量，故属于第一类危险源。王某操作泵车臂移动至下一区域属于人的失误，致使泵车臂架的状态被改变而导致能量被意外释放，故属于第二类危险源。

2）能量释放理论分析。王某操作混凝土泵车臂移动至下一区域的过程中操作失误，导致泵车臂架快速下坠并出现较大幅度晃动，导致能量释放发生违背人的意愿的意外逸出和释放，导致该事故发生。

2. 缠绕事故

（1）事故经过

2018 年 5 月 9 日 15 时 40 分左右，联碱车间包装工班组长王某组织召开班前会，安排了他自己和黄某等四人当班时要完成 600 包 50 公斤氯化铵的包装任务。15 时 50 分左右，班前会结束后包装工各自到岗位进行准备工作，黄某在 1 号小包装出料口准备小包装袋。16 时左右，黄某在二楼平台上的 2 号刮板机处大喊“停刮板机”，听到喊声后操作工严某立即冲到二楼将刮板机停机。当时黄某的右腿已经被卷入检查孔下方的刮板机链条中，旁边职工发现后立即开展救援，16 时 30 分左右黄某被救下，并送到医院抢救，黄某经医院抢救无效死亡。

（2）事故分析

1）包装工安全意识不强，对作业现场存在的危险因素认识不足，擅自进入刮板机操作区域，右腿不慎被卷入检查孔下方的刮板机链条中。

2）公司安全生产教育培训不到位，未认真开展事故隐患排查治理工作，未能及时发现并消除生产区域的生产安全事故隐患。这是造成事故的主要间接原因。

3）刮板机操作工及包装工班组长未能及时发现和纠正职工的违章作业。

（3）事故预防

1）建立健全安全生产责任制，制定科学合理的岗位操作规程。

2）严格执行国家的安全生产法律法规，进一步健全和完善安全生产规章制度，加大对作业现场的隐患排查治理力度。

3）进一步加强对职工的安全生产教育和培训，不断提高从业人员的安全意识和自我防范意识，提高各级各类管理人员的现场安全监管能力和水平，督促从业人员严格执行本单位安全规章制度和安全操作规程，杜绝各类事故的发生。

（4）基于能量释放理论的事故分析

工作中的刮板机属于第一类危险源，黄某的失误操作属于第二危险源。黄某在工作时右腿不慎被卷入检查孔下方的刮板机链条中，由于对传动装置造成了约束，导致其能量的释放发生违背人的意愿的意外溢出和释放，从而导致小腿被刮板机刮断直接导致事故产生。

二、起重机械事故

1. 钢水包坠落事故

（1）事故经过

某年 4 月 18 日，辽宁铁岭市某公司发生钢水包整体脱落事故，共造成 32 人死亡，6 人轻伤。该事故发生在 4 月 18 日 7 时 45 分左右，装有约 30 t 钢水的钢包在吊运下落至就位处 2~3 m 时，突然滑落，钢水洒出，冲进车间内 5 m 远的一间房屋，造成在屋内正在交接班的 32 人全部死亡，车间内 6 名操作工轻伤。

（2）事故分析

1）直接原因

①电气控制系统故障及设计缺陷导致钢水包失控下坠。起重机电气控制系统在运行过程中，由于下降接触器控制回路的一个联锁常闭辅助触点锈蚀断开，上升、下降接触器均失电，电动机电源被切断，失去电磁转矩，而制动器接触器仍在闭合状态，制动器不抱闸。起升控制屏的线路存在制动器接触器线圈有自保回路的重大缺陷，当上升接触器或者下降接触器接通后，制动器接触器闭合并自保，不再受上述三个接触器的控制，制动器仍维持打开状态，不能自动抱闸，钢水包在自身重力作用下，以失控状态快速下坠。

②制动器制动力矩不足，未能有效阻止钢水包下坠。当主令控制器回零后，由于两台制动器的制动衬垫磨损严重，制动轮表面均有不同程度的磨损，并有明显沟痕，事故单位未对其进行及时更换和调整，致使制动力矩严重不足，未能有效阻止钢水包继续失控下坠。

③班前会地点选择错误导致重大人员伤亡。据调查，班前会地点原本是由立柱和 VD 真空炉平台构成的开放空间，2006 年 11 月在各立柱间砌起砖墙，形成房间，作为临时堆放杂物的工具间。该工具间离铸锭坑仅 7.0 m，长期处于高温钢水危险范围内，没有供人员紧急撤离的通道和出口。北面窗户又被墙外的多个铁柜挡住。

2007 年春节后，各工段逐渐将此工具间作为班前会地点。钢水包倾覆后，正在工具间内开班前会的人员无法及时撤离，导致重大人员伤亡。

2）间接原因

①起重机选型错误。根据《炼钢安全规程》的规定，吊运重罐铁水、钢水或液渣，应使用带有固定龙门钩的铸造起重机。铸造起重机的主起升机构为双驱动力系统，且每套驱动系统有两套制动装置，当一套驱动系统出现故障时，另一套系统可完成一个工作循环。铸造起重机一般有 4 根起升钢丝绳，当任一根钢丝绳断裂时，都能将钢水包安全放下，其安全可靠性要明显高于通用起重机。而事故起重机却是安全可靠性等级较低的通用桥式起重机。

②检测检验机构未正确履行职责。铁岭市特种设备监督检验所的检验人员在炼钢车间主厂房内，按照通用桥式起重机的检验标准，对用于提升钢水包的事故起重机进行了检验，且在图纸资料不全的情况下，仅用一个多小时就完成了全部检测检验工作，并出具检验合格的报告，导致事故起重机在运行条件不符合的情况下运行。

③制造厂家超许可范围生产。事故起重机由某市起重机器修造厂生产，该厂经国家有关部门核准的资质为生产 20 t 及以下通用桥式起重机，不具备生产 80/20 t 通用桥式起重机的资质；事故起重机电气系统设计有缺陷；未向事故单位提供相关技术资料，造成设备运行、维护缺乏依据。

④事故单位建设项目设计不规范。事故单位炼钢项目仅土建厂房委托某冶金设计院设计，其余部分均无正规设计，无法正确进行设备选型。在土建厂房设计委托中提供的依据不正确，如委托资料为 50 t 吊车，实际建设采用 80 t 吊车。

⑤起重机司机缺乏处理突发事件的能力。起重机司机缺乏必要的岗位培训和职业技能训练，对起重机的基本性能缺乏了解，未掌握紧急情况下的处置手段和程序，致使其在发现钢水包的下降速度异常时，将主令控制器回零，未切断起重机电源。

⑥设备日常维护不善。事故单位在没有起重机相关图纸、资料的情况下，由维护工凭经验进行日常设备维护，维护内容和要求均不能满足设备正常运行的需要。如制动器制动衬垫磨损严重，未及时更换；制动器电磁铁拉杆行程不足，未及时调整；制动轮表面磨损严重；主钩卷筒上的钢丝绳绳头固定压板严重松动；控制屏积尘严重，触点锈蚀等。

⑦机构不健全，管理混乱。事故单位未按照《安全生产法》的规定，设置专门的安全管理机构和配备专职安全管理人员。管理制度不健全，现场管理混乱，员工培训不力，起重机司机无证上岗现象严重，员工安全意识薄弱，缺乏处理突发事

件的能力。

⑧生产组织不合理，关键岗位工作时间过长。炼钢车间采用三班两倒工作制，每班工作时间为 12 h，时间过长。

（3）事故预防

1）进一步加强和规范特种设备的设计、制造、安装、使用和检测检验工作，确保特种设备安全可靠运行。

2）重点加强对起重机等关键设备、设施的日常维护与保养，健全维护保养制度，完善维护保养记录，防止设备、设施带病运行。

3）针对冶金生产工艺链长，高温高压、有毒有害因素多的特点，认真开展危险辨识工作，对重大危险源登记建档，加强监控。

4）新建、改建和扩建工程项目要符合国家相关产业政策，建设项目要委托有资质的设计单位进行正规设计，切实把好工艺设计和设备选型关，提高企业本质安全程度。

5）建立健全安全生产责任制和安全管理制度，加强安全管理机构建设和人员培训，加强作业现场的安全管理。

（4）基于能量释放理论的事故分析

位于高位的钢水包属于第一类危险源。下降接触器控制回路的一个联锁常闭辅助触点锈蚀断开，起重机类型使用错误属于第二危险源。起升控制屏的线路存在制动器接触器线圈有自保回路的重大缺陷，当上升接触器或者下降接触器接通后，制动器接触器闭合并自保，不再受三个接触器的控制导致钢水包在自身重力作用下，以失控状态快速下坠，造成能量的释放发生违背人的意愿的意外溢出和释放，从而造成事故发生。

2. 建筑起重伤害事故

（1）事故经过

2019 年 4 月 3 日施工结束后，某建设工程有限公司王某等人开始拆卸搅拌桩机，并将拆卸下来的部件堆放在龙居路站东端头井东侧的施工工地内，拆卸后对部件进行了清泥清洗，4 月 8 日开始对部件进行喷漆保养。

4 月 9 日上午，王某、刘某文、刘某武等 4 人再次进入工地进行桩机部件的喷漆保养作业。当日中午，王某操作工地内停放的挖掘机将原先堆放在地上的斜支撑架北侧一头吊起来，以便对该部件的下方区域进行喷漆保养作业。13 时 45 分左右，起吊斜支撑架的吊装带突然断裂，将正在斜支撑架下方进行喷漆作业的刘某文压在下面，王某、刘某武等 3 人见状后马上合力将刘某文从斜支撑架下拉出来，随后王某跑到工地东侧门口门卫室拨打了 110 和 120，在施救过程中，刘某武脚部磕碰撞击到铁质部件受伤红肿。120 救护车到场后将刘某文、刘某武送到医院救治，刘某文当日因伤重救治无效死亡，刘某武经查脚部未见骨折。

（2）事故分析

1）现场选用的吊装带存在明显的磨损、边缘擦伤、织边割口等损伤，不符合安全使用要求，且在超过吊装带极限工作载荷的条件下将斜支撑架一端较长时间悬吊在半空，致其超载断裂，斜支撑掉落砸压到违章在吊物下方进行喷漆保养作业的刘某文，导致事故发生。

2）某建设工程有限公司对从业人员的安全教育培训不到位，从业人员缺乏必要的安全作业知识和技能；没有安排安全管理人员对维修保养作业进行必要的现场技术指导与安全管控，从业人员违章冒险作业无人制止。

3）中煤某公司向某工程集团有限公司项目部协商暂借场地作为拆卸后搅拌桩机的临时堆放场地后，没有将某建设工程有限公司人员进行维修保养作业的情况向某工程集团有限公司和某工程建设监理有限公司报告，也没有落实必要的安全检查和管理，未能及时发现和制止某建设工程有限公司人员的违章冒险作业行为。

（3）基于能量释放理论的事故分析

吊起的斜支承架属于第一类危险源。吊装带老化和工作人员操作失误属于第二类危险源。起吊斜支撑架的吊装带突然断裂，导致支撑架在自身重力的作用下快速下坠，造成能量的释放发生违背人的意愿的意外溢出和释放，从而造成事故发生。

三、压力容器爆炸事故

1. 液化石油罐车泄漏重大爆炸事故

（1）事故经过

2017 年 6 月 5 日凌晨 1 时左右，某石化有限公司储运部装卸区的一辆液化石油气运输罐车在卸车作业过程中发生液化气泄漏，引起重大爆炸着火事故，造成 10 人死亡，9 人受伤，直接经济损失 4 468 万元。

（2）事故分析

1）事故直接原因是肇事罐车驾驶员长途奔波、连续作业，在午夜进行液化气卸车作业时，没有严格执行卸车规程，出现严重操作失误，致使快接接口与罐车液相卸料管未能可靠连接，在开启罐车液相球阀瞬间发生脱离，造成罐体内液化气大量泄漏。现场人员未能有效处置，泄漏后的液化气急剧气化，迅速扩散，与空气形成爆炸性混合气体达到爆炸极限，遇点火源发生爆炸燃烧。液化气泄漏区域的持续燃烧，先后导致泄漏车辆罐体、装卸区内停放的其他运输车辆罐体发生爆炸。爆炸使车体、罐体分解，罐体残骸等飞溅物击中周边设施、物料管廊、液化气球罐、异辛烷储罐等，致使两个液化气球罐发生泄漏燃烧，两个异辛烷储罐发生燃烧爆炸。

2）某物流有限公司未落实安全生产主体责任

①超许可违规经营。违规将某货物运输有限公司所属 40 辆危化品运输罐车纳入日常管理，成为实际控制单位，安全生产实际管理职责严重缺失。

②日常安全管理混乱。该公司安全检查和隐患排查治理不彻底、不深入，安全教育培训流于形式，从业人员安全意识差，该公司所属驾驶员唐某（肇事罐车驾驶员）装卸操作技能差，实际管理的道路运输车辆违规使用未经批准的停车场。

③疲劳驾驶失管失察。对实际管理的道路运输车辆未进行动态监控，对所属驾驶员唐某驾驶的疲劳驾驶行为未能及时发现和纠正，导致所属驾驶员唐某在长期奔波、连续作业且未得到充分休息的情况下，卸车出现严重操作失误。

④事故应急管理不到位。未按规定制定有针对性的应急处置预案，未定期组织从业人员开展应急救援演练，对驾驶员应急处置教育培训不到位。致使该公司所属驾驶员唐某出现泄漏险情时未采取正确的应急处置措施，直接导致事故发生并造成本人死亡；致使该公司管理的其余 3 名驾驶员在事故现场应急处置能力缺失，出现泄漏险情时未正确处置和及时撤离，造成该 3 名驾驶员全部死亡。

⑤装卸环节安全管理缺失。对装卸安全管理重视程度不够，装卸安全教育培训不到位，未依法配备道路危险货物运输装卸管理人员，肇事罐车卸载过程中无装卸管理人员现场指挥或监控。

3）某石化有限公司未落实安全生产主体责任

①安全生产风险分级管控和隐患排查治理主体责任不落实。企业安全生产意识淡薄，对安全生产工作不重视。未依法落实安全生产物质资金、安全管理、应急救援等保障责任，安全生产责任落实流于形式；未认真落实安全生产风险分级管控和隐患排查治理工作，对企业存在的安全风险特别是卸车区叠加风险辨识、评估不全面，风险管控措施不落实；从业人员素质低，化工专业技能不足，安全管理水平低，安全管理能力不能适应高危行业需要。

②特种设备安全管理混乱。企业未依法取得移动式压力容器充装资质和工业产品生产许可资质，违法违规生产经营。储运区压力容器、压力管道等特种设备管理和操作人员不具备相应资格和能力，32 人中仅有 3 人取得特种设备作业人员资格

证，不能满足正常操作需要；事发当班操作工韩某未取得相关资质，无证上岗，不具备相应特种设备安全技术知识和操作技能，未能及时发现和纠正司机的误操作行为。特种设备充装质量保证体系不健全，特种设备维护保养、检验检测不及时；未严格执行安全技术操作规程，卸载前未停车静置 10 分钟，对快装接口与罐车液相卸料管连接可靠性检查不到位，对流体装卸臂快装接口定位锁止部件经常性损坏更换维护不及时。

③危化品装卸管理不到位。连续 24 小时组织作业，10 余辆罐车同时进入装卸现场，超负荷进行装卸作业，装卸区安全风险偏高，且未采取有效的管控措施；液化气装卸操作规程不完善，液化气卸载过程中没有具备资格的装卸管理人员现场指挥或监控。

④工程项目违法建设。该公司一期 8 万吨/年液化气深加工建设项目、二期 20 万吨/年液化气深加工建设项目和三期 4 万吨/年废酸回收建设项目在未取得规划许可、消防设计审核、环境影响评价审批、建筑工程施工许可等必要的项目审批手续之前，擅自开工建设并使用非法施工队伍，未批先建，逃避行政监管。

⑤事故应急管理不到位。未依法建立专门应急救援组织，应急装备、器材和物资配备不足，预案编制不规范，针对性和实用性差，未根据装卸区风险特点开展应急演练，应急教育培训不到位，实战处置能力不高。出现泄漏险情时，现场人员未能及时关闭泄漏罐车紧急切断阀和球阀，未及时组织人员撤离，致使泄漏持续 2 分多钟直至遇到点火源发生爆燃，造成重大人员伤亡。

（3）事故预防

1）进一步强化生产红线意识，有关部门要深刻吸取事故教训，认真贯彻落实国家颁布的关于安全生产工作的一系列法律规范，牢固树立科学发展、安全发展理念。

2）加快推进风险分级管控和隐患排查治理体系建设。危险化学品企业要切实履行安全生产主体责任，强化风险管控的理念，牢固树立风险意识。组织广大职工全面排查、辨识、评估安全风险，落实风险管控责任，采取有效措施控制重大安全风险，对风险点实施标准化管控；健全完善隐患排查机制，对隐患排查治理实施闭环管理；严格落实化工企业安全承诺公告制度，对当日重点生产储存装置设施和主要作业活动的安全风险、运行和安全可控状态，层层进行承诺公告。

3）进一步加强危险化学品装卸环节的安全管理。危险化学品生产、经营、运输企业要建立并执行发货和装载查验、登记、核准制度，按照强制性标准进行装载作业。

4）进一步强化企业应急培训演练。有关化工和危险化学品企业以及危险货物运输企业要针对本企业存在的安全风险，有针对性地完善应急预案，强化人员应急培训演练，尤其是加强事故前期应急处置能力培训，配齐相关应急装备物资，提高企业应对突发事件特别是初期应急处置能力，有效防止事故后果升级扩大。要准确评估和科学防控应急处置过程中的安全风险，坚持科学施救，当可能出现威胁应急救援人员生命安全的情况时，及时组织撤离，避免发生次生事故。有关部门要将企业应急处置能力作为执法检查重点内容，督促企业主动加强应急管理。

5）积极推进危险化学品安全综合治理工作。危险化学品易燃易爆、有毒有害，危险化学品重大危险源特别是罐区储存量大，一旦发生事故，影响范围广，救援难度大，易产生重大社会影响，后果十分严重。各级政府要进一步提高对危险化学品安全生产工作重要性的认识，积极推进危险化学品安全综合治理工作，加强组织领导协调，加快推进风险全面排查管控工作，突出企业主体责任落实，推动政府及部门监管责任落实，确保不走过场、取得实效。

（4）基于能量释放理论的事故分析

液化石油气运输罐车和液化气球罐、异辛烷储罐等属于第一类危险源。驾驶员疲劳驾驶导致的失误操作以及工作人员对泄漏处理的不及时属于第二类危险源。由于操作人员没有严格执行卸车规程，出现严重操作失误，致使快接接口与罐车液相卸料管未能可靠连接，在开启罐车液相球阀瞬间发生脱离，造成罐体内液化气大量泄漏。现场人员未能有效处置，泄漏后的液化气急剧气化，迅速扩散，与空气形成爆炸性混合气体达到爆炸极限，遇点火源发生爆炸燃烧。爆炸造成能量的释放而发生违背人的意愿的意外溢出和释放，从而造成事故发生。

2. 蒸压釜容器爆炸事故

2020 年 7 月 14 日 14 时 20 分，某建材有限责任公司（以下简称某公司）在生产中使用蒸压釜时，发生容器爆炸事故，造成 1 人死亡，5 人受伤，直接经济损失 215.98 万元。

（1）事故经过

2020 年 7 月 14 日，某公司蒸压釜主班操作工张某和副班操作工吕某将切割好的砖坯送入 2#蒸压釜，准备进行烘干操作。两人将砖坯送入釜内以后，张某抵住釜门，吕某用摇杆手动锁门，于 11 时 20 分完成锁门。张某随即通蒸气对砖坯加热烘干，12 时左右停止加热，排冷水蒸气约 2~3 分钟。12 时 40 分张某再次通蒸气开始升温，根据压力表记录显示压力为 0.55 MPa。14 时，蒸压釜达到恒温状态，根据压力表记录显示压力为 0.63 MPa。14 时 16 分，蒸压釜发生容器爆炸事故，蒸压釜釜门被压力冲开，打翻现场的两台龙门吊后停在离爆炸点约 50 m 的东北方向，釜体则被反作用力冲至离爆炸点约 78 m 的西南方向。在 2#釜门前的小型货车上装载灰砂砖（货车距离釜门 13.3 m）的赵某被飞出的釜门和气浪共同作用冲至离爆炸点约 50 m 处食堂墙边，某公司第一时间通知医院，医护人员 14 时 50 分左右到达现场后立即对赵某进行了检查，经现场诊断，医生宣布赵某已经死亡。

（2）事故分析

1）某公司员工张某和吕某未取得特种设备人员操作证，未掌握快开门式压力容器操作相应的基础知识、安全使用操作知识和法规标准知识，不具备相应的实际操作技能，凭经验手动关闭 2#蒸压釜釜门后，开始通蒸气进行蒸氧，导致蒸压釜釜门处于未锁闭状态，釜内压力逐步升高后发生容器爆炸事故。

2）某公司安全生产主体责任未落实，未建立安全生产责任制，安全管理制度和安全操作规程不完善，未建立蒸压釜操作规程，安排无资质人员从事特种设备作业，未按规定对从业人员进行安全生产教育和培训，未设置专职或兼职安全管理人员。

3）特种设备行业主管单位未严格督促企业落实特种设备安全主体责任。

4）属地政府未全面落实属地管理责任，监督指导辖区内安全生产工作不到位。

（3）事故预防

蒸压釜是一种大型压力容器，在很多企业生产中应用广泛。同时，蒸压釜也是一个比较危险的设备，如果使用和保养不当，就会有爆炸的危险，所以，蒸压釜的安全运行至关重要。为了避免蒸压釜受损带来的经济损失和人身伤害，在使用蒸压釜的过程中要注意以下几点。

1）严禁超温超压力运行。蒸压釜是以一定压力的饱和蒸气为工作介质的大容积受压容器，因此釜的工作压力等技术参数也是确定的，在使用时盲目提高工作压力是十分危险的行为。

2）严禁蒸压釜筒体产生机械损伤。蒸压釜之所以能承受一定的压力，是它的筒体有规定的壁厚，当筒体损伤到不能承受工作压力时，就会发生爆炸。

3）保持釜内底部干燥洁净。由于蒸压釜是以一定压力饱和蒸气为载热载湿介质，产生的冷凝水会使釜产生腐蚀，另外冷凝水的存在还会使蒸压釜内产生温度差，从而使釜壁产生巨大的应力。

4）釜筒体保温一定要符合要求。当蒸压釜安装合格后，釜筒体外壁必须用保温材料进行绝热，防止温度散失和釜体的腐蚀。

5）定期检验，及时维修。由于蒸压釜在运行过程中经常伴有温度、压力急剧升降变化，其工作条件十分恶劣，所以必须定期检验维修。

（4）基于能量释放理论的事故分析

蒸压釜属于第一危险源。工作人员凭经验手动关闭2#蒸压釜釜门后，导致蒸压釜釜门处于未锁死状态属于第二类危险源。由于工作人员操作失误导致蒸压釜釜门处于锁死状态，随着釜内压力的增加，致使蒸压釜釜门被压力冲开发生爆炸，造成能量的释放而发生违背人的意愿的意外溢出和释放，从而造成事故发生。

本 章 小 结

本章在介绍机械能的基础上，分析了机械能意外释放的原因及其危险性；介绍了机械安全基础知识及机械产品的分类，对机械伤害及其原因进行了分析；对机械的安全设计进行了讨论，介绍了机械设备本质安全设计的概念、机械设备可靠性设计、机械设备安全控制系统设计、机械设备安全说明和安全标志的基本知识；对起重机械事故的预防进行了探讨，主要介绍了起重机械事故的类型、事故特点、事故预防措施；对压力容器事故的预防进行了讨论，分析了压力容器爆炸的原因、类型、事故危害，提出了压力容器不同破坏形式的预防措施；对几类典型的机械事故案例进行了分析。

复习思考题

1. 机械能意外释放的类型有哪些？
2. 机械事故主要有哪几种类型？
3. 机械设备的安全防护装置主要有哪几种类型？
4. 简述机械设备的安全技术。
5. 机械伤害事故发生的原因主要有哪几种？
6. 起重机械事故主要有哪几种类型？
7. 简述压力容器爆炸的危害。
8. 简述压力容器破坏的类型及预防。
9. 什么是高压容器的一次爆炸和二次爆炸？

第六章　电气安全工程

本章学习目标

1. 了解自然界及生产过程中的电现象、电气安全技术的概况、电气事故的类型、绝缘防护的基本知识、防止触电的基本方法、静电的特性和危害、雷电的基本参数、雷电的种类与危害。

2. 掌握电气安全的屏障防护和间距防护、电气设备和设施的保护接地与保护接零、安全供电技术、电气防火防爆措施、消除静电的基本途径、防雷分类及装置、基本的防雷技术。

第一节　电能及电能释放的危险性

一、电能的基本知识

电能是一种重要的能源，可以发光、发热、产生动力等，被广泛应用在动力、照明、冶金、化学、纺织、通信、广播等各个领域，是科学技术发展、国民经济飞跃的主要动力。但是使用不当就会酿成灾祸。电能是表示电流做多少功的物理量，指电以各种形式做功的能力。电能分为直流电能、交流电能，这两种电能均可相互转换。

人类使用的电能主要来自其他形式能量的转换，包括水能（水力发电）、内能（俗称热能、火力发电）、原子能（原子能发电）、风能（风力发电）、化学能（电池）及光能（光电池、太阳能电池等）等。电能也可转换成其他形式的能量。它可以有线或无线的形式进行远距离传输。

电的发现和应用极大地节省了人类的体力劳动和脑力劳动，使人类的力量长上了翅膀，使人类的信息触角不断延伸。电对人类生活的影响有两方面：能量的获取、转化和传输，电子信息技术的基础。

二、电能意外释放的危险

电的发现和应用在给人类带来巨大利益和便利的同时，也给人类带来无数血的教训。电能只有在人们的有效控制下，才能为人们服务。否则，电能失去控制，就会造成因电能意外释放而产生的各种电能伤害。

因此，在日常生产和生活过程中，在电能使用的同时，也存在着电能意外释放的各种危险。

1. 电能的意外释放

电能的应用是从电力生产开始，通过变换、传输到用电设备，完成某一做功目的而结束。这里只讨论电能以有线的方式进行传输的过程（无线传输将涉及电磁辐射及危害问题），在这一过程中，根据使用的目的，通过相关的控制手段，电流沿着特定的路线流动，最终通过用电设备而实现某一生产目的。

如果流动中，因流动路线的问题、控制问题、用电设备问题、人为因素等，而使电流未按规定的程序流动，这就是电能的意外释放。电能的意外释放是造成电气安全事故的本质原因，电能意外释放的危险与电能在不同的流动环节密切相关。

电能的意外释放的原因主要有以下几个方面。

（1）线路及用电设备自身的绝缘问题等，不能满足电流流动的安全需求。

（2）线路的短路，包括人体直接接触的短路。

（3）控制系统故障。

（4）接触不良。

（5）屏护失效，包括屏障防护失效、安全防护间距不足、接地保护失效等。

（6）过负荷运行。

（7）电气工具存在的问题。

（8）工作环境问题。

（9）电气安全管理等问题。

2. 造成的危险

电能的意外释放将会造成各种危险，给安全生产带来严重的威胁。其主要危险表现在以下几个方面。

（1）电能直接流向人体，造成人员的触电危险（一次危险）。

（2）电能的意外释放，可形成电火花、电晕等现象，造成绝缘损坏、粉尘集聚、电阻增加等，造成设备损坏的危险（一次危险）。

（3）安全控制系统对电的使用有相当高的要求，如果电能的变化影响安全控制系统的正常工作，可造成安全控制系统的危险（一次危险）。

（4）短路、接触不良等都会产生电火花，有引发火灾的危险（二次危险）。

（5）在有爆炸性气体形成的爆炸环境中，电能的意外释放可引发爆炸的危险（二次危险）。

（6）引发其他的危险（二次危险）。

第二节 电气事故的预防

一、供电系统事故及其原因

1. 电气事故的类型

在企业生产中发生的电气事故，可以归纳为以下三种类型。

（1）由于电气设备或电气线路的故障及损坏造成停电而导致的停产事故。

（2）人身触电的伤亡事故。

（3）由于电气原因引起的火灾爆炸事故。

2. 造成电气事故的主要原因

（1）生产管理混乱，企业停送电权限没有归口统一管理，工作票签发不严格，造成工厂的误停电或误送电，导致停工、停产或人员伤亡。

（2）电气工作人员玩忽职守，不按工作票要求操作或不开工作票盲目操作，造成停电、崩烧或人员伤亡。

（3）供电系统的继电保护不完善，定值不配套或定试不严格，发生开关误动或拒动，造成停电或扩大事故范围。

（4）设备维修不当，不按期进行检修，电气设备绝缘水平下降，设备接地不良或外壳带电，从而发生设备损坏、火灾或人员伤亡。

（5）违章作业，在带电的电气设备上违规作业，造成电气设备短路崩烧、人员触电等事故。

（6）对小动物防范不力，变电所、配电室有小动物进入的通道，当小动物跳上电气设备的裸露部分时，造成短路崩烧，以致大面积停电。

（7）在易燃易爆场所使用的电气设备，由于选用不当或检修时防爆面破坏等原因，在设备内部发生故障，引起周围易燃易爆物质的燃烧或爆炸。

（8）化工、塑料、化纤、合成橡胶等合成材料的生产过程中产生的静电火花引起火灾和爆炸，有时静电也直接危及人身安全。

二、安全供电

从电气安全事故分析可以知道，很多电气事故在现有的条件下是可以避免的。为了避免电气事故，必须做好电气安全管理工作，采取相应的措施，其中包括管理措施和技术措施。

1. 电气安全的管理措施

（1）建立电气副总工程师负责制的电气安全管理体系

为保证企业的电气安全，企业应设置一名电气副总工程师（或副总动力师），负责企业全面电气管理工作，对企业供电可靠性、电气设备使用安全和更新改造等一系列重大问题进行决策，对企业电气管理的归口部门进行电气安全工作的指导。

（2）建立健全规章制度

应坚持化工企业长期推广且行之有效的“三三、二五制”，即三图（操作系统模拟图、设备状况指示图、二次接线图）；三票（运行操作票、检修工作票、临时用电票）；三定（定期检修、定期清扫、定期试验）；五规程（运行规程、检修规程、试验规程、事故处理规程、安全工作规程）；五记录（运行记录、检修记录、试验记录、事故记录、设备缺陷记录）。

（3）制订安全措施计划

应根据本部门的具体情况制订安全措施计划，使电气安全工作有计划进行，不断提高电气安全水平。

（4）安全检查

应坚持定期进行群众性的电气安全检查，发现问题及时解决。特别是应该注意雨季前和雨季中的电气安全检查。检查内容包括电气设备的绝缘有无损坏，绝缘电阻是否合格，设备裸露部分是否有防护，保护接零或保护接地是否正确、可靠，保护装置是否合乎要求，手提行灯和局部明灯电压是否是安全电压或是否采取了其他安全措施，安全用具和电气灭火器材是否齐全，电气设备安装是否合格，安装位置是否合理，有静电产生的工艺过程是否采取了防静电措施，制度是否健全等。

（5）教育和培训

安全教育和培训主要是为了使工作人员懂得电的基本知识，认识安全用电的重要性，掌握安全用电的基本方法，从而能安全、有效地进行工作。

独立工作的电工，应该懂得电气装置在安装、使用、维护、检修过程中的安全要求，应熟知电工安全操作规程，学会扑灭电气火灾的方法，掌握触电急救的技能。必须通过考试，取得岗位合格证方能上岗。

对一般职工来说，应要求其懂得电和安全用电的一般知识，对使用电气设备的生产工人还应要求其懂得有关安全规程。

（6）组织事故分析

一旦发生电气事故，应组织有关人员对事故进行分析，找出发生事故的原因和防止事故再次发生的对策，从中吸取教训。

2. 电气安全的技术措施

电气安全的技术措施应满足一般安全用电的技术要求，主要包括以下几个方面。

（1）绝缘

用绝缘材料防止触及带电体。

（2）屏蔽

用屏障或围栏防止触及带电体。

（3）障碍

设置障碍防止无意触及或接近带电体。

（4）间隔

保持间隔防止无意触及带电体。

（5）安全电压

根据场所特点，采用相应等级的安全电压。

（6）自动断开电源

根据电网运行方式和安全需要，采用可靠的自动化元件和连接方法，发生故障时能在规定时间内自动断开电源。

（7）电气隔离

采用隔离变压器，以实现电气隔离，防止带电导体裸露时造成电击。

3. 电气作业的安全技术措施

电气作业的安全技术措施主要有以下几个方面。

（1）停电

1）进行检修的设备。

2）工作人员正常活动范围与带电设备的安全距离小于表 6-1 中规定的设备。

表 6-1　　工作人员正常活动范围与带电设备的安全距离

电压（kV）		≤10	20~35	60~110
安全距离（m）	无遮拦	0.7	1.00	1.50
	有遮拦	0.35	0.60	1.50

3）设备带电部分在工作人员后面或两侧无可靠安全措施的设备。

（2）验电

在检修电气设备时一般要验电，以防发生带电装设接地线或带电合闸等恶性事故。验电时必须使用与电压等级适合而且合格的验电器。验电前，应先在有电设备上进行试验以确定验电器良好。验电时，应在检修设备进、出两侧各相分别验电。如果在木杆、木梯或木构架上验电时，不接接地线验电器就不能指示时，可在验电器上加接接地线，但必须经值班负责人许可。

高压验电时，必须戴绝缘手套。若因电压高又没有专用验电器，可用绝缘棒代替，依据绝缘棒有无火花和放电声来判断是否有电。

验电部位应符合表 6-2 的要求。

表 6-2　　对验电部位的要求

工作场所	验电部位
电气设备	电源侧、负荷侧的各相分别验电
线路	逐相进行验电
母联断路器或隔离开关	在两侧各相上分别验电
同杆架设的多层电力线路	先验低压，后验高压；先验下层，后验上层

（3）装设接地线

装设接地线的目的，一方面是防止工作地点突然来电，另一方面可以消除停电设备或线路上的静电感应电压和驱放停电设备上的剩余电荷，以保证工作人员的安全。

接地线应设置在停电设备有可能来电的部位和停电设备或线路上有可能产生感应电压的部位。装设接地线的方法如下。

1）装、拆接地线均应使用绝缘棒或戴绝缘手套。

2）接地线应采用多股裸铜线，其截面应依据短路电流热稳定性的要求来确定，但不得小于 25 mm^2。接地线必须采用专用线夹固定在导体上，严禁采用缠绕方式；带有电容的设备或电缆线路，应先放电，然后装设接地线。

3）装设接地线应由两人进行。用接地隔离开关接地，也必须有监护人在场。

4）装设接地线必须先接接地端，后接导体端，连接接触要良好，拆接地线的顺序则与上述相反。

5）检修部分若分为几段，并在电气上不相连接，则各段应分别验电和装设接地线。当检修母线时，应根据母线的长短和有无感应电压等实际情况确定接地线的数量。

6）杆塔无接地引下线时，可采用临时接地棒，接地棒在地下面的深度不得小于 0.6 m。

（4）悬挂标示牌和装设遮拦

为了防止工作人员走错场所，误合断路器及隔离开关而造成事故，应在下列场所悬挂相应的标示牌及装设遮拦。

1）在一经合闸即可送电到工作地点的断路器和隔离开关操作把手上，均应悬挂“禁止合闸，有人工作！”的标示牌。

2）若线路上有人工作，应在线路断路器和隔离开关操作把手上悬挂“禁止合闸，有人工作！”的标示牌。

3）在部分停电设备上工作时，如停电设备与未停电设备之间的距离小于安全距离，应装设临时遮拦。临时遮拦与带电部分的距离不得小于规定的数值。在临时遮拦上悬挂“止步，高压危险！”的标示牌。

4）在工作地点处，应悬挂“在此工作！”的标示牌。

5）在工作人员上下用梯子上，应悬挂“从此上下”的标示牌。

6）在邻近其他可能误登的架构上，应悬挂“禁止攀登，高压危险！”的标示牌。

三、防止触电

1. 直接接触触电的防护措施

（1）绝缘防护

将带电体进行绝缘，以防止与带电部分有任何接触的可能。被绝缘的设备必须符合国家现行的绝缘标准。

（2）屏护防护

采用遮拦和外护物以防止人员触及带电部分，遮拦和外护物在技术上必须遵照有关规定进行设置。

（3）障碍防护

采用阻挡物进行保护。对于设置的障碍必须防止两种情况的发生：一是身体无意识地接近带电部分；二是在正常工作中，无意识地触及运行中的带电设备。

（4）保证安全距离的防护

为了防止人和其他物体触及或接近电气设备而造成事故，要求带电体与地面之间、带电体与其他设施之间、带电体与带电体之间，都必须保持一定的安全距离。凡能同时触及不同电位两部位之间的距离，严禁在伸臂范围以内。在计算伸臂范围时，必须将手持较大尺寸的导电物体考虑在内。

（5）采用漏电保护装置

这是一种后备保护措施，可与其他措施同时使用。在其他保护措施一旦失效或者使用者不小心的情况下，漏电保护装置会自动切断供电电源，从而保证工作人员的安全。

2. 间接接触与直接接触兼顾的防护措施

通常采用安全超低压的防护方法，其通用条件是供电电压值的上限不超过 50 V（有效值），在使用中应根据用电场所的特点，采用相应等级的安全电压。一般条件下，采用超低电压供电，就可以认为间接接触触电和直接接触触电的防护都有了保证。

3. 间接接触触电的防护措施

（1）采用自动切断供电电源的保护，并辅以总电位连接

自动切断供电电源的保护是根据低压配电网的运行方式和安全需要，采用适当的自动化元件和连接方法，使得发生故障时能够在预期时间内自动切断供电电源，以防止接触电压的危害。通常采用过电流保护（包括接零保护）、漏电保护、故障电压保护（包括接地保护）、绝缘监视器等防护措施。

为了防止上述保护失灵，可辅以总电位连接，可大幅度降低接地故障时人所遭受的接触电压。

（2）采用双重绝缘或加强绝缘的电气设备

Ⅱ类电工产品具有双重绝缘或加强绝缘的功能，因此采用Ⅱ类低压电气设备可以起到防止间接触电的作用，而且不需要采用保护接地措施。

（3）将有触电危险的场所绝缘，以构成不导电环境

这种措施是当设备工作绝缘损坏时可以防止人体同时触及不同电位的两点。电气设备所处使用环境的墙和地板是绝缘体，当发生设备绝缘损坏时，若出现不同电

位两点之间的距离超过 2 m，即可满足这种保护条件。

（4）采用不接地的局部等电位连接的保护

对于无法或不需要采取自动切断供电电源防护的装置中的某些部分，可以将所有可能同时触及的外露可导电部分以及装置外的可导电部分，用等电位连接线相互连接起来，从而形成一个不接地的局部电位环境。

（5）采用电气隔离

采用隔离变压器或有同等隔离能力的发电机供电，以实现电气隔离，防止裸露导体故障带电时造成电击。被迫隔离的回路电压不应超过 500 V，其带电部分不能同其他电气回路或大地相连，以保持隔离要求。

四、防止电气火灾和爆炸

在火灾和爆炸事故中，电气火灾爆炸事故占有很大的比例。据统计，由于电气原因所引起的火灾，仅次于明火所引起的火灾，在整个火灾事故中居第二位。发生电气火灾及爆炸事故，要具有两个必要条件：一是释放源，即可释放出爆炸性气体、粉尘及可燃物质的场所；二是由于电气原因产生的引燃源。在化工生产、储存和运输过程中，极易形成易燃易爆的环境，因此，在化工设计、生产中，根据危险场所的等级，正确选择防爆电气设备的类型，保证其安全运行，对预防电气火灾及爆炸事故极为重要。

1. 电气火灾和爆炸原因

（1）易燃易爆物质和环境

在生产和生活场所中，广泛存在着易燃易爆易挥发物质，化工企业存在的天然气、煤炭、各种化工原料、中间体、产品等物料以及泄漏在仓库、生产场所的挥发物质、粉尘等形成了爆炸性混合物。在办公、生活场所乱堆乱放的杂物，木结构房屋明设的电气线路等，也都形成了易燃易爆环境。

电气设备本身除多油断路器、电力变压器、电力电容器、充油套管等充油设备可能爆裂外，一般不会出现爆炸事故。以下情况可能引起空间爆炸。

1）周围空间有爆炸性混合物，在危险温度或电火花作用下引起空间爆炸。

2）充油设备的绝缘油在电弧作用下分解和汽化，喷出大量油雾和可燃气体，引起空间爆炸。

3）发电机氢冷却装置漏气、酸性蓄电池排出氢气等，形成爆炸性混合物，引起空间爆炸。

（2）引燃源

在生产场所的动力、照明、控制、保护、测量等系统和生活场所中的各种电气设备和线路，在正常工作或事故中常常会产生危险的高温或电弧、火花而成为引燃源。

1）危险温度。电气线路或电气设备过热可能导致产生危险温度，成为引燃源。常见过热原因有短路、线路或设备长时间过载、接触不良、电气设备铁芯过热和散热不良等。

2）电火花。电火花温度很高，能量集中释放，不仅能引起绝缘物质的燃烧，甚至还可能使导体金属熔化、飞溅，是很危险的引燃源。常见电火花有工作火花、电气设备事故火花、雷电火花、静电火花、电磁感应火花等。

如果在生产或生活场所中存在着易燃易爆物质，当空气中的含量超过其危险浓度时，在电气设备和线路正常或事故状态下产生的火花、电弧或在危险高温的作用下，就会造成电气火灾和爆炸。电气火灾和爆炸原因分析，为采取有效措施减小电气火灾和爆炸事故发生的概率提供了依据。

除上述外，电动机转子和定子发生摩擦（扫膛）或风扇与其他部件相碰也会产生火花，这是由碰撞引起的机械性质的火花。

还应当指出，灯泡破碎时 2 000~3 000 ℃的灯丝有类似火花的危险作用。

就电气设备着火而言，外界热源也可能引起火灾。如变压器周围堆积杂物、油污，并由外界火源引燃，可能导致变压器喷油燃烧甚至发生爆炸事故。

2. 电气防火防爆措施

电气防火防爆措施是综合性的措施，包括选用合理的电气设备，保持必要的防火间距，电气设备正常运行并有良好的通风，采用耐火设施，有完善的继电保护装置等。

（1）正确选用电气设备

1）选用电气设备的基本原则

①根据爆炸危险区域的分区、电气设备的种类和防爆结构的要求，应选择相应的电气设备。

②选用的防爆电气设备的级别和组别，不应低于该爆炸性气体环境内爆炸性气体混合物的级别和组别。当存在由两种以上可燃性物质形成的爆炸性气体混合物时，应按危险程度较高的级别和组别选用防爆电气设备。

③爆炸危险区域内的电气设备，应符合周围环境内化学的、机械的、热的、霉菌以及风沙等不同环境条件对电气设备的要求。电气设备结构应满足电气设备在规定的运行条件下不降低防爆性能的要求。

④可燃性物质的引燃温度。

⑤可燃性粉尘云、可燃性粉尘层的最低引燃温度。

2）防爆电气设备类型及其结构性能

①隔爆型（d）。是指把能点燃爆炸性混合物的部件封闭在一个外壳内，该外壳能承受内部爆炸性混合物的爆炸压力并阻止向周围的爆炸性混合物传爆的电气设备。设备外壳一般用钢板、铸钢、铝合金、灰铸铁等材料制成，一般能承受0.78～0.98 MPa的内部压力而不损坏。

②增安型（e）。是指在正常运行条件下，不会产生点燃爆炸性混合物的火花或危险温度，并在结构上采取措施，提高其安全程度，以避免在正常和规定过载条件下出现点燃现象的电气设备。

③本质安全型（i）。是指在正常运行或在标准实验条件下所产生的火花或热效应均不能点燃爆炸性混合物的电气设备。按其安全程度分成ia和ib两级。前者是在正常工作中出现一个故障或两个故障时均不能点燃爆炸性气体混合物的电气设备，可用于0级区域；后者是在正常工作和一个故障时不能点燃爆炸性气体混合物的电气设备。

④正压型（p）。是指具有保护外壳，且壳内充有保护气体，其压力保持高于周围爆炸性混合物气体的压力，以避免外部爆炸性混合物进入外壳内部的电气设备。按其充气结构可分为通风、充气、气密三种形式。保护气体可以是空气、氮气或其他非可燃性气体，其外壳内不得有影响安全的通风死角。正常时，其出风口处风压或充气气压不得小于200 Pa。

⑤充油型（o）。是指全部或某些带电部件浸在绝缘油中，使之不能点燃油面以上或外壳周围的爆炸性混合物的电气设备。其外壳上应有排气孔，孔内不得有杂物；油量必须足够，最低油面以下深度不得小于25 mm，且油面应高出发热和可能产生火花部位10 mm以上；油面指示必须清晰；油质必须良好；油面温度T1～T4组不得超过100 ℃，T5组不得超过80 ℃，T6组不得超过70 ℃。充油型设备应水平安装，其倾斜度不得超过5°，运行中不得移动。

⑥充砂型（q）。是指外壳内充填细颗粒材料，以便在规定使用条件下，外壳内产生的电弧、火焰传播，壳壁或颗粒材料表现的过热温度均不能够点燃周围的爆炸性混合物的电气设备。其外壳应有足够的机械强度。细颗粒填充材料应填满外壳内所有空隙，颗粒直径为0.25～1.6 mm。填充时，细颗粒材料含水量不得超过0.1%。

⑦无火花型（n）。是指在正常运行条件下不产生电弧或火花，也不产生能够

点燃周围爆炸性混合物的高温表面或灼热点，且一般不会发生有点燃作用的故障的电气设备。

⑧防爆特殊型（s）。是指在结构上不属于上述各型，而是采取其他防爆形式的电气设备。例如，将可能引起爆炸性混合物爆炸的部分设备装在特殊的隔离室内或在设备外壳内填充石英砂等。

⑨浇封型（m）。它是防爆型的一种，是指将可能产生点燃爆炸性混合物的电弧、火花或高温的部分浇封在浇封剂中，在正常运行和认可的过载或认可的故障下不能点燃周围的爆炸性混合物的电气设备。

3）防爆设备的标志。防爆设备的标志由四部分组成，以字母或数字表示。第一部分表示防爆类型，如 e 为增安型；第二部分表示适用的爆炸性混合物的类别，如Ⅰ表示混合物为矿井甲烷，适用设备为煤矿用防爆电气设备，Ⅱ表示混合物为爆炸性气体，适用设备为工厂用防爆电气设备；第三部分表示爆炸性混合物的级别；第四部分表示爆炸性混合物的组别。例如，dⅡB T3 表示隔爆型设备，用于有ⅡB级、T1～T3 组的爆炸性混合物的场所；epⅡT4 表示增安型、有正压型部件，用于有Ⅱ级、T1～T4 组爆炸性混合物的场所等。

火灾危险场所电气设备防护结构的选择、危险场所的电气线路、变（配）电所等其他电气装置的要求，可参阅《爆炸和火灾危险环境电力装置设计规范》。

（2）保持防火间距

为防止电火花或危险温度引起火灾，开关、插销、熔断器、电热器具、照明器具、电焊器具、电动机等，均应根据需要适当避开易燃易爆建筑构件。天车滑触线的下方，不应堆放易燃易爆物品。

变、配电站是工业企业的动力枢纽，电气设备较多，而且有些设备工作时产生火花和较高温度，其防火、防爆要求比较严格。室外变、配电装置距堆场、可燃液体储罐和甲、乙类厂房、库房不应小于 25 m，距其他建筑物不应小于 10 m，距液化石油气罐不应小于 35 m。变压器油量越大，防火间距也越大，必要时可加防火墙。石油化工装置的变、配电室还应布置在装置的一侧，并位于爆炸危险区范围以外。

10 kV 及以下变、配电室不应设在火灾危险区的正上方或正下方，且变、配电室的门窗应向外开，通向非火灾危险区域。10 kV 及以下的架空线路，严禁跨越火灾和爆炸危险场所，当线路与火灾和爆炸危险场所接近时，其水平距离一般不应小于杆柱高度的 1.5 倍。在特殊情况下，采取有效措施后允许适当减小距离。

（3）保持电气设备正常运行

电气设备运行中产生的火花和危险温度是引起火灾的重要原因。因此，保持电气设备的正常运行对防火防爆有着重要意义。保持电气设备的正常运行包括保持电气设备的电压、电流、温升等参数不超过允许值，保持足够的绝缘能力和连接良好等。

保持电压、电流、温升不超过允许值是为了防止电气设备过热。在这方面，要特别注意线路或设备连接处的发热。连接不牢或接触不良都容易使温度急剧上升而过热。

保持电气设备绝缘良好，除可以免除造成人身事故外，还可避免由于泄漏电流、短路火花或短路电流造成火灾或其他设备事故。

此外，保持设备清洁有利于防火。设备脏污或灰尘堆积既降低设备的绝缘性，又妨碍通风和冷却。特别是正常运行时有火花产生的电气设备，很可能由于过分脏污而引起火灾。因此，从防火的角度出发，应定期或经常清扫电气设备，保持清洁。

（4）通风

在爆炸危险场所，如有良好的通风装置能降低爆炸性混合物的浓度，使其无法达到引起火灾和爆炸的极限，这样还有利于降低环境温度，对可燃易燃物质的生产、储存、使用及对电气装置的正常运行都是必要的。

变压器室一般采用自然通风，当采用机械通风时，其送风系统不应与爆炸危险环境的送风系统相连，且供给的空气不应含有爆炸性混合物或其他有害物质。几间变压器室共用一套送风系统时，每个送风支管上应装防火阀，其排风系统应独立装设。排风口不应设在窗口的正下方。

防爆正压型电气设备的通风系统应符合以下要求。

1）通气系统必须采用非燃烧性材料制作，结构应坚固，连接应紧密。

2）通气系统内不应有阻碍气流的死角。

3）电气设备应与通气系统联锁，运行前必须先通风，通过的气流量不小于该系统容积的 5 倍时才能接通电气设备电源。

4）进入电气设备及其通气系统内的气体不应含有爆炸性危险物质或其他有害物质。

5）在运行中，电气设备及通气系统内的正压不低于 196 Pa，当低于 98 Pa 时，应自动断开电气设备的主电源或发出信号。

6）通气过程排出的废气，一般不应排入爆炸危险场所。

7）电气设备外壳及其通气系统内的门或盖子上，应有警告装置或联锁装置，防止运行中错误打开。

（5）接地

爆炸和火灾危险场所内电气设备的金属外壳应可靠接地（或接零），以便在发生相线碰壳时迅速切断电源，防止短路电流长时间通过设备而产生高温。

防爆厂房内各工艺设备、管道（水管除外）、各种金属构件、正常不带电的电气设备金属外壳、工艺管道，在建筑物的进出口处均应直接与静电接地干线作可靠的电气连接，以防止静电火花的产生。

（6）其他方面的措施

1）在爆炸危险场所内，不准使用非防爆手电筒，应尽量少用其他携带式（或移动式）设备，以免因铁壳之间的碰撞、摩擦以及落在水泥地面上产生火花，少用插销座。

2）在爆炸危险场所内，因条件限制，如必须使用非防爆型电气设备，应采取临时防爆措施。如安装电气设备的房间，应用非燃烧体的实体墙与爆炸危险场所隔开，只允许一面隔墙与爆炸危险场所贴邻，且不得在隔墙上直接开设门洞；采用通过隔墙的机械传动装置，应在传动轴穿墙处采用填料密封或有同等密封效果的密封措施；安装电气设备的房间的出口，应通向非爆炸危险区域和非火灾危险区域环境，当安装电气设备的房间必须与爆炸危险场所相通时，应保持相对的正压，并有可靠的保证措施。

3）密封也是一种有效的防爆措施。密封有两个含义：一是把危险物质尽量装在密闭的容器内，限制爆炸性物质的产生和逸散；二是把电气设备或电气设备可能引爆的部件密封起来，消除引爆的因素。

4）变、配电室建筑的耐火等级不应低于二级，油浸电变压室应采用一级耐火等级。

3. 电气火灾的扑救常识

电气火灾对国家和人民生命财产有很大威胁，因此，应贯彻预防为主的方针，防患于未然，同时，还要做好扑救电气火灾的充分准备。用电单位发生电气火灾时，应立即组织人员使用正确方法进行扑救，同时向消防部门报警。

（1）电气火灾的特点

电气火灾与一般火灾相比，有以下两个突出的特点。

1）在一定范围内存在着危险的接触电压和跨步电压，灭火时如不注意或未采取适当的安全措施，会引起触电伤亡事故。

2）有些电气设备本身充有大量的油，如变压器、油开关、电容器等，受热后有可能喷油，甚至爆炸，造成火灾蔓延并危及救火人员的安全。所以，扑灭电气火灾时，应根据起火的场所和电气装置的具体情况，采用特殊灭火方法。

（2）断电灭火

发生电气火灾时，应尽可能先切断电源，然后再灭火，以防人身触电。切断电源应注意以下几点。

1）停电时，应按规程所规定的程序进行操作，防止带负荷拉闸。

2）切断带电线路电源时，切断点应选择在电源侧的支持物附近，以防导线断落后触及人体或短路。

3）剪断低压线路电源时，应使用绝缘钳等绝缘工具；相线和零线应在不同部位处剪断，防止发生线路短路；剪断电源的位置应适当，防止切断电源后影响扑救工作。

4）夜间发生电气火灾，切断电源时应考虑临时照明措施。

（3）带电灭火

发生电气火灾，如果由于情况危急，为争取灭火时机，或因其他原因不允许和无法及时切断电源时，就要带电灭火。为防止人身触电，应注意以下几点。

1）扑救人员与带电部分应保持足够的安全距离。

2）高压电气设备或线路发生接地在室内时，扑救人员不得进入故障点 4 m 以内的范围；在室外时，扑救人员不得进入故障点 8 m 以内的范围；进入上述范围的扑救人员必须穿绝缘靴。

3）应使用不导电的灭火剂，如二氧化碳和化学干粉灭火剂。泡沫灭火剂导电，在带电灭火时严禁使用。

4）如遇带电导线落于地面，要防止跨步电压触电。

（4）充油电气设备的灭火措施

充油电气设备着火时，应立即切断电源，然后扑救灭火。备有事故储油池时，应设法将油放入池内，池内的油火可用干粉扑灭。池内或地面上的油火不得用水喷射，以防油火在水面上蔓延。

第三节　静电事故的预防

一、静电

气体、液体和固体等物质都是由分子、原子组成的，而每一原子又由带正电的原子核和带负电的电子所构成。在正常状态下，原子核外围电子的数目，等于原子核内质子的数目，因而原子呈电中性。如果原子或分子由于外来的原因，失去若干个电子，就成为带正电的正离子，反之，如果获得若干个电子，则成为带负电的负离子。此时，物质上即附着了静电。

研究表明，静电的产生与许多因素有关，是一个复杂的过程。利用管线输送汽油、煤油、苯、乙醚等导电性能差的液体时，容易积聚静电。这些物质的电阻率 ρ 在 $10^{10}\sim10^{11}\Omega\cdot m$，是防静电的重点。除了电阻率以外，介电常数也决定着静电产生的结果和状态。如果液体的相对介电常数大于 20，如纯水、乙醇、乙醛等以连续相存在时，在有接地装置的条件下，不管是储运还是管道输送，一般都不可能产生静电。当两种不同固体接触时，其间距达到或小于 25×10^{-8} cm 时，在逸出功的作用下，接触面上就会产生电子转移。逸出功较大的一方获得电子，称为亲电子物质；逸出功较小的一方失去电子，称为疏电子物质。这样，在接触面的一侧带正电，另一侧带负电，形成了所谓的双电层。可按逸出功由小到大的顺序，列出静电带电序列表（见表 6-3）。表中相距越远的物质静电的起电量越多。需要注意的是，如果迅速分离接触面，即使是导体也会带电。物质的撕裂、剥离、拉伸、压碾、撞击，物料的粉碎、筛分、滚压、搅拌、喷涂和过滤等工序，都存在着增加附着带电的可能。极化起电也是产生静电的主要因素。只要物质本身具有一定的特性，在适当的外界条件下，固体、液体、粉体、气体都可能产生静电。人体在许多条件下也可以带静电。

表 6-3　　静电带电序列表

(+) 正电性	粘胶丝	铁	沙兰树脂
石棉	皮肤	铜	聚酯树脂
玻璃	酪素	镍	丙烯腈混纺品
毛发	醋酸酯	黄铜	碳化钙
云母	铝	银	聚乙烯
尼龙	锌	硫黄	赛璐珞
羊毛	镉	黑橡胶	玻璃纸
人造丝	铬	铂	氯乙烯
铅	纸	维尼龙	聚四氟乙烯
棉纱	黑硬质橡胶	聚苯乙烯	硝酸纤维素
真丝	麻	腈纶	(−) 负电性

二、静电的特性和危害

1. 静电的特性

（1）静电的电量及电压

带静电的物体表面所具有的电压 V、电量 Q 与电容 C 具有下述关系：

$$Q=CV \tag{6-1}$$

电量随电容而变化，分布电容又与对地距离有关。当电量一定时，改变电容便可以获得很高的电压。静电对地电压可达上万伏，甚至是几十万伏，因此，尽管电量不大，却很危险。电压为 300~3 000 V 时，产生的电火花足以引燃可燃气体、蒸气和液体。如苯和汽油蒸气可由电压为 300 V 的电火花引燃，几乎所有可燃气体都可由 3 000 V 以下的电火花引燃，而大多数的可燃粉尘可由电压为 5 000 V 的电火花引燃。

（2）静电非导体上电荷的衰减

静电非导体上所产生的静电，有一部分随时间而消失，称为电荷的衰减。电荷全部衰减，理论上需要无限长的时间，将带电体上电荷衰减到原有电荷的一半所需要的时间，称为半衰期，用以衡量静电衰减的快慢，计算公式为：

$$t_{1/2}=0.69\ RC \tag{6-2}$$

固体带电为表面带电，由于对地电容值相差不大，所以表面电阻 R 越大，半衰期 $t_{1/2}$ 就越长。液体带电时，由于物质的介电常数 ε 相差很大，其电容值各不相同，所以可用经验公式求半衰期：

$$t_{1/2}=6.5\times10^{-14}\varepsilon\rho \tag{6-3}$$

半衰期的长短关系到静电危险性的大小。如果根据实践经验规定静电安全半衰期的上限，那么在此条件下，物体即使产生静电，也不会积累起来，因此是安全的。

（3）绝缘导体与静电非导体的危险性

绝缘的静电导体所带的电荷，平时没有衰减，当具备放电点时一次性放掉。而静电非导体所带的电荷，平时就有衰减，当具备放电条件时，只是放电点附近的静电荷被释放掉，邻近的其他电荷并没有释放。相对而言，绝缘的静电导体比静电非导体的危险性更大。

（4）远端放电

带静电的物体能使附近不相连的导体出现正、负电荷的现象就是感应起电。根据这个原理，如果一条金属管道或金属零件产生了静电，其周围与地绝缘的金属设备就会在感应下将静电扩散到远处，并可在预想不到的地方放电，或使人受到电击，这就是远端放电。远端放电发生在绝缘的静电导体上，电荷经放电点一次性放掉，危险性很大。

（5）尖端放电

静电电荷在导体表面上的分布是不均匀的，表面曲率增大，电荷密度随之升高。导体尖端处曲率最大，电荷密度也最高，电场同样最强，能够产生尖端放电。尖端放电不但会使产品质量下降，还可导致火灾、爆炸事故的发生。

（6）静电屏蔽

可将带静电的物体用接地的金属网、金属容器以及面层等屏蔽起来，这可以使外界不遭受静电危害。同时，被屏蔽的物体也不会在外电场的作用下感应起电。

2. 静电的危害

（1）火花放电

静电放电火花具有点燃能，其大于爆炸性混合物点燃所需要的最小能量时，便成为引起可燃、易燃液体蒸气、可燃性气体以及可燃性粉尘着火、爆炸的能源。这是静电能够引起各种危害的根本原因。

静电事故绝大多数是由于溶剂的蒸气造成的，而石化厂使用溶剂的工艺很多，并且经常处理易带静电的高分子物质，在输送、灌装、摩擦、搅拌等工艺过程中，特别容易发生事故。例如，高压乙烯气体由法兰泄漏喷出，产生静电导致乙烯与空气爆炸性混合物的爆炸；在搅拌已带有静电的树脂时，会在摩擦过程中引起的爆炸；将航空煤油通过聚乙烯软管输送到残存汽油蒸气的槽车，因流速过高产生静电导致槽车内汽油混合物爆炸；ABS 树脂粉末在铝管内高速输送，因粉末颗粒与铝管内壁摩擦带电并产生积累，由静电放电火花导致的爆炸等。粉末颗粒的直径超过 1 mm 时，因所需的引爆能较大，故难以被静电火花引爆。

（2）伤害人体

人体以不同方式与高介电性质的材料制成的物品接触时，可能长时间处在起电过程。如在地板、地毯上行走时，人体内将聚集电位为 15 kV 甚至 15 kV 以上的静电。人体积累的静电，当与接地物品接触时完全可能形成火花放电，同样可以引起火灾爆炸事故。静电因为电流不大，对人体的作用虽没有致命危险，但会使人受到不同程度的灼伤或刺激，这种突然的刺激可能使人惊恐，由于反射的作用，人体可能本能地移动，导致从高处坠落、摔倒或碰到机器没有防护的运转部分等，造成二次事故。静电长时间的作用不利于操作人员的健康，会影响他们的心理状态和生理状态。

人体可带的安全电位 U，取决于所处场所的最小点火能 W 和人体电容 C：

$$U=\sqrt{2W/C} \tag{6-4}$$

人体电容一般为 100~200 pF，其大小与所穿鞋底厚度、地面状况有关。

（3）妨碍生产

静电具有一定的静电引力或斥力。在其作用下，能妨碍某些生产工艺过程的正常进行。如由于静电力的存在，粉体会堵塞网、吸附设备，影响粉体的过滤和输送。例如，在纺织中，使纤维缠绕，吸附尘土，造成织布机停车；在印刷中，使薄薄的印刷纸吸附而难以剥离，影响印刷速度和质量；静电火花还能使胶片感光，降低胶片质量；引起电子元件误动作，使生产操作受影响，降低设备的生产效率。

三、静电危害的消除

1. 静电导致火灾爆炸的条件

（1）具备产生静电电荷的条件。

（2）具备产生火花放电的电压。

（3）有能引起火花放电的合适间隙。

（4）产生的电火花要有足够的能量。

（5）在放电间隙及周围环境中有易燃易爆混合物。

上述五个条件必须同时具备，才会酿成火灾爆炸危害。只要消除了其中之一，就可以达到防止静电引起燃烧爆炸危害的目的。

2. 消除静电的基本方法

（1）工艺控制法

在工艺上，采取材料选择、设备结构和操作管理等方面的措施，控制静电的产生，使其不能达到危险程度的方法，称为工艺控制法。如利用静电序列优选原料配方和使用材质，使相互摩擦或接触的两种物质尽可能是静电带电序列表中位置相近的，以减少静电的产生。在有爆炸、火灾危险的场所，传动部分为金属体时，尽量不采用带传动，必须采用时，要选用导电的胶带，运转速度要慢，防止因过载而打滑或脱落，要经常检查胶带的张力、张角，胶带与防护罩不应接触，胶带的连接应采用缝合和粘接的方法，胶带与带轮表面应保持清洁。对于输送固体物料所用的胶带、托辊、料斗、倒运车辆和容器等，应采用导电材料制造并接地，使用中要定期清扫，但不要使用刷子清扫。输送速度要合适、平稳，不要使物料振动、窜位。

对于液体物料的输送，主要通过控制流速来限制静电的产生。这是因为，流速增大，产生的静电量也随之增大。如果在管道和工艺设备内没有爆炸危险的蒸气与空气混合物生成的可能性，可以不控制流速。不过，这需要确保设备的密封，无氧化剂存在，设备和管道处于正压下，充填惰性气体或蒸气，而这些条件往往难以实现。所以，必须对液体物料的流速加以控制，对于乙醚、二硫化碳等特别易燃、易爆物质，流速的控制更为严格。

液体物料装卸时，插入管要深入容器底部，不应该使液体注入时冲击器壁引起飞溅。在向空罐注液时，应先控制流速为 1 m/s 直至液面高出液口 0.6 m 以上，或浮顶罐的浮顶开始浮动后，再提高流速到 4.6~6 m/s。当将相对密度小的液体物料输入密度大且易产生静电的液体储罐时，也要求将其流速控制在 1 m/s。对于存有易燃混合物的拱顶罐，要求低速输送 30 min 后，才能恢复正常流速。液体流经过滤器后，其带电量增加 10~100 倍。

输送液体的管路应尽量减少弯曲和变径。液体物料中不应混入空气、水、灰尘和氧化物等杂质，也不可混入可溶性物品。

液体由喷口喷出时，其喷出压力应在 1 MPa 以下，喷口附近不应设障碍物，并要注意对喷口材质、形态的研究和选择，以产生静电最小者为佳。由于静电发生量大约与喷出压力的平方成正比，所以控制喷出压力是有效的方法。

液体物料的计量最好采用流量计，避免现场检尺。若需现场检尺时，采样也应缓慢进行，以避免液体飞溅、滴落。采样工具应接地。

气体物料输送或喷出前，应用过滤器将其中的水雾、尘粒除去。在喷出过程中，要求喷出量小、压力低。水蒸气的喷出压力要限制在 1 MPa 以下，对着物体喷射时，喷嘴不要距其太近。当液态氢泄压放空时，应使放空管出口温度超过 90 K 或保证管内处于正压，以防空气倒流生成固体氧和固体空气晶粒。

（2）泄漏导走法

采用空气增湿，加抗静电添加剂，静电接地，使带电体上静电荷向大地泄漏消散，以保证安全的方法，称为泄漏导走法。

经管路注入容器、储罐的液体物料，会带入一定量的静电荷，这些电荷将向器壁、液面集中泄漏消散。这个过程需要一定时间。如向燃料罐装液体，当装到 90% 时停泵，液面电压峰值常常出现在停泵后的 6~10 s，然后经 70~80 s，电荷逐步衰减掉。因此，不允许停泵后马上检尺、取样。小容积槽车装完 1~2 min 后即可取样；对于大储罐，则需要含水物完全沉降后才能进行检尺工作，一般要静置数小时。

对于带静电的导体，可通过接地连接的方法，将其表面的自由电荷导入大地。凡加工、储存、运输能够产生静电的管道、设备，如各种储罐、混合器、物料输送设备、排注器、过滤器、反应器、吸附器、粉碎机械等，应连成一个连续的导电整体并接地。不允许设备内部有与地绝缘的金属体。在有火灾、爆炸危险的场所或静电对产品质量、人身安全有影响的地方，所使用的金属用具均应接地。对于能产生静电的旋转体，可采用导电性润滑油或采用滑环碳刷、金属触头接地。

静电接地时，对于工艺设备、管道的跨接端及引出端的位置，应选择在不受外力伤害，便于检查维修，便于与接地干线相连的地方。静电接地引出端连接板截面应大于 40 mm×4 mm。螺栓与接板间的接触面积应大于 20 cm^2，螺栓规格为 M10。管道、设备用法兰连接，至少应用两个以上螺栓妥善连接。

室外大型储罐如有非独立的避雷装置，可不另设静电接地；储罐应有沿外围的距离不超过 30 m 的两处以上的接地点，接地点要避开进液口。金属管道系统的末端、分叉、变径、主控阀门、过滤器，以及直线管道，每隔 200～300 m 处均应设接地点，车间内的管道系统接地点不应少于两个。

罐车、油槽汽车、油船、手推车以及移动式容器的停留、停泊处，要在安全场所装设专用的接地接头。当罐车、油槽汽车到达后，要在停机刹车、关闭电路、打开罐盖之前先行接地。注液完毕，拆掉软管，经一定时间静止，再将接地线拆除。油罐汽车如用链条接地，只在停车时才起放电作用，行车中反而会产生静电，故不宜采用。移动设备要合理选择接地时间和场所，在存在可燃性混合气体的场所，接地会引起放电，成为引火源。故必须在不带电状态，不存在溶剂及可燃性气体的场所才能接地。

当设备的接地不能防止积累危险静电时，可采用空气增湿以降低静电非导体的绝缘性。湿空气在物体表面覆盖一层导电的液膜，提高了电荷经物体表面泄放的能力，即降低物体的泄漏电阻。一般认为，带电体任何一处对地的总泄漏电阻小于 100 万欧时，该带电体的静电接地是良好的。工艺条件允许的条件下，空气增湿取相对湿度为 70%较为合适。增湿的具体方法分为普遍增湿和局部增湿。可采用通风系统进行调温，采用地面洒水以及喷放水蒸气等方法增湿。这些方法对表面可被水湿润的纸张、橡胶、醋酸纤维素、硝酸纤维素等材料效果较好。如果带电材料是表面不可被水湿润的材料，如纯涤纶、聚四氟乙烯、聚氯乙烯等；或者带电材料的温度高于周围温度，则空气增湿的效果就很差。空气增湿不仅有利于静电的导出，而且还有利于提高爆炸性混合物的最小点能量，有利于防爆。

抗静电添加剂可使非导体材料增加吸湿性或离子性。抗静电添加剂的种类繁多，如无机盐表面活性剂、无机半导体、有机半导体、高聚物以及电解质高分子成膜物等。要根据使用对象、目的、物料的工艺状态以及成本、毒性、腐蚀和使用场合的有效性等具体情况进行选择。例如，在橡胶中加入炭黑，在纤维纺织品中加入季铵盐型阳离子抗静电油剂等，效果都很好。对于悬浮的粉状或雾状物质，任何防静电添加剂都无效。

（3）中和电荷法

由静电的产生机理可知，静电是由于物质失去若干个电子，或获得若干个电子而形成的。那么就可利用物体所带静电极性相反的离子或电荷相互接触，达到正、负电荷（离子）的中和，减少带电体上静电量，从而消除静电的危险性，这种方法称为中和电荷法。

中和电荷法的实施，可采用合适的静电消除器、合理匹配相互接触的物质、增加表面湿度等方法。

自感应式静电消除器适用于静电消除要求不严格的场合；外接电源式静电消除器消静电效果好，但也可能使带电体载上相反电荷；放射线静电消除器在使用时要有防射线装置；离子流式静电消除器适于在防火、防爆场合使用。

消除薄膜、布、纸和橡胶板等表面的静电，可根据场所选用自感应式或外接电源式静电消除器。对罐、反应器里的可燃带电体，可选用放射式静电消除器；在成型、涂漆、手工作业等工序，可选用枪型静电消除器；在管道中流动的粉体或高速移动的线纱，可采用法兰型外接电源式静电消除器；在卷取、橡胶混合工序中，对移动物体消除静电应选用自感应式、离子流式静电消除器；对悬浮粉体进行消除静电，应选用离子流式静电消除器。在印刷、卷板工序中，物体高速移动，带电极性一定，采用直流型外接电源式静电消除器较好。

物质匹配消除静电，是利用静电带电序列表中的带电规律，能动地匹配相互接触的物质，使生产过程中产生的不同极电荷得以相互中和。

静电非导体所带静电的极性在各处表面不一样，平时电荷不能相互串通中和。增加表面湿度后，电阻下降，这些电荷便可转移中和。

（4）封闭削尖法

利用静电的屏蔽、尖端放电和电位随电容变化的特性，能动地使带电体不致造成危害的方法，称为封闭削尖法。

静电屏蔽的作用前已述及。尖端放电可以引起事故，作为积极消除静电的一种有效方法，是使尖端产生不造成着火源的微弱放电，以此来中和带电体的电荷。在液体储罐的液面上方，使用带有突刺的金属棒，就是依据这个道理。但是，如果不是通过放电来消除静电的场合，则其他所有部件都要求表面光滑、无棱角和突起，设备、管道上的毛刺要除掉。带电体附近如有接地金属体，可使带电体电位大幅度下降，从而减小静电放电的可能性。在不便消电又必须降低带电体电位的场合，可采用此法。

（5）防静电教育

除采取必要的接地措施外，还要加强规章制度和安全技术教育。

操作者工作时，应穿电阻小于 $10^8\ \Omega$ 的防静电鞋，不穿羊毛或化纤织的厚袜子；不穿厚毛衣，应穿防静电工作服、手套和帽子。在人体必须接地的场所应设金属接地棒，赤手接触即可导出人体静电。坐着操作时，可在手腕上佩戴接地腕带。

在有爆炸危险的场所，为保证不断地从人体、从移动的器具和设备上导走静电，地面应该是导电的。其泄漏电阻既要小到防止人体静电积累，又要防止误触动力电而致人体伤害。往地面上洒水是最简单的方法。每日最少洒一次水，当相对湿度为30%以下时，应每隔几小时洒一次。

在工作中，尽量不要做与人体带电有关的事情，如接近或接触带电体，处于与地相绝缘的工作环境，在工作场所不要穿、脱衣服等。在有静电的危险场所操作、巡视、检查时，不得携带与工作无关的钥匙、硬币等金属物品。

第四节　雷电事故的预防

雷电造成的灾害越来越严重，各行业遭受雷电灾害的频率越来越高，经济损失也逐年加重，尤其是高层建（构）筑物、易燃易爆场所等极容易遭受雷电袭击。要防御雷电造成的灾害，就需要认识雷电及其活动规律，了解雷电防护的有关知识。雷电和静电有许多相似之处。例如，雷电和静电都是相对于观察者静止的电荷积聚的结果；雷电放电与静电放电都有一些相同之处；雷电和静电的主要危害都是引起火灾和爆炸等。但雷电与静电电荷产生和积聚的方式不同、存在的空间不同、放电能量相差甚远，其防护措施也有很多不同之处。

一、雷电及其危害

1. 雷电形成及放电过程

雷电是一种自然现象，雷击是一种自然灾害。雷击房屋、电力线路、电力设备等设施时，会产生极高的过电压和极大的过电流，在所波及的范围内，可能造成设施或设备的毁坏，可能造成大规模停电，可能造成火灾或爆炸，还可能直接伤及人畜。

雷电形成的前提条件是雷云的产生。当太阳把地面晒得很热时，地面水分部分转化为水蒸气，同时地面空气受热变轻而上升，上升气流中的水蒸气在上空遇冷凝成小水滴。此外，当水平移动的冷暖气流相遇时，冷气团下降，暖气团上升，水汽在高空中凝成水滴并上下沉浮形成宽度达几公里的峰面积云。这种积云易形成较大范围的雷害，当云中悬浮的水滴很多时便成为乌云。乌云起电机理是由于宇宙射线或地面大气层的放射使气体分子游离，在大气中存在着正负两种离子，由于大气空间场的作用，雷云中电荷的分布是不均匀的，而形成许多堆积中心。通常有二极型（即云层上部积聚正电荷，下部积聚负电荷）和三极型（即云层上部积聚正电荷，中部积聚次正电荷，下部积聚负电荷）。

不论是在云中或是在云对地之间，电场强度是不一致的，当云中电荷密集处的电场强度达到26~30 kV/cm时，就会由云向地开始先导放电（对于高层建筑，雷电先导可由地面向上发出，称为上行雷），当先导通道的顶端接近地面时，可诱发迎面先导（通常起自地面的突出部分），当先导与迎面先导会合时，即形成了从云到地面的强烈电离通道，这时即出现极大的电流，这就是雷电的主放电阶段，此时雷鸣和电闪都伴随着出现。主放电存在的时间极短，约60~100 μs，主放电过程是逆着先导通道发展的，速度约为光速的1/21~1/2，主放电的电流可达数十万安培，是全部雷电电流中最主要部分。主放电到达云端时就结束了，然后云中的残余电荷经过主放电通道流下来称为余光阶段。由于云中电阻较大，余光阶段对应的电流不大（数百安培），持续时间却较长（0.03~0.16 s）。由于云中可能同时存在几个电荷中心，所以第一个电荷中心的上述放电完成之后，可能引起第二个、第三个电荷中心向第一通道放电。因此，雷电往往是多重性的，每次放电相隔600~800 μs，放电的数目平均为2~3次。

2. 雷电的种类与危害

（1）直击雷与危害

在雷暴活动区域内，雷云与大地上某一点之间发生迅猛的放电现象，称为直接雷击。此时雷电的主要破坏力在于电流特性而不在于放电产生的高电位。雷电击中人体、建筑物或设备时，强大的雷电流转变成热能。据估算，雷击点的发热量为600~2 000 J，放电时的温度可达20 000 ℃。因此雷电流的高温热效应将灼伤人体，引起建筑物燃烧，使设备部件熔化。在雷电流流过的通道上，物体水分受热汽化而剧烈膨胀，产生强大的冲击性机械力。该机械力可以达到5 000~6 000 N，可使人体组织、建筑物结构、设备部件等断裂破碎，从而导致人员伤亡、建筑物破坏以及设备毁损等。

雷电流在闪击中直接进入金属管道或导线时，沿着金属管道或导线可以传送到很远的地方。除了沿管道或导线产生电或热效应，破坏其机械和电气连接之外，当它侵入与此相连的金属设施或用电设备时，还会对金属设施或用电设备的机械结构和电气结构产生破坏作用，并危及有关操作和使用人员的安全。雷电流从导线传送到用电设备如电气或电子设备时，将出现一个强大的雷电冲击波及其反射分量。反射分量的幅值尽管没有冲击波大，但其破坏力大大超过半导体或集成电路等微电子器件的负荷能力，尤其是它与冲击波叠加形成驻波的情况下，会形成一种强大的破坏力。

（2）感应雷与危害

感应雷也称为雷电感应或感应过电压。它分为静电感应雷、电磁感应雷和地电位反击。感应雷的破坏也称为二次破坏。雷电流变化梯度很大，会产生强大的交变磁场，使得周围的金属构件产生感应电压和电流，这种感应电压可能向周围物体放电，如果附近有可燃物就会引发火灾和爆炸，而感应到正在联机的导线上就会对设备产生强烈的破坏性。感应渠道可能是电容性的、电感性的或电阻性的，通常有以下几种形式。

1）静电感应雷。带有大量负电荷的雷云所产生的电场将会在架空明线上感生出被电场束缚的极性电荷。当雷云对地放电或云间放电时，云层中的负电荷在一瞬间消失了（严格说是大大减弱），那么在线路上感应出的电荷也就在瞬间失去了束缚，在电势能的作用下，这些电荷将沿着线路产生大电流冲击，从而对电气设备产生不同程度的影响。

2）电磁感应雷。雷击发生在供电线路附近，或击在避雷针上，会产生强大的交变电磁场。交变电磁场的能量将感应于线路并最终作用到设备上（由于避雷针的存在，建筑物上落雷机会增加，内部设备遭感应雷危害的机会和程度一般来说是增加的），对用电设备造成极大危害。

3）地电位反击。雷击时强大的雷电流经过引下线和接地体泄入大地，在接地体附近呈放射型的电位分布，若有连接电子设备的其他接地体靠近时，即产生高压地电位反击，入侵电压可高达数万伏。

（3）球雷及危害

球雷是雷电放电时形成的发红光、橙光、白光或其他颜色光的火球。球雷出现的概率约为雷电放电次数的2%，其直径多为20 cm左右，运动速度约为2m/s或更高一些，存在时间为数秒钟到数分钟。球雷是一团处在特殊状态下的带电气体，它是包有异物的水滴在极高的电场强度作用下形成的。在雷雨季节，球雷可能从门、窗、烟囱等通道侵入室内，造成雷击伤害事故。

（4）浪涌及危害

最常见的电子设备危害不是由于直接雷击引起的，而是由于雷击发生时在电源和通信线路中感应的电流浪涌引起的。一方面，由于电子设备内部结构高度集成化，设备耐压、耐过电流的水平下降，对雷电（包括感应雷及操作过电压浪涌）的承受能力下降。另一方面，由于信号来源路径增多，系统较以前更容易遭受雷电波侵入。浪涌电压可以从电源线或信号线等途径窜入电子设备。

1）电源浪涌。电源浪涌并不仅源于雷击，当电力系统出现短路故障、投切大负荷时都会产生电源浪涌，电网绵延千里，不论是雷击还是线路浪涌，发生的概率都很高。当距很远的地方发生了雷击时，雷击浪涌通过电网传输，经过变电站等衰减，到达电子设备时可能仍然有上千伏，这个高压持续只有几十到几百个微秒，或者不足以烧毁电子设备，但可能会使电子设备内部的半导体元件遭到很大的损害。

2）信号系统浪涌。信号线电压等级低，且多与敏感设备相连，因此极易受雷电流的冲击。信号系统浪涌电压的主要来源是感应雷击、电磁干扰、无线电干扰和静电干扰。信号线受到干扰信号的影响，会使传播中的数据产生误码，影响传输的准确性和传输速率。

二、雷电的基本参数

雷电参数是防雷设计的重要依据之一。雷电参数包括雷暴日、雷电流幅值、雷电流陡度、雷电冲击过电压等。

1. 雷暴日

为了统计雷电活动的频繁程度，经常采用年雷暴日数来衡量。只要一天之内能听到雷声的就算一个雷暴日。通常说的雷暴日都是指一年内的平均雷暴日数，单位d/a。雷暴日数愈大，说明雷电活动愈频繁。

山地雷电活动较平原频繁，山地雷暴日约为平原的3倍。我国各地雷雨季节相差也很大，南方一般从二月开始，长江流域一般从三月开始，华北和东北延迟至四月开始，西北延迟至五月开始。防雷准备工作均应在雷雨季节前做好。

我国广东省的雷州半岛（琼州半岛）和海南岛一带雷暴日在80 d/a以上，长江流域以南地区雷暴日为40~80 d/a，长江以北大部分地区雷暴日为20~40 d/a，西北地区雷暴日多在20 d/a以下。西藏地区因印度洋暖流沿雅鲁藏布江上溯，很多地方雷暴日高达60~80 d/a。就几个大城市来说，广州、昆明、南宁为70~80 d/a，重庆、长沙、贵阳、福州约为60 d/a，北京、上海、武汉、南京、成都、呼和浩特约为 40 d/a，天津、郑州、沈阳、太原、济南约为 30 d/a。

我国把年平均雷暴日不超过 16 d/a 的地区划为少雷区，超过 40 d/a 划为多雷区。在防雷设计时，应考虑当地雷暴日条件。

2. 雷电流幅值

雷电流幅值是指主放电时，冲击电流的最大值。雷电流幅值可达数十至数百千安。根据实测，可绘制雷电流概率曲线。

3. 雷电流陡度

雷电流陡度是指雷电流随时间上升的速度。雷电流冲击波波头陡度可达 60 kA/μs，平均陡度约为 30 kA/μs。雷电流陡度与雷电流幅值和雷电流波头时间的长短有关，雷电流波头时间仅数微秒。做防雷设计时，一般取波头形状为斜角波，时间按 2.6 μs 考虑。雷电流陡度越大，对电气设备造成的危害也越大。

4. 雷电冲击过电压

雷击时的冲击过电压很高，具有很大的破坏性。直击雷冲击过电压由两部分组成，前一部分决定于雷电流的大小和雷电流通道的电阻，后一部分决定于雷电流通道的电感。直击雷冲击过电压可高达数千千伏。雷电感应过电压决定于被感应导体的空间位置及其与带电积云之间的几何关系。雷电感应过电压可达数百千伏。

三、防雷分类及装置

1. 建筑物的防雷分类

根据《建筑物防雷设计规范》（GB 50057—2010），依据建筑物的重要性、使用性质、发生雷电事故的可能性和后果，建筑物按防雷要求分为以下三类。

（1）第一类防雷建筑物

1）凡制造、使用或储存炸药、火药、起爆药、火工品等大量爆炸物质的建筑物，因电火花而引起爆炸，会造成巨大破坏和人身伤亡者。

2）具有 0 区或 20 区爆炸危险环境的建筑物。

3）具有 1 区或 21 区爆炸危险环境的建筑物，因电火花而引起爆炸，会造成巨大破坏和人身伤亡者。

（2）第二类防雷建筑物

1）国家级重点文物保护的建筑物。

2）国家级的会堂、办公建筑物、大型展览和博览建筑物、大型火车站和飞机场、国宾馆、国家级档案馆、大型城市的重要给水水泵房等特别重要的建筑物。

注：飞机场不含停放飞机的露天场所和跑道。

3）国家级计算中心、国际通信枢纽等对国民经济有重要意义且装有大量电子设备的建筑物。

4）制造、使用或储存爆炸物质的建筑物，且电火花不易引起爆炸或不致造成巨大破坏和人身伤亡者。

5）具有1区或21区爆炸危险环境的建筑物，且电火花不易引起爆炸或不致造成巨大破坏和人身伤亡者。

6）具有2区或22区爆炸危险环境的建筑物。

7）工业企业内有爆炸危险的露天钢质封闭气罐。

8）预计雷击次数大于0.05次/a的部、省级办公建筑物及其他重要或人员密集的公共建筑物。

9）预计雷击次数大于0.25次/a的住宅、办公楼等一般性民用建筑物。

10）国家特级和甲级大型体育馆。

（3）第三类防雷建筑物

1）省级重点文物保护的建筑物及省级档案馆。

2）预计雷击次数大于或等于0.01次/a，且小于或等于0.05次/a的部、省级办公建筑物及其他重要或人员密集的公共建筑物。

3）预计雷击次数大于或等于0.05次/a，且小于或等于0.25次/a的住宅、办公楼等一般性民用建筑物。

4）预计雷击次数大于或等于0.05次/a，且小于等于0.25次/a的一般性工业建筑物。

5）在平均雷暴日大于15 d/a的地区，高度在15 m及以上的烟囱、水塔等孤立的高耸建筑物；在平均雷暴日小于或等于15 d/a的地区，高度在20 m及以上的烟囱、水塔等孤立的高耸建筑物。

2. 按雷击能量的分布划区保护

将建筑物需要保护的空间划分为几个防雷保护区，有利于指明对防雷电电磁脉冲（LEW）有不同敏感度的空间，有利于根据设备的敏感性确定合适的连接点，推荐合适的保护。

IEC的防雷分区主要有LPZOA，LPZOB，LPZ1，LPZ2等。

（1）LPZOA区

本区内的各物体都可能遭到直接雷击，本区内电磁场没有衰减。

（2）LPZOB区

本区内的各物体不可能遭到直接雷击，但本区内电磁场没有衰减。

（3）LPZ1 区

本区内的各物体不可能遭到直接雷击，流往各导体的电流比 LPZOB 区进一步减少，电磁场衰减的效果取决于整体的屏蔽措施。

（4）LPZ2 区等（后续的防雷区）

如果需要进一步减少所导引的电流和电磁场，就应引入后续防雷区，按照需要保护的系统所要求的环境选择后续防雷区的要求条件。设置防雷保护区是为了避免因高能耦合而损坏设备，而序号更高的防雷区是为了防止信息失真和信息丢失而设置的。保护区序号越高，预期的干扰能量和干扰电压越低。在现代雷电防护技术中，防雷区的设置具有重要意义，它可以指导屏蔽、接地、等电位连接等技术措施的实施。

3. 防雷装置

常用的防雷装置主要有避雷针、避雷线、避雷网、避雷带、避雷器等。一套完整的防雷装置包括接闪器、引下线和接地装置等。上述的针、线、网、带都只是接闪器，而避雷器是一种专门的防雷装置。

（1）接闪器

避雷针、避雷线、避雷网和避雷带都可作为接闪器，建筑物的金属屋面可作为第一类工业建筑物以外其他各类建筑物的接闪器。这些接闪器都是利用其高出被保护物的突出地位，把雷电引向自身，然后通过引下线和接地装置，把雷电流泄入大地，以此保护被保护物免受雷击。

接闪器的保护范围可根据模拟实验及运行经验确定。由于雷电放电途径受很多因素的影响，要想保证被保护物绝对不遭受雷击是很困难的，一般只要求保护范围内被击中的概率在 0.1%以下即可。接闪器的保护范围有两种计算方法。对于建筑物，接闪器的保护范围按滚球法计算；对于电力装置，接闪器的保护范围按折线法计算。

接闪器所用材料应能满足机械强度和耐腐蚀的要求，还应有足够的热稳定性，以便能承受雷电流的热破坏作用。

（2）避雷器

避雷器并联在被保护设备或设施上，正常时处在不通的状态。出现雷击过电压时，击穿放电，切断过电压，发挥保护作用。过电压终止后，避雷器迅速恢复不通状态，恢复正常工作。避雷器主要用来保护电力设备和电力线路，也用来防止高电压侵入室内。避雷器有保护间隙、管型避雷器和阀型避雷器之分，应用最多的是阀型避雷器。

（3）引下线

防雷装置的引下线应满足机械强度高、耐腐蚀和热稳定的要求。引下线一般采用圆钢或扁钢，其尺寸和防腐蚀要求与避雷网、避雷带相同。如用钢纹线作引下线，其截面积不得小于 26 mm^2。用有色金属导线做引下线时，应采用截面积不小于 16 mm^2 的铜导线。

引下线应沿建筑物外墙敷设，并应避免弯曲，经最短途径接地。建筑艺术要求高者可以暗敷设，但截面积应加大一级。建筑物的金属构件（如消防梯等）可用作引下线，但所有金属构件之间均应连成电气通路，并且连接可靠。

采用多条引下线时，为了便于接地电阻和检查引下线、接地线的连接情况，宜在各引下线距地面高约 1.8 m 处设断接卡。

采用多条引下线时，第一类和第二类防雷建筑物至少应有两条引下线，其距离分别不得大于 12 m 和 18 m；第三类防雷建筑物周长超过 26 m 或高度超过 40 m 时也应有两条引下线，其距离不得大于 26 m。

在易受机械损伤的地方，地面以下 0.3 m 至地面以上 1.7 m 的一段引下线应加角钢或钢管保护。采用角钢或钢管保护时，应与引下线连接起来，以减小通过雷电流时的电抗。引下线截面锈蚀 30%以上者应予以更换。

（4）防雷接地装置

接地装置是防雷装置的重要组成部分。接地装置向大地泄放雷电流，限制防雷装置对地电压不致过高。

除独立避雷针外，在接地电阻满足要求的前提下，防雷接地装置可以和其他接地装置共用。防雷接地装置应进行热稳定校验。

防雷接地电阻一般指冲击接地电阻，接地电阻值视防雷种类和建筑物类别而定。独立避雷针的冲击接地电阻一般不应大于 10 Ω；附设接闪器每一引下线的冲击接地电阻一般也不应大于 10 Ω，但对于不太重要的第三类建筑物可放宽至 30 Ω。防感应雷装置的工频接地电阻不应大于 10 Ω。防雷电侵入波的接地电阻，视其类别和防雷级别，冲击接地电阻不应大于 6~30 Ω，其中，阀型避雷器的接地电阻不应大于 6~10 Ω。

（5）消雷装置

消雷装置由顶部的电离装置、地下的电荷收集装置和中间的连接线组成。消雷装置与传统避雷针的防雷原理完全不同。后者是利用其突出的位置，把雷电吸向自身，将雷电流泄入大地，以保护其保护范围内的设施免遭雷击。而消雷装置是设法在高空产生大量的正离子和负离子，与带电积云之间形成离子流，缓慢地中和积云电荷，并使带电积云受到屏蔽，消除落雷条件。

除常见的感应式消雷装置外，还有利用半导体材料，或利用放射性元素的消雷装置。地电荷收集装置（接地装置）宜采用水平延伸式接地装置，以利于收集电荷。

四、防雷技术

1. 直击雷防护

（1）应用范围和基本措施

第一类防雷建筑物、第二类防雷建筑物和第三类防雷建筑物的易受雷击部位应采取防直击雷的防护措施；可能遭受雷击，且一旦遭受雷击后果比较严重的设施或堆料（如装卸油台、露天油罐、露天储气罐等）也应采取防直击雷的措施；高压架空电力线路、发电厂和变电站等也应采取防直击雷的措施。

装设避雷针、避雷线、避雷网、避雷带是直击雷防护的主要措施。避雷针分独立避雷针和附设避雷针。独立避雷针是离开建筑物单独装设的。一般情况下，其接地装置应当单设，接地电阻一般不应超过 10Ω。严禁在装有避雷针的构筑物上架设通信线、广播线或低压线。利用照明灯塔作独立避雷针支柱时，为了防止将雷电冲击电压引进室内，照明电源线必须采用铅皮电缆或穿入铁管，并将铅皮电缆或铁管埋入地下（埋深 0.6~0.8 m），经 10 m 以上（水平距离）才能引进室内。独立避雷针不应设在人经常通行的地方。

附设避雷针是装设在建筑物或构筑物屋面上的避雷针。如系多支附设避雷针，相互之间应连接起来，有其他接闪器者（包括屋面钢筋和金属屋面）也应相互连接起来，并与建筑物或构筑物的金属结构连接起来。其接地装置可以与其他接地装置共用，宜沿建筑物或构筑物四周敷设，其接地电阻不宜超过 1~2 Ω。如利用自然接地体，为了可靠起见，还应装设人工接地体。人工接地体的接地电阻不宜超过 6 Ω。装设在建筑物屋面上的接闪器应当互相连接起来，并与建筑物或构筑物的金属结构连接起来。建筑物混凝土内用于连接的单一钢筋的直径不得小于 10 mm。

露天设置的有爆炸危险的金属储罐和工艺装置，当其壁厚不小于 4 mm 时，一般不再装设接闪器，但必须接地。接地点不应少于两处，其间距离不应大于 30 m。冲击接地电阻不应大于 30 Ω。如金属储罐和工艺装置击穿后不对周围环境构成危险，则允许其壁厚降低为 2.6 mm。

（2）二次放电防护

防雷装置承受雷击时，其接闪器、引下线和接地装置呈现很高的冲击电压，可能击穿与邻近的导体之间的绝缘，造成二次放电。二次放电可能引起爆炸和火灾，也可能造成电击。为了防止二次放电，不论是空气中或地下，都必须保证接闪器、引下线、接地装置与邻近导体之间有足够的安全距离。冲击接地电阻越大，被保护点越高，避雷线支柱越高及避雷线挡距越大，则要求防止二次放电的间距越大。在任何情况下，第一类防雷建筑物防止二次放电的最小间距不得小于 3 m，第二类防雷建筑物防止二次放电的最小间距不得小于 2 m。不能满足间距要求时，应予跨接。

为了防止防雷装置对带电体的反击事故，在可能发生反击的地方，应加装避雷器或保护间隙，以限制带电体上可能产生的冲击电压。降低防雷装置的接地电阻，也有利于防止二次放电事故。

2. 感应雷防护

雷电感应也能产生很高的冲击电压，在电力系统中应与其他过电压同样考虑。在建筑物和构筑物中，应主要考虑由二次放电引起爆炸和火灾的危险。无火灾和爆炸危险的建筑物及构筑物一般不考虑雷电感应的防护。

（1）静电感应防护

为了防止静电感应产生的高电压，应将建筑物内的金属设备、金属管道、金属构架、钢屋架、钢窗、电缆金属外皮，以及突出屋面的放散管、风管等金属物件与防雷电感应的接地装置相连。屋面结构钢筋宜绑扎或焊接成闭合回路。

根据建筑物的不同屋顶，应采取相应的防止静电感应的措施。对于金属屋顶，应将屋顶妥善接地；对于钢筋混凝土屋顶，应将屋面钢筋焊成边长 6~12 m 的网格，连成通路并予以接地；对于非金属屋顶，宜在屋顶上加装边长 6~12 m 的金属网格，并予以接地。

屋顶或其上金属网格的接地可以与其他接地装置共用。防雷电感应接地干线与接地装置的连接不得少于 2 处，其距离不得超过 16~24 m。

（2）电磁感应防护

为了防止电磁感应，平行敷设的管道、构架、电缆相距不到 100 mm 时，须用金属线跨接，跨接点之间的距离不应超过 30 m；交叉相距不到 100 mm 时，交叉处也应用金属线跨接。

此外，管道接头、弯头、阀门等连接处的过渡电阻大于 0.03 Ω 时，连接处也应用金属线跨接。在非腐蚀环境，对于 6 根及 6 根以上螺栓连接的法兰盘，以及对于第二类防雷建筑物可不跨接。

防电磁感应的接地装置也可与其他接地装置共用。

3. 雷电波侵入防护

属于雷电冲击波造成的雷害事故很多。在低压系统，这种事故占总雷害事故的70%以上。雷电波侵入防护措施主要有以下几种。

（1）电源线路进线方式

电源线路进入建筑物通常有两种方式，架空线路或埋地引入。为了防止或减少雷电波的侵入，室外电源线路宜全线埋地敷设或距建筑物 15m 处采用铠装电缆段或无铠装电缆穿钢管埋地引入，进入建筑物内总配电箱或电源配电柜，然后分线进入用户。

（2）电源线路的接地与等电位连接

电源供电系统通常采用TN-C-S 系统，在电源进线点进行总等电位联结（MEB）。另外，电缆外导体对内导体有静电屏蔽作用，电缆的外导体同内导体形成电容很容易将芯线上高频性质的感应电荷泄放入地，可一定程度限制较低的感应雷电波侵入。这就要求将电缆金属外皮、钢管等在进出建筑物处同电气设备的接地极相连。这种方式将极大减少高电位引入的威胁。在电缆进出户处将电缆外皮及保护钢管与电气设备接地极连接，在转换处应装设低压配电线路适用的避雷器，另要将避雷器、电缆金属外皮、绝缘子铁脚和金具连在一起接地。

建筑物防直击雷接地极同电气接地极共同泄放直击雷电流时，会出现接地极上雷电流经电阻耦合的高电位引入情况，这就需要在线路进户处必须装设一组避雷器，将高电位钳制在安全值。对保护耐压较低的家电产品而言，有必要在分配电箱处加装避雷器作为二级防护，以便逐级泄放雷电能量，逐步降低所钳制的雷电压值。鉴于信息系统的重要性，有必要采取电源三级防雷。

4. 人身防雷

雷暴时，由于带电积云直接对人体放电，雷电流入地产生对地电压，以及二次放电等都可能对人造成致命的电击。

雷暴时，应尽量减少在户外或野外逗留；在户外或野外最好穿塑料等不浸水的雨衣。如有条件，可进入有宽大金属构架或有防雷设施的建筑物、汽车或船只；如依靠建筑屏蔽的街道或高大树木屏蔽的街道躲避，要注意离开墙壁或树干 8 m 以外。

雷暴时，应尽量离开小山、小丘、隆起的小道，离开海滨、湖滨、河边、池塘旁，避开铁丝网、金属晒衣绳以及旗杆、烟囱、宝塔、孤独的树木附近，还应尽量离开没有防雷保护的小建筑物或其他设施。

雷暴时，在户内应注意防止雷电侵入波的危险，应离开照明线、动力线、电话线、广播线、收音机和电视机电源线、收音机和电视机天线，以及与其相连的各种金属设备，以防止这些线路或设备对人体二次放电。调查资料表明，户内70%以上对人体的二次放电事故发生在与线路或沿设备相距1 m以内的场合，相距1.6 m以上者尚未发生死亡事故。

雷雨天气，还应注意关闭门窗，以防止球雷进入户内造成危害。

第五节　电气事故案例分析

一、安全管理不善导致的事故

1. 安徽某生物发电公司“5·2”人身死亡事故

（1）事故经过

2021年5月2日，安徽某生物发电公司当值电气运行人员在进行发电机并网前检查过程中，发生一起人身触电事故，造成1人死亡。5月2日，安徽某生物发电公司机组C级检修工作全部结束，锅炉已点火，准备进行汽轮机冲转前的检查确认工作。1时40分左右，电气工作值班员曹某、孟某在进行发电机并网前检查过程中，发现发电机出口开关101柜内有积灰，遂进行柜内清扫工作。1时46分，曹某在强行打开柜内隔离挡板时，触碰发电机出口10 kV开关静触头，导致触电，经抢救无效死亡。

（2）事故分析

1）发电机出口开关101柜旁有10 kV开关静触头存在，值班人员由于自身的不注意在清理灰尘时触碰发电机出口10 kV开关静触头，触电死亡。

2）安全责任落实不到位，值班人员安全培训存在缺失，现场工作人员安全意识严重不足，所以在处理发电机出口开关101柜内的积灰时操作不当触发10 kV开关静触头，发生事故。

3）作业人员安全意识淡薄。现场习惯性违章问题突出，运行人员未严格执行“两票”管理规定，超范围工作，违规打开发电机出口开关柜内隔离挡板进行清扫。

4）检修组织管理不到位。电气检修承载力不足，当值运行人员参与电气检修作业，运行与检修工作界面不清、组织分工不明，在危险电流与人接触发生危险时安全组织措施无法有效落实。

5）事故信息报送不及时。新版《安全事故调查规程》宣传培训不到位，事故单位对报送要求不熟悉不掌握，事故发生后各层级未按照规定时限要求报送事故信息。

（3）事故预防

1）加强用电安全管理，加强职工安全培训。

2）建立有效的事故应急系统，防止事故的传播、扩大和二次事故的发生。

3）建立用电保护系统，在进行电气作业时，要通过检测系统密切注意系统本身及周边环境的变化，并对电流电压进行检测，防止触电事故的发生。

（4）基于能量释放理论的事故分析

从第一类危险源和第二类危险源的角度进行分析，发电机出口 10 kV 开关静触头触碰时会释放电能，属于第一类危险源；电气工作值班员曹某违规开柜操作属于人的不安全行为，为第二类危险源。电气工作值班员曹某在未检查周边环境是否安全的情况下，随意打开发电机出口开关 101 柜清理灰尘，误触碰发电机出口 10 kV 开关静触头，导致能量释放发生违背人的意愿的意外逸出和释放，而且释放的能量超过人体所能承受的范围，以致曹某触电身亡。

2. 深圳某光电科技有限公司“4·11”触电事故

（1）事故经过

事故发生地点位于福海街道新和社区新兴工业园三区一期 7 号 4 层，事故发生位置位于福海街道深圳市某光电科技有限公司无尘车间天花板内。2021 年 4 月 11 日 16 时 30 分左右，确定项目价款后，李某便开始对事故项目进行作业，吕某在仓库内协助传递工具。18 时 20 分左右，因李某安装气管接头需要电源，吕某前往配电箱处将第一排电闸全部打开。18 时 30 分左右，气管接头安装工作准备完毕，即将进行车间机器的接线作业，李某从天花板内下来并交代杜某所需要的电源线，杜某随即外出购买电源线。19 时 20 分左右，杜某把电源线买回来，李某重新进入无尘车间的天花板上进行车间机器的接线作业，在接线的过程中，李某不慎触碰到带有 AC220 V 危险电压的裸露的接线头，导致触电，杜某赶紧跑到配电箱处将第一排电闸全部断开并跑回无尘车间查看李某情况。

吕某发现情况不对，马上爬到天花板上查看李某情况，看到李某因触电晕倒在了天花板上，吕某便一边喊叫一边对李某进行人工呼吸，在抢救的过程中，吕某与李某一同从天花板上坠落至地面，坠落高度约为 2. 87 m。

（2）事故分析

1）存在带有 AC220 V 危险电压的裸露的接线头安全隐患，李某未取得特种作业操作证（电工证），在作业时未佩戴任何安全防护用品，在检修天花板吊顶机床设备线路时未采取有效的断电、验电措施和悬挂禁止合闸标识，拆除带有 AC220 V 危险电压的涉事接线头时，身体其他部位触碰到周边金属物，电流从涉事接线头、人体与周边金属物形成回路，造成触电死亡。

2）吕某救人心切，应急处置不当，爬到天花板内对李某进行施救，导致天花板倒塌，两人从天花板内坠落，吕某坠落受伤。

3）某光电公司主要负责人刘某未督促、检查本单位的安全生产工作，未审核李某的特种作业操作证（电工证），未及时发现并消除李某无证上岗作业的生产安全事故隐患。

（3）事故预防

1）公司将生产经营项目交给其他单位或者个人时，应先审核该单位或者个人是否具备安全生产条件。

2）加强安全监管力度，加大安全生产宣传教育，严格进行岗前培训，必须持证上岗，防范此类事故再次发生。

3）建立有效的事故应急系统，防止事故的传播、扩大和二次事故的发生。

（4）基于能量释放理论的事故分析

从第一类危险源和第二类危险源的角度进行分析，无尘车间的天花板上有 AC220 V 危险电压的裸露的接线头，容易发生触电事故，环境潮湿时还会造成漏电，属于第一类危险源；吕某前往配电箱处将第一排电闸全部打开后，李某工作时触碰的电线都是带电的，也属于第一类危险源；此外，李某高处作业，容易发生高处坠落事故，又是一大安全隐患，属于第一类危险源。李某不做任何防止触电的措施拆除带有 AC220 V 危险电压的涉事接线头，属于第二类危险源；吕某爬到天花板内对李某进行施救，不考虑天花板的承受重量等人的不安全行为也属于第二类危险源。

李某拆除带有 AC220 V 危险电压的涉事接线头时，身体其他部位触碰到周边金属物，由于配电箱处将第一排电闸全部打开，电流流经涉事接线头、人体与周边金属物形成回路，导致能量释放发生违背人的意愿的意外逸出和释放，李某身体超过电能的承受能力，触电死亡。由于吕某救人心切，没有做任何防护措施，进入天花板救人，导致天花板倒塌，两人从天花板内坠落，李某承受二次伤害，吕某坠落受伤。

3. 江苏某建工有限公司“7·3”触电事故

（1）事故经过

2018 年 7 月 3 日，某建工有限公司在零星工程二标段某公司南门南侧进行降水施工，施工现场临时用电自某公司南门传达室配电箱接出，电缆沿地面铺设连接至降水工地内的一台开关箱，现场两台水泵的电源线连接在该开关箱上，两台水泵和配电箱位于施工现场东侧围栏外侧，其中位于南侧的水泵电源线（连接水泵电机和开关箱之间的线路）在距离水泵电动机约 1.8 m 处有一处接头，接头处绝缘层老化有裂纹。根据某公司南门外视频监控显示，7 月 3 日下午，翟某（此次事故死者，男，56 岁，黄墩镇英庄村人）独自一人在降水工地干活，17 时 35 分许翟某在工地围栏内由西向东走动，直至走出视频监控范围，再未回到视频监控范围内。17 时 43 分许，园区开发公司工作人员张某、王某在巡检至某公司南门降水工程工地时，发现翟某头朝北仰面躺在工地围栏内（靠近东侧围栏），左手与一根约 6 m 长的钢管接触，当时水泵还在运转。

（2）事故分析

1）降水泵电源线接头处绝缘不良。经现场勘察，位于南侧的降水泵电源线接头处绝缘橡皮老化开裂、破损，金属线芯外露。施工现场钢管接触电源线接头处，翟某触碰到钢管时发生触电事故。

2）开关箱内安装的漏电断路器不符合规范要求。在发生触电事故时，漏电断路器未能断开电路，未起到保护作用。

3）公司事故隐患排查治理不到位。未能及时发现并消除施工现场存在的事故隐患。

（3）事故预防

1）某建工有限公司应从这起事故中吸取深刻的教训，施工现场临时用电要严格执行相关国家标准或行业标准，要建立健全生产安全事故隐患排查治理制度，加大对施工现场生产安全事故隐患排查治理力度，及时发现并消除作业现场存在的事故隐患。

2）园区开发公司要加强对工程承包单位安全生产工作的统一协调、管理，定期对施工现场进行安全检查，确保检查不走过场，要督促施工单位严格执行安全生产法律、法规和标准。

3）园区管委会要认真履行属地监管责任，加强对属地建筑、市政施工现场的监督管理，督促建筑施工企业严格落实安全生产主体责任，严防类似事故再次发生。

（4）基于能量释放理论的事故分析

从第一类危险源和第二类危险源的角度进行分析，南侧的水泵电源线（连接水泵电机和开关箱之间的线路）在距离水泵电动机约 1.8 m 处有一处接头，接头处绝缘层老化有裂纹，这一安全隐患会导致发生漏电事故，属于第一类危险源；开关箱内安装的漏电断路器不符合规范要求，现场环境混乱，钢管乱放属于第二类危险源。

位于南侧的降水泵电源线接头处绝缘橡皮老化开裂、破损，金属线芯外露。翟某在工作时，左手与一根约 6 m 长的钢管接触，钢管接触电源线接头处，当时水泵还在运转，翟某触碰到钢管时，开关箱内安装的漏电断路器由于不符合规范要求，也没有断开，致使翟某发生触电事故。

4. 陕西泾河新城某家居公司“8・1”较大触电事故

（1）事故经过

2020 年 8 月 1 日上午 7 时 30 分许，按照施工进度，某钢结构公司负责人郎某组织 10 名劳务人员进场，进行家居公司管业北区钢结构库房墙体钢檩条（钢结构工程墙体承重构件）焊接和卷帘门制作及安装施工。其中，劳务工人邓某、吴某、张某负责 E 区北侧钢结构库房钢檩条焊接作业。上午 8 时 26 分许，由于作业位置发生改变，上述 3 人在由东向西推动可移动式脚手架过程中，金属脚手架顶部不慎触碰上方 10 kV 带电高压线，致使 3 人触电倒地。

（2）事故分析

1）直接原因。邓某、吴某、张某 3 人安全意识淡薄，未经任何安全教育培训，没有风险辨识能力，不清楚、不掌握作业场所重大危险因素，在未取得特种作业操作资格的情况下，违规进行高处作业和电焊作业，且未佩戴必要的安全防护用品，盲目冒险在 10 kV 高压线危险距离内移动脚手架，致使脚手架顶部不慎触碰高压线单相线，导致 3 人触电死亡，是事故发生的直接原因。

2）间接原因。家居公司库房工程建设项目相关建设、施工单位，安全生产主体责任不落实，严重违反建筑施工和电力行业相关法律法规及安全标准，在未办理相关土地、规划和施工许可的情况下，违规发包、超资质承揽工程。在未征得电力企业及其主管部门同意情况下擅自降低高压线距地面垂直安全距离，违规组织人员在电力设施危险区域施工作业，安排无证人员进行特种作业。项目安全管理混乱，未建立安全生产责任制，未按规定制定并实施钢结构工程专项施工方案，未配备专职安全管理人员，未开展隐患排查治理工作，没有对作业人员进行必要的安全教育和风险告知，现场安全管理严重缺失，是造成事故发生的主要原因。

有关部门监管职责履行不到位，对担负的建筑领域“打非治违”职责认识不清，排查整治违法建设、违规施工行为不细致、不深入，没有将非法违法建设项目纳入日常监管范围，致使家居公司库房工程存在的土地、规划、建设领域违法违规行为没有得到及时发现和查处，是造成事故发生的重要原因。

（3）事故预防

1）加强企业安全生产主体责任体系建设，严格执行国家有关法律法规和强制性标准规范，严禁超资质承揽或违法分包工程。要切实加强对所属建设工程项目的安全管理，建立项目安全管理体系，按照规定配备项目安全管理人员。要保证必需的安全生产投入，为从业人员配备必要的劳动保护用品，按规定设置安全防护设施和警示标志。要按规定制定专项施工方案并确保落实，加强现场管理，全面深入开展隐患排查治理，杜绝违章指挥和“三违”作业。要加强对从业人员的安全教育培训和特种作业人员管理，提升各级人员安全责任意识和防范能力，确保生产安全。

2）要认真吸取此次事故教训，组织拆除管业北区钢结构库房违法建筑物，尽快消除现场高压线重大安全隐患。要认真落实企业安全生产主体责任，依法履行相关建设程序，改善现场安全生产条件，严禁违规发包、冒险组织人员进行施工。要完善公司安全管理体系，健全安全生产责任制，杜绝安全生产违法违规行为，确保生产安全。

3）开展警示教育，进一步健全电力设施安全管理制度和责任体系。加强电力线路日常巡查、维护力度，完善警示提醒标志，及时制止、上报电力违法违规行为，消除事故隐患。加强电力安全宣传教育，向电力沿线企事业单位和人民群众广泛宣传《电力法》《电力设施保护条例》等法律法规有关内容，切实提升全民电力安全意识。

（4）基于能量释放理论的事故分析

从第一类危险源和第二类危险源的角度进行分析，10 kV 带电高压线为第一类危险源，邓某、吴某、张某 3 人进行高处作业和电焊作业，且未佩戴必要安全防护用品，现场管理不善，工作人员擅自降低带电高压线高度等人的不安全行为属于第二类危险源。邓某、吴某、张某 3 人由东向西推动可移动式脚手架过程中，金属脚手架顶部不慎触碰上方 10 kV 带电高压线，导致能量释放发生违背人的意愿的意外逸出和释放，远远超过人体承受的能量范围，致使 3 人触电死亡。

二、感应电事故

以下介绍山东某风电厂“8・9”事故。

（1）事故经过

2020 年 8 月 9 日，山东某风电厂早会安排线路巡检，工作负责人为张某，工作班成员为张某寿。因 A29 号风机附近集电线路下方树木距离线路较近，场长羿某安随同一起去现场查看。8 时 50 分，三人到达 A29 风机现场附近。在查看现场的过程中，张某寿手持的长锯因与集电线路安全距离不足发生感应触电。在路边查看树木的羿某安、张某听见呼声后，发现张某寿手扶长锯倒在路边沟内，立即对张某寿进行抢救。张某寿触电后尚有意识和呼吸，其间，羿某安和张某一直对张某寿做人工呼吸。8 时 55 分，司机战某利拨打 120 电话呼救。9 时 20 分，市人民医院急救中心 120 救护人员赶到现场进行抢救，随即送往市人民医院进行抢救。17 时 30 分，医院通知伤者死亡。

（2）事故分析

1）巡检人员在巡检过程中，随车携带的长锯与集电线路的安全距离不足，致使发生感应电伤人。

2）安全风险辨识不到位，现场安全管控措施落实不全面，员工安全意识不强。如果巡检人员手持的电锯与路边树木的安全距离大于临界安全距离，在规定的操作规程下操作，就能避免事故的发生。

3）对现场风险点辨识不到位。电厂对集电线路与地、树和人持工器具安全距离的风险辨识不到位、认识不够充分，安全风险管控工作落实深度不足、专业性不强，且反事故措施要求落实不到位，安全风险防控措施不完善。

4）安全生产各级责任落实不到位。电厂安全管理工作不够扎实，现场人员安全意识不足，对现场作业人员的行为管控约束不严，对边缘区域、现场安全管理重视不够，安全监护管理不到位，安全管理上存在真空和盲区。

（3）事故预防

1）加强安全教育培训，提升风险防控意识。进一步加强安全教育培训，特别是针对可能导致人身触电、高处坠落、起重伤害、有限空间等危害的高危作业相关知识的培训，确保人员熟知并落实安全防护措施，能够正确使用安全防护用具。

2）严格落实“两票三制”要求，确保各项措施执行到位。加强对“两票三制”执行落实情况的监督检查力度，提高对现场作业行为的管控能力，确保现场作业安全。

3）强化岗位风险管控，提高作业人员风险意识。进一步强化岗位风险辨识评估工作，对照各岗位职责，结合相关事故事件信息，持续完善岗位风险清单并做好动态管理，切实提升作业人员的风险辨识与控制能力，以实现安全风险工作的常态化管控。

（4）基于能量释放理论的事故分析

从第一类危险源和第二类危险源的角度进行分析，集电线路一般有大量的电流通过，一般会产生感应电，属于第一类危险源；巡检人员手持的电锯与路边树木的安全距离小于临界安全距离，电厂对集电线路与地、树和人持工器具安全距离的风险辨识不到位等人的不安全行为属于第二类危险源。张某寿在作业时手持的长锯因与集电线路安全距离不足发生感应触电身亡。

三、电容器剩余电荷导致触电

以下介绍内蒙古某电业局“7·18”人身死亡事故。

（1）事故经过

2019年7月18日9时50分左右，内蒙古某电业局修试管理处郭某、曹某、马某、寇某4人到达某110千伏变电站处理941电容器跳闸故障，10时30分，变电站值长杨某许可941电容器电气试验工作。10时33分，工作负责人郭某组织召开班前会，交代工作任务和现场安全措施，强调电容器必须逐台进行放电。会后，郭某等人准备工器具，曹某用手触碰了B相02号单体电容器已熔断的熔丝，被剩余电荷电了一下，寇某、马某对其行为进行了制止。10时35分左右，寇某开始进行电容器放电工作，10时40分完成A相电容器放电，当进行到B相02号单体电容器中性点侧放电时，寇某听到对面发出“啊呀”一声，随即看到曹某从电容器基础上退下来，靠坐在A相电容器水泥基础旁。随后，郭某、马某、寇某等人立即跑过去查看，发现曹某已触电，出现呼吸急促、双手抽搐现象。后将伤者立即送至医院，11时50分左右医院告知伤者经抢救无效死亡。

（2）事故分析

1）941电容器组B相02号单体电容器熔丝熔断，不平衡保护跳闸后，无法通过放电线圈放电，存在剩余电荷，残压较高。

2）工作班成员曹某在已知B相02号单体电容器带电，且未完成941甲组B相电容器充分放电的情况下，登上电容器基础，左胸腹部触碰B相02号单体电容器熔丝，违章作业，造成触电，是造成此次事故的直接原因。

3）工作负责人郭某，对单体电容器保险丝熔断没有完全放电且存在较大风险的特殊作业点未严格履行安全监护制度，未及时发现曹某违章作业行为。

（3）事故预防

1）深刻吸取事故教训。公司系统各单位立即组织学习事故通报，开展安全警示教育活动，深入排查治理安全隐患。

2）强化各级人员安全责任落实以及作业现场安全管控。

3）加强特殊作业项目、特殊作业环境风险辨识。对电容器、电缆等存在较大剩余电荷的检修项目，开展风险点辨识，并采取有针对性的防范措施。

4）加强作业人员安全技能培训。现场作业人员要从熟悉设备接线方式、构造原理、运行工况等方面开展有针对性的技能培训，切实提高一线人员业务技能和安全防护意识。

（4）基于能量释放理论的事故分析

从第一类危险源和第二类危险源的角度进行分析，941 电容器组 B 相 02 号单体电容器熔丝熔断，不平衡保护跳闸后，无法通过放电线圈放电，存在剩余电荷，残压较高，属于第一类危险源；曹某在已知 B 相 02 号单体电容器带电，且未完成941 甲组 B 相电容器充分放电的情况下，违章作业，且在进行电容器放电时没有任何防护措施等人的不安全行为是第二类危险源。曹某在已知 B 相 02 号单体电容器带电，且未完成 941 甲组 B 相电容器充分放电的情况下，登上电容器基础，左胸腹部触碰 B 相 02 号单体电容器熔丝，造成曹某触电。

四、人体静电放电爆炸

以下介绍某厂爆炸事故。

（1）事故经过

从内贴聚乙烯衬里的桶中，连续把氰尿酰氯通过人孔投入丙酮槽，操作工穿着刚洗过的聚乙烯工作服，带着氯乙烯手套，穿着橡胶长筒鞋，正在操作时发生了爆炸。

（2）事故分析

操作工穿的是聚乙烯工作服，带着氯乙烯手套，当人体运动、手工操作时聚乙烯工作服和氯乙烯手套因摩擦带电，且由于穿的是橡胶长筒鞋，静电不易泄漏，故引起静电积聚。在人孔投料时，人体对人孔放电，火花引燃了人孔附近的甲醇蒸气而爆炸。

（3）预防措施

1）穿戴棉质符合静电防护要求的陪护用品。

2）设置静电释放器，员工在操作前触摸静电释放器，释放人体所带静电。

3）建立完善的设备静电接地系统。

（4）基于能量释放理论的事故分析

从第一类危险源和第二类危险源的角度进行分析，工作时因摩擦带电的静电属于第一类危险源；手工操作时聚乙烯工作服和氯乙烯手套容易产生静电，防护工作服不符合作业要求，穿的是橡胶长筒鞋，静电不易泄漏等防护措施不当等属于第二类危险源。聚乙烯工作服和氯乙烯手套因摩擦带电，且穿的橡胶长筒鞋，静电不易泄漏，故引起静电积聚，在人孔投料时，人体对人孔放电，火花引燃了人孔附近的甲醇蒸气，而发生爆炸事故。

五、漏电导致的事故

以下介绍昆明某公司“8·3”触电事故。

（1）事故经过

2019 年 4 月，某公司矿山、选矿厂全面停产，2020 年 7 月 14 日，某公司召集员工返岗准备复产，经过 9 天的安全教育培训后，组织员工开始复工复产前的检修工作。2020 年 8 月 3 日上午，某公司早调会结束后，检修班班长尤某安排陈某森（死者）和片区长助理李某到 1 905 m 中段（14#硐）开展检修工作，要求对井下所有设施设备进行检查维修，发现问题根据具体情况处理。陈某森和李某两人到 1 905 m 中段（14#硐）检查后，发现硐内大量积水且积水较深，需要抽水作业。出硐后，陈某森和李某从公司找来一台潜水泵，并于 16 时左右携带潜水泵等设备进入硐内，准备开展抽水作业（该潜水泵额定功率 3 000 W，额定电压 380 V）。陈某森和李某将潜水泵搬至硐内积水处的抽水点后，李某负责安装潜水泵的抽水管，陈某森负责连接潜水泵的电源线路（陈某森在某公司一直从事电工作业）。李某将抽水管安装完毕后，在硐内没有积水的地方休息，等待陈某森连接完潜水泵的电源线路。潜水泵电源线路连接完后，按照习惯，陈某森打开断路开关送电测试潜水泵是否正常，李某看见潜水泵能正常抽出水后，陈某森停止送电测试，和李某继续把抽水管铺设到硐口。17 时左右，潜水泵的抽水管铺设完毕，陈某森、李某两人一同回到硐内，李某收拾安装工具，陈某森到断路开关处送电。当李某收拾好工具准备出硐口，行走到距硐口约 30 米处，听见陈某森喊叫了一声，李某立即折返并呼喊陈某森的名字，但是陈某森无回应。李某走到积水边看到陈某森倒在巷道左侧的潜水泵旁边，李某从巷道右侧绕经槽口下方至断路开关处将潜水泵电源断开，来到陈某森旁边，扶起陈某森发现其没有意识，李某立即对陈某森实施心肺复苏，持续 3 至 4 分钟，陈某森仍无反应。李某随即跑到硐口打电话给尤某，尤某叫上安全调度员胡某有到现场再次施救，陈某森仍无任何反应，三人把陈某森抬出硐口，放到皮卡车上送往汤丹镇卫生院抢救，同时拨打 120 急救电话。在汤丹镇三岔路口遇到救护车，经医生现场抢救 40 分钟后宣布陈某森抢救无效死亡。

（2）事故原因

1）某公司所使用的潜水泵漏电。事故调查组对该潜水泵进行现场实验，确定该潜水泵漏电。经测，潜水泵使用423 V动力电源运行时，潜水泵附近水域电压为310 V。

2）陈某森在安装和使用潜水泵时，未严格遵循《金属非金属矿山安全规程》（GB 16423—2020）和公司制定的《安全操作规程》，潜水泵未实施接地保护，未遵守潜水泵使用方法及注意事项，在潜水泵运行过程中，进入潜水泵附近水域，造成陈某森触电死亡。

3）作业人员违规违章作业。李某作为作业人员兼监护人，未认真履行安全监护职责，陈某森在安装潜水泵过程中，未及时发现陈某森的违规行为，潜水泵运行过程中，未制止陈某森进入潜水泵附近水域。

4）事故单位安全管理不到位。未严格履行危险作业审批制度。某公司设能部和安环部未严格执行公司制定的危险作业审批制度，陈某森、李某使用潜水泵抽水作业的临时用电未经审批，仅通过电话和口头安排确认，即进行临时用电作业。

5）设备管理不到位。某公司对设备安全管理不到位，未按照制度对设备进行日常维护、保养、检测，未建立潜水泵的使用、检测、维修保养等记录台账，潜水泵在维修后未进行质量检查验收就投入使用。

6）特种作业人员管理不到位。陈某森作为公司的电工作业人员，持有的特种作业资格证（维修电工操作证）有效期限至2020年6月20日，资格证书到期后，未按公司制定的特种作业管理制度及时组织培训重新取证，仍然违规安排上岗作业。

（3）事故预防

1）全公司通报本次触电事故，对公司员工开展安全警示教育，针对此次事故暴露出的问题举一反三，深入查找问题根源，采取有效措施督促各部门严格落实规章制度，加强现场安全管理和隐患排查治理，强化员工安全意识教育，深入开展反“三违”专项行动，坚决杜绝再发生因违章指挥、违规作业造成的事故。

2）立即对矿山所有设施设备开展隐患排查，按照相关法律法规的要求，对安全设备进行维护、保养、检测，并做好记录，保证设备正常运转。隐患整改完毕后，报请区应急管理局复查验收，方能恢复生产。

（4）基于能量释放理论的事故分析

从第一类危险源和第二类危险源的角度进行分析，所使用的潜水泵通电时具有电能，而且潜水泵使用423 V动力电源运行时，若防护不当，潜水泵附近水域电压会升高，超过人体所能承受的最大电压，会造成事故，属于第一类危险源；现场工作人员没有安全意识，陈某森在安装和使用潜水泵时，潜水泵未实施接地保护，属于第二类危险源。在第一类危险源和第二类危险源的共同作用下，在潜水泵运行过程中，陈某森进入潜水泵附近水域，造成陈某森触电死亡。

本章小结

本章在介绍了电（能）的基本知识的基础上，分析了电能释放的危险性；对电气事故的预防进行了讨论，主要从供电系统事故及其原因、安全供电、防止触电、防止电气火灾和爆炸进行了阐述；讨论了静电的概念与产生，分析了在生产过程中静电的特性和危害，提出了静电危害消除的基本方法；介绍了雷电的产生过程，分析了雷电的种类与危害，从防雷设计的角度讨论了雷电的基本参数，依据建筑物的重要性、使用性质、发生雷电事故的可能性和后果介绍了建筑物的防雷分类，讨论了常用的防雷装置，概述了常用的防雷技术；介绍了典型的电能事故案例。

复习思考题

1. 如何认识和理解电能？
2. 认识自然界中的电现象。
3. 电能意外释放的原因主要有哪些？
4. 简述电气事故的类型。
5. 简述直接接触触电的防护措施。
6. 简述电气防火防爆措施。
7. 如何理解静电？
8. 简述静电的危害及消除静电的基本途径。
9. 简述雷电的形成及放电过程。
10. 简述雷电的种类与危害。
11. 从防雷设计的角度简述雷电的基本参数。
12. 简述建筑物的防雷分类及防雷装置。

第七章　道路交通安全工程

本章学习目标

1. 了解道路交通事故特点、形式、事故致因，掌握交通安全工程的主要内容。
2. 了解《道路交通安全法》对驾驶人员的安全要求，掌握驾驶体能、观察的要求，熟悉信号机安全装置的使用要求。
3. 了解机动车的种类及安全条件，掌握车辆主动、被动安全性。
4. 了解道路设施安全设计的基本原理，熟悉和掌握道路交通设施的主要类型和安全功能。

第一节　道路交通能量释放危险及安全工程

一、道路交通的重要地位

交通运输，是指人们或人们借助某种运载手段，通过某种运动转移的方式，实现人或物的空间位置移动的社会活动过程。交通运输是现代社会的血脉，是国民经济各部门联系的纽带和桥梁，是基础产业和关系国计民生的服务性行业，是社会及经济可持续发展的保证。交通运输主要有道路、铁路、水运、航空等方式。

道路运输即公路运输，是指在公共道路（包括城市、城间、城乡间、乡间能行驶汽车的所有道路）上使用汽车或其他运输工具，从事旅客或货物运输及其相关业务活动的总称。与其他运输方式比较，道路运输的最大优势是灵活性强，尤其是随着公路网（特别是高速公路网）、公路桥不断密集，网络、通信技术以及计算机技术迅速发展，道路运输优点更加突出。在货物运输上可以实现“门到门”，在旅客运输上可以实现“村村通”。

道路运输量大、面广且发展迅猛，关系到社会生活的方方面面，与每个人息息相关。在步入 21 世纪以来，以公路运输为主体的运输方法逐渐占据了交通运输的主导地位，对国民经济的发展做出积极的贡献。目前，我国道路运输总量占运输行业的比重维持在 70%以上，从业人员达到数千万。2020 年我国机动车保有量达 3.72 亿辆，机动车驾驶人数为 4.56 亿人。

道路运输在给社会生活和经济生产带来巨大利益的同时，道路安全问题也日益突出，成为社会关注的重点。我国每年道路交通事故死亡人数达 6~7 万人以上，超过我国安全生产事故的死亡人数，事故带来的人员伤亡数量和财产损失总额在全部交通事故中都占80%以上，远远大于其他交通方式。因此，加强道路运输安全是交通安全工程的关键。

二、道路交通事故的特点

交通事故是指车辆在道路上因过错或者意外造成人身伤亡或者财产损失的事件。构成道路交通事故，必须具有以下要素。

（1）车辆

交通事故必须有车辆（包括机动车和非机动车）作为当事方参与，否则不能构成交通事故，如行人与行人间发生碰撞不属于交通事故。

（2）道路

交通事故发生在道路上。道路包括公路、城市道路和虽在单位管辖范围但允许社会机动车通行的地方，包括广场、公共停车场等用于公众通行的场所。

（3）运动

事故必须在运动中发生，具体是指车辆在行驶或停放过程中发生的事件。若车辆完全停止，行人主动去碰撞车辆或乘车人上下车的过程中发生的挤、摔、伤亡的事故，则不属于交通事故。

（4）有事态发生

这是指有碰撞、碾压、剐擦、翻车、坠车、爆炸、失火等其中的一种或几种现象发生。若没有这些事态，而是行人或旅客因其他原因（如疾病、拥挤等）造成的事件不属于交通事故。

（5）有损害后果

损害后果仅指直接的损害后果，且是物质损失，包括人身伤亡和财产损失。若仅造成精神损失不统计为交通事故。

（6）事故必须源于肇事者的过错或者意外

这是指事故是出于人的意料之外而偶然发生的事件，当事人的心理状态是过失。若当事人出于主观故意，如自杀或有意制造车辆事故，则不属于交通事故。

任何一起事故，必须同时具备以上六个基本要素，才属于道路交通事故。显然，因地震、台风、山洪、雷击等不可抗拒的自然灾害导致的事故不属于交通事故。

三、交通事故的表现形式

交通事故表现形式，也称为交通事故的事态，即交通参与者之间发生冲突或自身失控造成肇事所表现出来的具体形态，大致可分为以下七种。

（1）碰撞

指交通强者（相对而言，下同）的正面部分与他方接触，或同类车的正面部分相互接触。碰撞主要发生在机动车之间、机动车与非机动车之间、机动车与行人之间、非机动车之间、非机动车与行人之间，以及车辆与其他物体之间。

（2）碾压

指作为交通强者的机动车，对交通弱者如自行车、行人等的推碾或压过。尽管在碾压之前，大部分均有碰撞现象，但在习惯上一般都称为碾压。

（3）刮擦

指相对而言的交通强者的侧面部分与他方接触，造成自身或他方损坏。主要表现为车刮车、车刮物和车刮人。对汽车乘员而言，发生刮擦事故时的最大危险来自破碎的玻璃，但也有车门被刮开，将车内乘员摔出车外的现象。机动车之间的刮擦，根据运动情况，可分为会车刮擦和超车刮擦。

（4）翻车

通常指车辆没有发生其他事态，部分或全部车轮悬空、车身着地的现象。翻车一般可分为侧翻和滚翻两种，车辆的一侧轮胎离开地面称为侧翻，所有的车轮都离开地面称为滚翻。为了准确地描述翻车过程和最后的静止状态，也可用90°、180°、360°、720°翻车等概念。

（5）坠车

即车辆的坠落，且在坠落的过程中，有一个离开地面的落体过程，通常是指车辆跌落到与路面有一定高度差的路外，如坠落桥下、坠入山涧等。

（6）爆炸

指将危险物品带入车内，在行驶过程中由于振动等原因引起爆炸造成事故。若无违章行为，则不算是交通事故。

（7）失火

指车辆在行驶过程中，由于人为的或技术上原因引起的火灾。常见的原因有乘员使用明火，违章直流供油，发动机回火，电路系统短路、漏电等。

交通事故表现形式及相关人员见表 7-1。

表 7-1　交通事故表现形式及相关人员

事态种类	交通事故参与者	表现形式	交通强者	交通弱者
碰撞	①机动车；②非机动车；③行人；④其他物体	正面、侧面和追尾碰撞（机动车或非机动车之间；机动车或非机动车与行人；车辆与其他物体之间）	车辆（机动车或非机动车）	行人
碾压	①机动车；②骑车人；③行人	推碾，压过	机动车	骑车人和行人
剐擦	①机动车；②非机动车；③行人等	车剐车、车剐人、车剐物、乘员被玻璃击伤或摔出车外	车辆（机动车或非机动车）	行人等
翻车	①机动车；②非机动车	侧翻，滚翻		
坠车		车辆跌落到与路面有一定高度差的路外，如坠落桥下、坠入山涧等事故		
爆炸		在车辆行驶过程中，带入车内的危险物品，由于振动等原因而引起爆炸造成事故		
失火		车辆在行驶过程中，由于乘员使用明火或违章直流供油、发动机回火、电路故障而引起火灾		

交通事故表现形式有时是单一的，有时可能是两种以上并存的。对两种以上并存的现象，一般按现象发生时间的先后顺序加以认定，如剐擦后翻车认定为剐擦、碰撞后失火认定为碰撞等。也有按主要现象认定的，如碰撞后碾压认定为碾压。

根据统计，在各类交通事故中，无论是事故次数、人员伤亡数，还是经济损失，碰撞交通事故都占到相应总数的 2/3 以上。

四、道路交通事故致因分析

根据能量意外释放致因理论，道路交通涉及的能量主要是动能，而动能的来源通常是化学能（汽油、柴油、天然气）或电能（电动汽车的蓄电池）的转换，这些能量意外释放，突破交通、车辆等系统的安全屏蔽，作用于人体造成人员伤害，作用于设备、建筑物、物体等造成这些物体的破坏。

道路交通系统中的能量意外释放，是由于两类危险源的发展变化和相互作用的结果。

1. 道路交通事故的第一类危险源

道路交通事故中第一类危险源是化学能或电能在转化为动能后，产生了意外的能量释放。根据动能的定义，车辆速度越快、荷载越大，动能就越大，一旦发生能量意外释放，其损害也越大。

道路交通安全领域的基本矛盾在于，从预防和控制动能意外释放事故的角度，希望道路交通过程中减少荷载、降低速度；而从追求道路交通行业基本功能的角度，人们却希望“多装快跑”。在同样的道路工程状况、车辆的科技水平条件下，道路运输存在着增大第一类危险源的“内在的、自发的冲动”。因此，限速、限载，将动能限定在安全水平之内是对第一类危险源的基本控制策略。

2. 道路交通事故的第二类危险源

道路交通事故中第二类危险源是那些导致各类安全屏障失效或破坏的不安全因素。人们为了实现道路运输的安全，设置了多重安全屏障，包括道路及相关设施在设计、建造中考虑的安全因素（如道路的安全等级设计，地形地貌对行驶安全的影响，交叉口、隧道、桥梁的安全设施等）；各类道路安全警示标志标识；车辆安全性能和安全保障设施、驾驶员安全教育和要求、车辆及行驶安全监管制度和措施等。这些安全屏障由于人（主要是驾驶员、行人）的不安全行为、物（车辆）的不安全状态、环境不良（路况、安全标识、天气等）以及管理不善方面的因素出现失效或遭到破坏。

基于能量释放理论、两类危险源理论的道路交通事故因果连锁如图 7-1 所示。

3. 交通安全三要素

从两类危险源分析可知，对第一类危险源要车载限量、驾驶限速，对第二类危险源要防止人、车辆、环境的不安全状态，两者都与人、车、道路有关，可见防止交通事故，保障交通安全，就是要求人、车、道路三要素均安全可靠。

（1）驾驶员

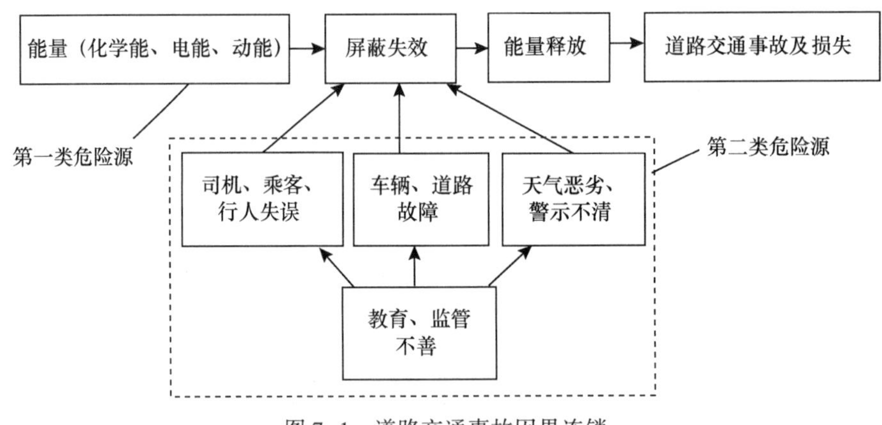

图 7-1　道路交通事故因果连锁

在三要素中，驾驶员是环境的理解者、指令的发出和操作者，路和车的因素必须通过人才能起作用。同时，人、车、路组成的系统时刻在变化，时刻处于不稳定状态，全靠人的干预达到平衡，驾驶员是系统的关键和核心要素。因此，要求驾驶员驾驶技术熟练、经验丰富、注意力集中，并能严格遵守交通法规。

（2）车辆

造成交通事故的第二大要素是车辆。在道路上行驶的车辆，既有机动车，又有自行车和其他非机动车，其中机动车是一种快速、能量较大的交通工具，也是造成严重事故后果的最大“元凶”。车辆的安全性能和安全设施主要与车辆的设计制造有关，要应用人机工程原理，对车辆的驾驶系统进行优化设计，不断改进车辆的安全保障系统。

（3）道路

虽然现有的统计资料表明，以道路缺陷为主要原因引发的交通事故不足 10%。但是，道路状况在很大程度上决定了交通事故发生和发展，因此道路条件的间接作用绝不可忽视。道路交通设施要使道路满足车辆行驶的物理、力学要求，不至于使汽车发生滑移、倾覆等事故。同时，道路交通设施还要能促使道路用户作出正确的决策（如道路的线形和交通标志标线应当保证驾驶员能迅速、正确地对前方的道路情况作出判断），要保证一次给驾驶员的信息不能太多太快，否则也会因超出驾驶员的接受能力而出现误判。

五、道路交通安全工程

道路交通安全工程是运用系统工程的原理和方法，对道路交通系统中的危险性进行定量和定性的分析、评价和预测，并根据其结果，采用综合安全措施予以控制或消除系统中存在的危险因素，使道路交通事故发生的可能性降低到最低限度，从而达到系统最佳安全状态的技术和方法。

从交通安全三要素的角度，可以将道路交通安全工程分解为驾驶安全工程、车辆安全工程、道路设施安全工程。其中，驾驶安全工程是指驾驶要素为主导的安全工程技术，包括与驾驶员个人体能和心理因素相关的安全工程技术，可以称为基本安全条件，与驾驶相关的安全设施（如信号装置、安全装置等）的操作要求，可以称为安全驾驶能力；车辆安全工程是指车辆本身的安全性能及其配套安全设施的安全工程技术，可以分别称为车辆的主动、被动安全工程；道路设施安全工程是指路况及相关安全标志标识的安全工程技术，前者主要受道路设计的影响（当然也有道路维护的因素，不是本书讨论的重点），后者属于道路的安全设施。

道路安全工程的主要内容如图 7-2 所示。

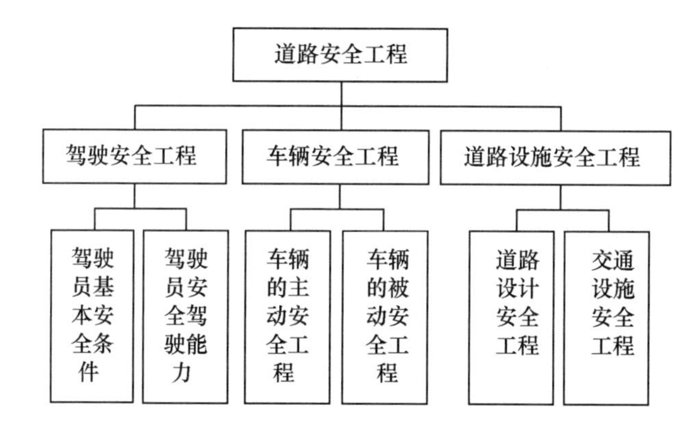

图 7-2　道路安全工程的主要内容

第二节　驾驶安全工程

人是交通安全的主体。在交通事故中，人既是事故的肇事者，也是事故的受害者，这里的人是指所有道路的使用者，既包括驾驶员，也包括乘客、机动或非机动车驾乘人、行人等。通常驾驶员是事故的主要方面，其不安全行为是事故的致因，是致因方；而其他人员是事故的次要方面，是受害方。

驾驶人的不安全行为主要有超速行驶、疲劳驾驶、违法超车、违法会车、违法占道行驶、客车超员等。这些现象极为普遍，从而导致各种道路交通事故的频繁发生。据统计，在发生的交通事故中，机动车驾驶人交通肇事占事故总数的90%以上，造成的死亡人数也占死亡总数90%以上。

一、安全驾驶基本要求

我国《道路交通安全法》指出，道路交通安全工作，应当遵循依法管理、方便群众的原则，保障道路交通有序、安全、畅通。同时提出了安全驾驶的一些基本要求。

1. 一般要求

（1）驾驶机动车，应当依法取得机动车驾驶证。

（2）驾驶人驾驶机动车上道路行驶前，应当对机动车的安全技术性能进行认真检查；不得驾驶安全设施不全或者机件不符合技术标准等具有安全隐患的机动车。

（3）机动车驾驶人应当遵守道路交通安全法律、法规的规定，按照操作规范安全驾驶、文明驾驶。

另外，驾驶员还应做到：

（1）熟悉并严格遵守道路交通安全相关法律法规及相关知识。

（2）及时了解最新的道路交通安全法律法规知识。

2. 驾驶证使用要求

（1）驾驶人在驾驶机动车时应随身携带机动车驾驶证。

（2）驾驶人持有驾驶证应在有效期内，并按期审验。

（3）驾驶人驾驶机动车的车型应符合其所持机动车驾驶证准驾车型。

（4）驾驶人因年龄超出准驾车型规定范围的，应当按规定换领相应的机动车驾驶证。

（5）机动车驾驶证在实习期内时，驾驶人应遵循以下规定：

1）机动车车身后部要粘贴或者悬挂统一式样的实习标志。

2）不应驾驶公共汽车、营运客车或者执行任务的警察、消防车、救护车、工程救险车以及载有爆炸物品、易燃易爆化学品、剧毒或者放射性等危险物品的机动车。

3）驾驶机动车上高速公路行驶，应由持相应或者更高准驾车型驾驶证3年以上的驾驶人陪同。

4）驾驶的机动车不应牵引挂车。

3. 机动车使用要求

（1）驾驶人应驾驶经公安机关交通管理部门注册登记的机动车上路行驶。

（2）驾驶人驾驶尚未注册登记的机动车临时上路行驶，应取得临时通行牌证。

（3）驾驶人驾驶机动车上道路行驶，应当按照规定悬挂机动车号牌并保持清晰、完整，不得故意遮挡、污损。

（4）驾驶人驾驶机动车上道路行驶，应当放置检验合格标志、保险标志，并随车携带机动车行驶证。

（5）驾驶人驾驶的机动车应在检验合格有效期内，不应驾驶检验不合格或达到报废标准的机动车上路行驶。

（6）驾驶人驾驶的机动车应在交通事故责任强制保险有效期内，不应驾驶未办理保险或保险过期的机动车上路行驶。

（7）驾驶人驾驶机动车牵引挂车，应遵循以下规定。

1）载货汽车、半挂牵引车、拖拉机只可牵引1辆挂车。挂车的灯光信号、制动、连接、安全防护等装置应符合国家标准。

2）小型载客汽车只可牵引旅居挂车或者总质量700千克以下的挂车。挂车不可载人。

3）载货汽车所牵引挂车的载质量不应超过载货汽车本身的载质量。

4）大型、中型载客汽车，低速载货汽车，三轮汽车以及其他机动车不可牵引挂车。

4. 驾驶着装要求

（1）驾驶人驾驶机动车不应穿着高跟鞋、拖鞋，不应光脚，穿着服装不应过于拖累。

（2）驾驶人驾驶机动车不应佩戴影响驾驶的挂饰品。

二、驾驶体能要求

1. 一般要求

驾驶人驾驶机动车应保持身体状态处于正常范围，无晕厥、恶心、乏力、幻象等无法正常操作驾驶的现象。

2. 酒精及药物

（1）驾驶人服用对驾驶行为有影响的药物后，不应驾驶机动车。

（2）驾驶人摄取含有酒精的饮品或食物后，不应驾驶机动车。

3. 疲劳

（1）驾驶人连续驾驶机动车超过4小时需停车休息，每次停车休息时间不得少于20分钟。

（2）因睡眠不足、体力消耗过大等原因导致身体疲惫的情况，不应驾驶机动车。

4. 分心

驾驶人驾驶机动车时，不应有拨打、接听手持电话，收发短信，操作导航系统等分散驾驶注意力的行为。

5. 情绪

（1）驾驶人驾驶机动车时，应保持心态平和，情绪不应激动。

（2）驾驶人驾驶机动车时，如情绪受到较大刺激，应及时调整。

（3）驾驶人驾驶机动车时，如情绪难以平复，不应继续驾驶机动车。

三、驾驶观察要求

1. 后视镜使用要求

（1）调整车辆内后视镜和外后视镜到合适的位置。

（2）驾驶机动车应每隔5~8秒用余光扫视一次后视镜，随时了解车辆周围道路交通状况。

2. 行车观察要求

（1）驾驶人视线范围应放射性投向远方，并不断扫视，了解行驶道路的交通状况。

（2）驾驶人应经常观察各仪表及指示灯，掌握车辆状况。

（3）驾驶机动车改变车辆行驶轨迹时，应观察前后及两侧的交通情况。

（4）机动车通过涉水路段前，应停车察明水情，确认安全后，低速均匀一次性通过；涉水行驶时，视线应注视前方路况变化。

（5）机动车隧道行驶时，视线应注视前方路况变化。

（6）机动车通过积雪路面，通过观察路灯、路边植被等参照物，判定行驶路线。

（7）机动车驶入泥泞道路前，应停车查看泥泞路段的路况，选择路面平坦、质地坚实、泥泞浅的地方行驶。

（8）驾驶人夜间驾驶时，应按照以下要求观察：

1）视线不应完全集中在灯光照射区域，留意灯光照射区域以外的车辆和行人动态。

2）观察前方路况不应直视对向车辆灯光，遇对向车辆使用远光灯，视线稍向右移。

四、信号装置使用要求

1. 灯光的使用

（1）转向灯的使用

1）驾驶人在车辆左转弯或者掉头时，应至少提前 30 米开启左转向灯。

2）驾驶人在车辆右转弯或驶离环岛时，应至少提前 30 米开启右转向灯。

3）驾驶人在车辆驶离停车地点、变更车道、超车、靠边停车时，应至少提前 3 秒开启转向灯。

（2）前照灯的使用

1）夜间在有路灯、照明良好的道路上行驶，应开启近光灯。

2）夜间在没有路灯、照明不良的道路上行驶，应开启远光灯，但是遇到以下情形时应改用近光灯：①距相对方向来车 150 m 以外时；②与同车道前车的距离小于 150 m 时；③在窄路、窄桥与非机动车会车时。

3）夜间通过急弯、坡路、拱桥、人行横道或者没有交通信号灯控制的路口时，应交替使用远、近光灯示意。

4）车辆在超车前，可交替使用远、近光灯示意前车驾驶人。

5）夜间驾驶视线受后方车辆远光灯影响时，宜调整后视镜角度，并通过轻踏制动踏板提示后方车辆减速并切换近光灯。

（3）危险报警闪光灯的使用

1）高速公路行驶遇特殊情况，行驶速度低于 60 km/h 时，应开启危险报警闪光灯。

2）驾驶机动车遇前车开启危险报警闪光灯且导致不能正常行驶时，应开启危险报警闪光灯。

3）在路侧临时停车时，应开启危险报警闪光灯。

4）在道路上发生故障或者发生交通事故时，应开启危险报警闪光灯。

5）牵引故障机动车时，牵引车与被牵引车均应开启危险报警闪光灯。

6）驾驶机动车抢救危重病人时，可开启危险报警闪光灯。

（4）组合灯光的使用

1）遇有雾、雨、雪、沙尘、冰雹等低能见度气象条件时，应开启近光灯、雾灯、示廓灯、前后位灯、危险报警闪光灯。

2）黄昏视线不足或夜间在没有路灯、照明不良的道路上行驶，应开启远光灯、示廓灯和后位灯。

2. 喇叭的使用

（1）驾驶人驾驶机动车在禁止鸣喇叭的区域或者路段不得鸣喇叭。

（2）驾驶人驾驶机动车遇有以下情形，不得连续或者长鸣喇叭催促：

1）遇有老、弱、病、残、孕等行动不便的行人时。

2）在居民小区、人行横道、交叉口遇有行人、儿童等情况时。

3）行驶至道路拥堵路段时。

（3）驾驶人驾驶机动车遇有以下情形时，可轻按一下喇叭进行提醒，连续使用喇叭不超过三次：

1）非机动车驾驶人和行人准备进入驾驶车辆所在的行车道。

2）其他车辆准备驶入驾驶车辆所在的行车道，而驾驶车辆具备优先通行权。

3）其他驾驶人因精神不集中而未看到驾驶车辆，但不会对驾驶人造成严重威胁。

4）行驶在视野存在盲区的道路上，如急弯、坡道顶端等。

5）准备超车时。

（4）在能见度较低的气象条件下或者通过存在视野盲区的道路时，应使用喇叭提醒周边其他交通参与者，遇有对方车辆鸣喇叭时，应及时鸣喇叭回应。

五、安全装置使用要求

1. 安全带的使用

（1）驾乘人员应按要求使用安全带。

（2）应根据身高调整安全带的高度，将安全带平顺拉出，将搭扣插头插入插座里。

（3）肩部安全带应从肩部与颈根部之间的合适位置（锁骨）通过，不应从颈部或胳膊下面通过。

（4）腰部安全带应从髋部上通过，不应从腹部上通过。

2. 儿童安全座椅的使用

（1）驾驶机动车搭载儿童时，应使用儿童安全座椅。

（2）驾驶人应给儿童使用与其体重和身高相匹配的安全座椅。

3. 防滑链的使用

（1）行驶至冰雪常见地区应随车配备防滑链。

（2）当路面有冰雪覆盖时，应使用防滑链。

4. 安全锤的使用

（1）驾驶机动车应随车配置安全锤。

（2）使用安全锤时，应敲击车窗玻璃的四角。

六、文明驾驶要求

1. 应急车道使用

警车、消防车、救护车、工程救险车执行紧急任务或普通车辆遇到危及生命的紧急情况时，可使用应急车道，事故或故障车辆可撤离至应急车道停放，其他情形不应占用应急车道行驶或停车。

2. 遇紧急车辆让行方法

（1）在没有应急车道的路段上遇有紧急车辆执行紧急任务时，车辆应靠右侧行驶，并使用喇叭和灯光提醒前方车辆让行，直至紧急车辆驶过。

（2）在路口遇有后方紧急车辆发出紧急信号时，应遵循以下操作：

1）路口信号灯为绿灯时，确保安全的情况下应快速驶过交叉口，并选择不阻碍紧急车辆通行的车道行驶。

2）路口信号灯为红灯时，确保安全的情况下通过停止线，将车辆靠右侧停放，为紧急车辆让开通行空间。

（3）遇有紧急车辆从垂直方向或占用己方车道对向驶来，应立即选择靠边避让，待紧急车辆驶过后再按照交通规则行驶。

3. 行人和非机动车

（1）遇有注意行人、注意儿童、人行横道、人行横道预告标志等交通标志时，应注意观察，提前减速慢行。

（2）进出道路或在没有交通信号的路段行驶，应避让横过道路的行人和非机动车。

（3）通过路口时，遇有行人和非机动车横过道路时，应减速或停车让行。

（4）遇有施工路段时，应留意行人和非机动车占用机动车道通行。

（5）行经有积水、泥泞、碎石或者易产生扬尘的道路上，遇有行人、非机动车时，驾驶人应减速慢行或避让，不可加速通过。

4. 避让校车

驾驶机动车遇前方校车开启危险报警闪光灯，打开停车指示标志时，处于校车同方向后方车道以及临近车道的，应当停车等待；处于其他机动车道上的，应当减速通过。

第三节　车辆安全工程

一、机动车的种类及安全条件

1. 机动车的种类

机动车是由动力装置驱动或牵引，在道路上行驶、供人员乘用或物品运送以及进行工程专项作业的轮式车辆，包括汽车及汽车列车、摩托车、拖拉机运输机组、轮式专用机械车、挂车等。

（1）汽车

汽车是由动力驱动、具有四个或四个以上车轮的非轨道承载的车辆。

1）载客汽车。指主要用于载运人员的汽车，包括装置有专用设备或器具但以载运人员为主要目的的汽车，包括乘用车（主要用于载运乘客及其随身行李和/或临时物品的汽车）、旅居车（装备有睡具及其他必要的生活设施、用于旅行宿营的汽车）、客车（主要用于载运乘客及其随身行李的汽车）、校车（用于有组织地接送3周岁以上学龄前幼儿或接受义务教育的学生上下学的7座以上的载客汽车）。

2）载货汽车（又称货车）。指设计和制造上主要用于载运货物或牵引挂车的汽车，包括半挂牵引车（装备有特殊装置用于牵引半挂车的汽车）、低速汽车（三轮汽车和低速货车的总称，包括三轮汽车、低速货车）。

3）专项作业车（又称专用作业车）。指装置有专用设备或器具，在设计和制造上用于工程专项（包括卫生医疗）作业的汽车，包括汽车起重机、消防车、混凝土泵车、清障车、高空作业车、扫路车、吸污车、钻机车、仪器车、检测车、监测车、电源车、通信车、电视车、采血车、医疗车、体检医疗车等。

4）气体燃料汽车。指装备以石油气、天然气或煤气等气体为燃料的发动机的汽车。

5）两用燃料汽车。指具有两套相互独立的燃料供给系统，且两套燃料供给系统可分别但不可同时向燃烧室供给燃料的汽车，如汽油/压缩天然气两用燃料汽车、汽油/液化石油气两用燃料汽车等。

6）双燃料汽车。指具有两套燃料供给系统，且两套燃料供给系统按预定的配比向燃烧室供给燃料，在缸内混合燃烧的汽车，如柴油—压缩天然气双燃料汽车、柴油—液化石油气双燃料汽车等。

7）纯电动汽车。指由电机驱动，且驱动电能来源于车载可充电能量储存系统的汽车。

8）插电式混合动力汽车。指具有可外接充电功能，且有一定纯电驱动模式续驶里程的混合动力汽车，包括增程式电动汽车。

9）燃料电池汽车。指以燃料电池作为主要动力电源的汽车。

10）教练车。指专门从事驾驶技能培训的汽车。

11）残疾人专用汽车。指在采用自动变速器的乘用车上加装符合标准和规定的驾驶辅助装置，专门供特定类型的肢体残疾人驾驶的汽车。

（2）挂车

挂车是设计和制造上需由汽车或拖拉机牵引，才能在道路上正常使用的无动力道路车辆，包括牵引杆挂车、中置轴挂车和半挂车，用于载运货物和其他特殊用途。

1）牵引杆挂车（又称全挂车）。指至少有两根轴的挂车。一轴可转向；通过角向移动的牵引杆与牵引车联结；牵引杆可垂直移动，联结到底盘上，因此不能承受任何垂直力。

2）中置轴挂车。牵引装置不能垂直移动（相对于挂车），车轴位于紧靠挂车的重心（当均匀载荷时）的挂车。

3）半挂车。均匀受载时挂车重心位于车轴前面，装有可将垂直力和/或水平力传递到牵引车的联结装置的挂车。

4）旅居挂车。装备有睡具（可由桌椅转换而来）及其他必要的生活设施、用于旅行宿营的挂车。

（3）汽车列车

汽车列车是由汽车（低速汽车除外）牵引挂车组成的，包括乘用车列车、货车列车和铰接列车。

1）乘用车列车。乘用车和中置轴挂车的组合。

2）货车列车。货车和牵引杆挂车或中置轴挂车的组合。

3）铰接列车（又称半挂汽车列车）。半挂牵引车和半挂车的组合，也包括带有连接板的货车和旅居半挂车的组合。

（4）危险货物运输车辆

危险货物运输车辆是设计和制造上用于运输危险货物的货车、挂车、汽车列车。

（5）摩托车

摩托车是由动力装置驱动的、具有两个或三个车轮的道路车辆，包括普通摩托车、轻便摩托车等。

2. 车辆事故的原因

（1）直接原因

在各种形态的车辆事故中，以单车事故为主，这类事故的直接起因通常是肇事车辆的安全技术状况不良，主要表现是：①车辆制动器失效或制动效果不佳；②转向系统失控；③机件失灵、灯光失效；④驾驶视野条件不清；⑤操纵机构各连接部位不牢靠；⑥轮胎爆胎；⑦车辆装载超高、超宽、超载及货物绑扎不牢固等。

另外，由于车辆在行驶过程中，当各种机件承受的反复交变载荷超过一定数量也会突然发生疲劳而酿成交通事故。

（2）间接原因

1）设计上的原因。有些事故的直接原因虽不在车辆本身，但与车辆有关，在分析事故原因时常被忽视。例如，汽车驾驶视野不充分，容易引起驾驶员发生观察失误；操纵机构或仪器、仪表布置不合理，可能引起操作失误等。机动车的设计特点和使用状况严重影响了行车的安全性。

2）管理上的原因。客货运输企业及相关管理单位车辆安全管理制度缺乏或不完善、不落实，也是影响行车安全的严重隐患。不合理使用车辆、缺乏维修或修理质量较差，未能有效开展车辆的日常安全检查，车辆检验方法落后，致使一些车辆常常因带病行驶而肇事。从我国交通事故的统计资料中可知，现有运行车辆中有50%左右安全管理措施不到位，维护保养不到位，带病运行，特别是个体车辆和挂靠车辆更为严重。

3. 车辆运行安全技术条件

公路运输行业已发展为国民经济的支柱产业，但交通安全事故多年来一直居高不下的形势，迫切需要从人、车、路、管理等交通环节按照有关标准法规的要求加大治理力度，因此，国家多次组织修改、完善《机动车运行安全技术条件》国家标准，目前执行的是2017年颁布的标准（GB 7258—2017）。该标准规定了机动车的整车及主要部件运行安全的基本技术要求及检验方法，还规定了机动车的环保要求及消防车、救护车、工程救险车和警车的附加要求。

针对我国机动车运行安全的新特点，GB 7258—2017突出以下内容。

（1）提高针对性

针对我国公路客车和旅游客车的安全技术要求仍偏低，公交车防火安全性和乘员逃生便捷性的要求不足的问题，增加客车行驶稳定性和逃生通道的措施。针对重中型载货汽车、危险货物运输车辆安全配置偏低的问题，增加盘式制动器、紧急切断阀开启报警装置等要求。

（2）提升先进性

根据技术成熟度和中国国情，借鉴国外相关技术法规和标准要求，增加空气悬架、车道保持辅助系统（LKAS）、自动紧急制动系统（AEBS）、电子稳定性控制系统（ESC/ESP）等新技术和新装备要求。

（3）突出可行性

根据我国实际国情，借鉴国内外类似技术标准相关要求，增加事件数据记录系统（EDR）、汽车电子标识安装用微波窗口等运行安全管理要求，强化车辆识别代号（VIN）打刻要求和新能源汽车运行安全要求，制定切合中国实际状况的、可操作性强的机动车运行安全技术条件。

（4）注重协调性

根据GB 1589、GB 11567、GB 13094、GB 17761等国家标准的制修订情况，修改调整GB 7258相关技术要求，保证标准的协调一致。

（5）保持连续性

考虑到多部门多领域都按照或引用GB 7258制定了该部门该领域机动车安全管理相关法规、标准和执行程序，为保证标准实施的连续性，原则上不对标准框架结构及GB 7258—2012新增的要求进行调整。

二、车辆的主动安全性

车辆安全性能可以分为车辆的主动安全性和被动安全性两方面。

车辆的主动安全性，是指车辆在正常操纵状况下，能够按照驾驶员的意志运行，有效地避免或减少事故发生可能性的能力。主动安全性通常取决于车辆的动力性、制动性、操纵稳定性、汽车的后备功率、关键总成部件的疲劳强度、汽车的照明效果、驾驶员工作区环境质量等因素。对于高速行驶的车辆来讲，车辆的空气动力稳定性也是不可忽视的影响因素。

1. 动力性

（1）动力性的安全作用

汽车动力性，是指在良好、平直的路面上行驶时，汽车由所受到的纵向外力决定的、所能达到的平均行驶速度。汽车动力性直接影响汽车平均技术速度，动力性越好，汽车就能以越快的运输速度完成运输，工作的能力越高。同时，动力性能的好坏不但直接影响着运输效率的高低，同时也影响着道路交通的畅通和安全。因此，动力性是汽车的重要使用性能之一。

（2）影响动力性的主要因素

影响汽车动力性的主要因素是汽车的最高车速、加速能力和最大爬坡度。

1）最高车速。指无风条件下，汽车在平直的良好道路（混凝土或柏油路）上所能达到的最高行驶车速。通常，最高车速测定时，以 1.6 km 长的试验路段的最后 100 m 作为最高车速的测试区，共计往返 4 次，最后取平均值。

2）加速能力。指汽车在一定的时间内提高到一定速度的能力，通常可以用汽车加速时间（包括原地起步加速时间和超车加速时间）表述。加速能力对汽车平均行驶速度的影响很大；遇到险要地段、恶劣气候，加速能力强的车辆有利于防灾避险。为了使汽车安全地从坡度的匝道驶入高速公路，还可以用汽车在规定的坡道（6%）上达到规定的车速所经过的加速时间来表示加速能力。

3）最大爬坡度。指汽车满载时，以一档在良好路面所能爬行的最大坡度，它代表了汽车的极限爬坡能力。也可以用汽车在规定的坡道（6%）上必须达到的车速来表示。

2. 制动性

（1）制动性的安全作用

汽车的制动性能，是汽车行驶时在短距离内能够强制地降低车速以至停车，且维持行驶方向稳定和在长坡时维持一定车速的能力。通常包括在一定坡道能长时间停放的能力。

汽车是一种行驶速度较高的交通运输工具。在运行时道路和交通情况不断变化，就必须不断改变车速、减速或者停车，这样才能保证行车安全，而许多交通事故都与汽车制动性能不良或制动失效等情况有关。因此，高可靠性的制动系统是保障行车质量和交通安全的关键。

（2）影响制动性的主要因素

通常认为，汽车制动效能、制动效能的恒定性、制动时方向的稳定性是汽车制动性的三个重要评价指标。

1）制动效能。指汽车在制动时，迅速降低车速直至停车的能力。一般用制动距离和制动减速度表示，它是指汽车在良好的路面上以规定的初始车速和规定的踏板力制动到停车的制动距离或制动时汽车的减速度。它是制动性能的最基本指标。

2）制动效能的恒定性。指抗热衰退性能和抗水衰退性能。其中，抗热衰退性能，是指汽车高速行驶制动或下长坡时制动性能的保持程度；抗水衰退性能，是指汽车涉水后对制动效能的保持能力。

3）制动时方向的稳定性。指防止汽车制动时跑偏、侧滑的性能。制动过程中出现制动跑偏、侧滑，会使汽车离开原来的行驶方向，也使驾驶员失去了对汽车的控制，极易导致发生意外。因此，提高制动时方向的稳定性是保证车辆运行安全的重要因素。

3. 操纵稳定性

（1）操作稳定性的安全作用

汽车操纵稳定性，是指在驾驶员不感觉过分紧张、疲劳的条件下，汽车能按照驾驶员通过转向系及转向车轮给定的方向（直线或转弯）行驶，且当受到外界干扰（路不平、侧风、货物或乘客偏载）时，汽车能抵抗干扰而保持稳定行驶的性能。

汽车操纵稳定性不仅影响汽车驾驶操作的方便程度，也是决定汽车高速行驶安全的一个重要性能。由于车速的提高幅度较大，车辆的操纵稳定性就愈显重要。

良好的操纵稳定性可以保证车辆在各种行驶状态下不会出现失稳现象，从而避免高速行驶时受到来自路面的干扰后突然方向失控，使高速行驶的汽车能够按照驾驶员的意图调整方向、转弯和躲避障碍物。

（2）影响操纵稳定性的主要因素

影响操纵稳定性的主要因素是汽车本身性能、操作状态及路况和气候条件。

1）汽车本身性能，主要是结构参数，如汽车的轴距、重心位置、轮胎特性、悬挂装置与转向装置的结构形式和参数。

2）操作状态，主要是驾驶员反应、技术熟练、动作敏捷程度、体力条件等。操作状态好，就能及时准确地采取应急措施，就会使汽车的运动状态趋于稳定，反之，如果驾驶员的反应迟钝、判断失误，就可能导致稳定性的破坏，失去对驾驶的操纵。

3）路况和气候条件也对稳定性有很大影响，如地面的不平度、坡度、车轮与地面的附着系数、风力、交通情况等。另外，还应注意速度对汽车操纵稳定性的影响，低速时，汽车为不足转向，但在高速时，汽车有可能变为过度转向。所以在高速行车时，一定要注意方向盘的操纵，避免产生过大的离心力，以保证高速行车安全。

4. 轮胎

（1）轮胎的安全作用

轮胎的性能直接影响车辆的运行状况，而爆胎事件发生的结果却是使汽车失去安全性。据国外统计，在因车辆因素而死亡或重伤的事故中，由于车辆轮胎造成的占 20%；而在国内高速公路上由爆胎引起的车毁人亡事故更是屡见不鲜。

轮胎安装在轮辋上，直接与路面接触，其主要功用有以下几个方面。

1）支承整车的重力。

2）缓和由路面传来的冲击力。

3）通过轮胎同路面间存在的附着作用来产生驱动力和制动力。

4）汽车转弯行驶时产生平衡离心力的侧抗力，在保证汽车正常转向行驶的同时，通过车轮产生的自动回正力矩，使汽车保持直线行驶方向。

5）承担越障提高通过性等。

显然，轮胎的这些功能都与车辆的安全行驶密切相关。为此，轮胎必须有适宜的弹性和承受载荷的能力，同时在其与路面直接接触的胎面部分，还应具有用以增强附着作用的花纹。

（2）轮胎的安全要求

1）对轮胎的基本要求

①轮胎胎冠花纹深度。乘用车、摩托车及轻便摩托车和挂车轮胎胎冠上花纹深度不允许小于 1.6 mm，其他机动车转向轮的胎冠花纹深度不允许小于 3.2 mm。

②轮胎胎面不允许因局部磨损而暴露出轮胎帘布层。轮胎不允许有影响使用的缺损、异常磨损和变形。

③轮胎的胎面和胎壁上不允许有长度超过 25 mm，或深度足以暴露出轮胎帘布层的破裂和割伤。

④同一轴上的轮胎规格和花纹应相同，轮胎规格应符合整车制造厂的出厂规定。

⑤机动车转向轮不允许装用翻新的轮胎。

⑥机动车所装用轮胎的速度级别不应低于该车最高设计车速的要求。

⑦双式车轮的轮胎的安装应便于轮胎充气，双式车轮的轮胎之间应无夹杂的异物。

⑧乘用车使用的轮胎应有胎面磨耗标志。

⑨轮胎负荷不应大于该轮胎的额定负荷，轮胎气压应符合该轮胎承受负荷时规定的压力。

2）轮胎使用的安全要求

①定时检查胎压，避免爆胎危险。

②前、后轮胎互换位，防止不均匀磨损。

③尽量避免不必要的过急加速制动。

④轮胎应定期做平衡检查。

⑤同车禁装异种轮胎。

⑥磨损轮胎应及时淘汰。

⑦意外发生后要首先检查轮胎。

三、车辆的被动安全性

车辆的被动安全性，就是指车辆在发生事故时，如何保证乘员不受伤害或最大限度减少伤害程度的能力。被动安全性包括车辆的耐撞性能、抗翻滚性能，乘员的约束系统、吸能结构，不同车辆碰撞相容性问题以及碰撞后紧急撤离等。

提高车辆的主动安全性，虽有助于减少事故，但无法根除事故；提高车辆的被动安全性，却可能在事故发生时，最大限度地减少乘员损伤，是控制事故损失的关键屏障。

提高车辆的被动安全性，人们常考虑从汽车被动安全部件，如车身结构、安全带、气囊、吸能式转向柱、座椅、头枕及内饰件等方面考虑，从减轻乘员伤害的各个部件着手，以得到最佳的乘员保护效果。

1. 保护乘员空间

汽车在发生碰撞或翻车时，车身往往发生严重变形，使车内乘员受到挤压伤害。因此，在汽车设计中，应考虑在发生事故时，如何减少车身变形，以确保乘员的生存。

保护乘员空间可以从两个方面考虑：一是要有合理的车体构造，以保证车体在事故中产生变形后仍能确保乘员的生存空间；二是要有性能良好的乘员约束装置，以减轻二次碰撞。

撞车现象是车辆全身或某个部位与固态物质在瞬间（几十至几百毫秒）发生碰撞，释放强大动能的现象。在这一过程中要产生很大的减速度，会对乘员产生非常大的伤害。碰撞前的车速越高，伤害的严重性就越大。这时仅靠乘员约束装置来确保乘员的安全是非常困难的，应考虑在车体构造方面增加强度，利用车体的变形来吸收碰撞的能量。

在汽车设计时，应使车体的前、后部在变形时能有效地吸收冲击能量，乘员仓结构设计得比较坚固，就能确保乘员的生存空间。从汽车的总体构造看，像发动机、变速器和差速器等部分质量较大，不易产生变形的部分也很多，因此在车辆碰撞初期的变形状态中，应当能够承受冲撞和吸收必要的能量。另外，还要求对车体各部分的变形量予以控制，如前面撞车时转向器的移动量、挡风玻璃的侵入范围、安全带的固定装置、撞车时燃料系的防泄漏、侧面碰撞时侧门的强度以及门锁和车门铰链等都有要求，这在各国的法规和标准中也都有相应的规定。

2. 车体构造与耐冲击性能

为了在发生碰撞时更好地保护车内乘客的安全，汽车车身的前后均应设计变形区，或者称为吸能区，以保证在发生碰撞时，汽车车身的变形能够按照预先设计的方向逐渐变形直至停车，从而尽量减小传递到乘客舱和乘客身体的冲击，减小乘客舱的变形，保障车内乘客安全。

（1）车体前部结构耐冲击性能

对于车体前部的构造，必须把车体的变形集中在车体的前部，而尽量减小驾驶室的变形量。车体前部和驾驶室的结合部也非常重要，对于车体前部产生的负荷应能高效地传送到包括驾驶室在内的车体后部。

（2）车体后部结构耐冲击性能

一般来说，追尾撞车时乘员的减速度是比较小的，乘员受到的冲击也比较小。车辆后部碰撞能量的吸收方法与正面撞车相同，但由于没有发动机、变速器等坚固的大型构件，碰撞时的能量几乎都由车体直接吸收。对于非承载式车身，可用车架后部的特殊结构来吸收能量。另外，在车身后部构造中，后地板、后翼子板、后柱内侧等车体板壳也应有较好的能量吸收特性。

3. 防止火灾的措施

汽车发生碰撞后可能引发火灾，从而加重事故的损害，威胁车内的乘员生命。在实际事故中，因发生火灾而导致人员伤亡和车辆烧毁的现象也非常多见。因此，如何防止汽车碰撞后发生火灾也是汽车结构设计中应考虑的一个重要问题。

汽车碰撞事故引发的火灾一般都是因燃烧箱或油管被撞破，燃料流出后遇到电气系统损坏时发生的电火花，或车辆撞击地面而发生的火花以及其他不可预见的着火源点燃而起火。此外，易燃易爆化学危险品运输车发生事故后也会引发火灾，此类型不在本章讨论范围之内。防治火灾的主要措施有以下几种。

（1）保护好燃料和油管使其不致受到撞击

《机动车运行安全技术条件》（GB 7258—2017）规定，燃料箱及燃料管路应坚固并固定牢靠，不会因振动和冲击而发生损坏和泄漏现象；燃料箱的加注口及通气口应保证在机动车晃动时不漏油。在小客车上，燃料箱最安全的位置是在后轴的上方，因为可以受到左右两车轮的保护。对于载重汽车，其剐擦事故主要是发生在会车时，而我国的行驶规则是靠右行驶，会车时的相撞多数是发生在左侧，因此，建议把汽车燃料箱位置设计在车体的右侧。

（2）保证人员的安全撤离

发生火灾后，为了保证乘员有足够撤离时间，车厢内部材料宜使用非易燃材料，以减缓火势蔓延速度。另外对于客车要设置专门的逃生安全出口。

《机动车运行安全技术条件》（GB 7258—2017）规定，车长大于 9 m 时车身左右两侧应至少各配置 2 个外推式应急窗并应在车身左侧设置 1 个应急门，车长大于 7 m 且小于等于 9 m 时车身左右两侧应至少各配置 1 个外推式应急窗；外推式应急窗玻璃的上方中部或右角应标记有击破点标记，邻近处应配置应急锤。安全顶窗应易于从车内、外开启或移开或用应急锤击碎。安全顶窗开启后，应保证从车内外进出的畅通。弹射式安全顶窗应能防止误操作。使用安全门时应保证不用其他器具即可将其向外推开。安全出口的数量、位置应符合有关规定。

4. 乘员约束装置

加速度（或减速度）是造成人体伤害的主要原因。当车辆发生碰撞时，车速会发生急剧变化，称为第一次碰撞。由于车速发生急剧改变，车内乘员在惯性力作用下，将与车内结构物发生剧烈碰撞，并因此而受伤，称为第二次碰撞。

乘员的伤害值可用乘员各部分产生的减速度来表示，乘员的减速度以车辆碰撞时刻为起点，随着碰撞后时间的延长而变大，通常在二次碰撞发生时达到峰值。乘员约束装置的作用就是为防止二次碰撞的发生，同时将减速度限制在乘员所能忍受的范围之内。

（1）安全带

安全带是一种将乘员柔性地固定在汽车座椅上的安全装置。安全带作为基本的乘员保护装置，之所以能起到保护作用，是因为在高减速过程中，由于安全带的约束作用，将产生一种“乘员下沉现象”（即乘员沿座椅下滑），利用安全带吸收乘员的动能。在汽车紧急制动或碰撞发生时，安全带能有效防止或减轻乘员所受伤害。

（2）安全气囊

安全气囊是现代轿车上引人注目的高科技装置。安装了安全气囊装置的轿车方向盘平常与普通方向盘没有什么区别，但一旦车前端发生了强烈的碰撞，安全气囊就会瞬间从方向盘内弹出，在方向盘与驾驶者之间形成弹性气垫，防止驾驶者的头部和胸部撞击到方向盘或仪表板等车内结构物上。安全气囊面世以来，已经挽救了许多人的性命。研究表明，有安全气囊装置的轿车发生正面撞车时驾驶者的死亡率，大型轿车降低了 30%，中型轿车降低了 11%，小型轿车降低了 14%。

5. 其他构件安全设计

为减轻事故中乘员因二次碰撞所受到的伤害，除上述安全带及安全气囊装置外，还应在设计时注意以下各种结构措施。

（1）转向机构

发生正面碰撞事故时，由于车身前部的变形，方向盘连同转向管柱一起向驾驶员方向移动。与此同时，驾驶员在惯性力作用下向前冲出。这样，驾驶员胸部会撞在方向盘与转向管柱上受到严重伤害。

为减轻转向器产生的伤害，在撞车时要防止转向管柱向后突出，并能在二次碰撞时吸收能量。可在汽车的转向管柱上设置缓冲环节，如可使转向管柱的一部分在受到剧烈冲击时发生弯曲变形，从而吸收冲击能量，减轻对人体造成的伤害。

（2）乘员头颈保护系统

乘员头颈保护系统一般设置于前排座椅。当轿车受到后部的撞击时，头颈保护系统会迅速充气膨胀起来，其整个靠背都会随乘坐者一起后倾，乘坐者的整个背部与靠背安稳地贴近在一起，靠背则会后倾以最大限度地降低头部向前甩的力量，座椅的椅背和头枕会向后水平移动，使身体的上部和头部得到轻柔、均衡地支撑与保护，以减轻脊椎以及颈部所承受的冲击力，并防止头部向后甩所带来的伤害。

（3）安全玻璃

安全玻璃有钢化玻璃与夹层玻璃两种。钢化玻璃是在玻璃处于炽热状态下使之迅速冷却而产生预应力的强度较高的玻璃。钢化玻璃破碎时分裂成许多无锐边的小块，不易伤人。夹层玻璃共有 3 层，中间层韧性强并有黏合作用，被撞击破坏时内层和外层仍黏附在中间层上，不易伤人。汽车用的夹层玻璃，中间层加厚一倍，由于有较好的安全性而被广泛采用。

（4）仪表板

仪表板表面应以弹性材料覆盖，以便受到撞击后能产生一定的变形，吸收冲击能量，减轻对人体的伤害。

（5）减少车内突起物

车内的结构物，如门把手、遮阳板、搁板等表面不允许有尖棱和粗糙面，并以弹性材料覆盖。

第四节　道路设施安全工程

一、道路设计安全工程

1. 道路种类

道路是各种车辆（无轨）和行人等通行的工程设施。我国按照道路使用特点，将道路分为城市道路、公路、厂矿道路、林区道路和乡村道路。除对公路和城市道路有准确的等级划分标准外，对林区道路、厂矿道路和乡村道路一般不再划分等级。

（1）城市道路

城市道路是指在城市范围内具有一定技术条件和设施的道路。根据道路在城市道路系统中的地位、作用、交通功能以及对沿线建筑物的服务功能，我国目前将城市道路分为以下四类。

1）快速路。快速路在特大城市或大城市中设置，是用中央分隔带将上、下行车辆分开，供汽车专用的快速干路，主要联系市区各主要地区、市区和主要的近郊区、卫星城镇的对外出路，负担城市主要客、货运交通，有较高车速和大的通行能力。

2）主干路。主干路是城市道路网的骨架，联系城市的主要工业区、住宅区、港口、机场和车站等货运中心，是承担着城市主要交通任务的交通干道。主干路沿线两侧不宜修建过多的行人和车辆入口，否则会降低车速。

3）次干路。次干路为市区内普通的交通路，配合主干路组成城市干道网，起联系各部分和集散作用，分担主干路的交通负荷。次干路兼有服务功能，允许两侧布置吸引人流的公共建筑，并应设停车场。

4）支路。支路是次干路与街坊路的连接线，为解决局部地区的交通而设置，以服务功能为主。部分主要支路可设公共交通线路或自行车专用道，支路上不宜有过境交通。

（2）公路

公路是连接各城市、城市和乡村、乡村和厂矿地区的道路。根据交通量、公路使用任务和性质，将公路分为以下五个等级。

1）高速公路。高速公路是具有特别重要的政治经济意义的公路，有 4 个或 4 个以上车道，设有中央分隔带、全部立体交叉并具有完善的交通安全设施与管理设施、服务设施，全部控制出入，专供汽车高速行驶的专用公路。能适应年平均日交通量（AADT）25 000 辆以上。

2）一级公路。一级公路是连接重要政治经济文化中心部分立交的公路，一般能适应 AADT = 10 000 ~ 25 000 辆。

3）二级公路。二级公路是连接政治、经济中心或大工矿区的干线公路，或运输繁忙的城郊公路，能适应 AADT = 2 000 ~ 10 000 辆。

4）三级公路。三级公路是沟通县或县以上城市的支线公路，能适应 AADT = 200 ~ 2 000 辆。

5）四级公路。四级公路是沟通县或镇、乡的支线公路，能适应 AADT < 200 辆。

2. 交通安全对道路设计构造的基本要求

驾驶员在道路上驾车行驶的过程中，需要不断接收信息、处理信息并作出反应。而驾驶员所依据的信息主要来自道路和交通环境，通过觉察、判断而选择驾驶行为，其中任何一点失误都可能造成事故。事故次数往往随需要抉择次数的增加而增加。因此，道路设计应尽量满足车辆运动特性和驾驶员心理效应的要求，便于驾驶员能够快速作出正确抉择。另外，道路设计、建造也应当尽可能扩展道路的安全空间，并且通过对道路网的调节和合理设计，使道路环境更加“宽容”，具备一定的“容错”能力，创造一个安全行车和有效驾驶的可靠条件。

道路设计构造需要考虑以下主要因素。

（1）提供清晰醒目的行车方向是道理设计结构的基本要求

这主要依靠道路的线性设计以及与地形、地物等自然环境相协调来保证。道路的路线、道路安全设施及其外部自然景观是最直观、最具感觉特性的信息。道路设计最基本的目的是保证汽车行驶的安全性和舒适性，公路线形是公路的骨架，若线形要素组合不当，不能适应驾驶员的运动视觉和心理效应的要求，将会降低公路的安全性与舒适性、降低公路通行能力，严重时将增加交通事故。因此，公路设计要充分利用道路几何组成部分的合理尺寸和线形组合，创造连续的、清晰顺畅的行车方向，加上路面标线、防护栅栏以及路旁行道树的合理布置，即可形成一条人为的识别方向的导向线。

（2）足够的视距是保证道路行车安全的重要因素之一

信息需要足够时间来加工处理，抉择需要足够的行驶距离来完成。当抉择的困难程度增加时，反应时间也随之增加。反应时间越长，失误的可能性越大。在平曲线与竖曲线上超车时发生的道路交通事故，经常是由于视距不足，因此视距与道路的平面线形和纵断面线形有密切关系。

(3) 充分考虑到驾驶员的行车期望

通常以同样方式发生的一些情况和对这些情况作出的成功反应，都被积存到驾驶员的经验知识库中，当下一次情况发生时，驾驶员就按期望预测对它作出反应。与驾驶员行车期望相适应的设计成果有助于增进驾驶效能和行车安全。因此，应避免例外的或不符合标准的设计，各项设计要素应始终一致地用于整个公路路段，注意保持一致性。应从驾驶员对公路不熟悉、难以预测该路段如何展现因而需要加强行车诱导的观点来考虑设计。公路设计特性和交通管制设施两者的标准化，有利于驾驶员适应不同类型公路上的行车期望。

3. 平面线形设计的一般原则

平面线形设计就是按照地形、地物和沿线环境条件，运用直线、圆曲线、缓和曲线等几何要素进行合理的组合，满足行车安全、舒适、美观和工程经济的要求。

高速公路和一、二、三级公路平面线形要素有直线、圆曲线、回旋线三种。四级公路平面线形要素有直线、圆曲线两种。

公路平面线形设计的一般原则如下。

(1) 平面线形应直接、连续、均衡，并与地形、地物相适应，与周围环境相协调。

(2) 各级公路不论转角大小，均应敷设曲线，并尽量选用较大的圆曲线半径。公路转角过小时，应设法调整平面线形，当不得已而设置小于7°的转角时，则必须设置足够长的曲线。

(3) 两同向曲线间应设有足够长度的直线，不得以短直线相连接，否则应调整线形使之成为一个单曲线或复曲线或运用回旋线组合成复合形曲线。

(4) 两反向曲线间夹有直线段时，以设置不小于最小直线长度的直线段为宜，否则应调整线形或运用回旋线而组合成S形曲线。

(5) 曲线线形应特别注意技术指标的均衡性和连续性。

(6) 应避免连续急弯的线形，可在曲线间插入足够长的直线或回旋线。

(7) 应避免线形的骤变，不得在长直线尽头设置小半径平曲线。

(8) 设计平面线形时，应注意与纵断面线形的联系，使之成为良好的立体线形。

4. 纵断面线形设计的一般原则

纵断面线形由平坡线、坡线、竖曲线三个几何要素组成，设计时通常是在平面线形初定之后，结合地形、地物、环境和土石方工程量等条件，将几何要素进行合理组合，满足行车安全、舒适及与环境协调、工程经济的要求。

纵断面线形设计的一般原则如下。

（1）纵断面线形应与地形相适应，设计成视觉连续、平顺而圆滑的线形，避免在短距离内出现频繁起伏。

（2）应避免能看见近处和远处而看不见中间凹处之线形。

（3）较长的连续上坡路段，宜将最陡的纵坡放在底部，接近坡顶的纵坡宜适当放缓。

（4）相邻纵坡之代数差小时，应尽量采用大的竖曲线半径。

（5）交叉处前后的纵坡应平缓。

（6）在积雪或冰冻地区，应避免采用陡坡。

（7）纵断面线形的好坏，往往与平面线形有关，要注意与平面线形配合，尽力按立体线形要求，设计成良好的线形。

5. 横断面设计的一般原则

公路横断面根据公路的使用功能及预测交通量和环境条件，由行车道、路肩以及中间带、紧急停车带、变速车道等设施组成，以寻求道路最佳的功能安全性、环境影响、经济效益和道路美化效果。

高速公路和一级公路的横断面分为整体式和分离式两类。整体式断面包括行车道、中间带、路缘带、路肩、应急停车带、变速车道、爬坡车道等组成部分；分离式断面取消中央分隔带形成两个独立的横断面。二、三、四级公路的横断面包括行车道、路肩以及错车道等组成部分。

横断面设计要考虑的原则如下。

（1）车道数越多，事故率越低，行车越安全。

（2）对所有车道数类型来说，有中央分隔带的两块板形式明显优于无中央分隔带的一块板形式，行车安全性高。

（3）有机非分隔带的三块板形式的事故率略高于有中央分隔带的两块板形式，也说明城市道路对向交通很容易发生事故，而且这种事故比较严重。

（4）既有中央分隔带又有非分隔带的四块板形式道路的安全性明显优于其他三种横断面形式。

6. 道路交叉口设计的一般原则

道路交叉口是多条、多种道路交会的区域，主要有平面交叉口和立体交叉口两种。

（1）平面交叉口

平面交叉口具有以下特点。

1）交通量大。在平面交叉口处，由于多个方向的交通流汇入，致使交通最大幅度增加。

2）冲突点多。各方向行驶的车辆存在许多可能导致事故发生的潜在冲突点。

3）视线盲区大。通常，驶近交叉口时横向越过的道路的视距要比其他基本路段的视距小很多，而且在平面交叉口处，观察相交道路时视线因建筑物遮挡等原因而受到影响，形成视线盲区；同样相交道路上的车辆视线也受到阻碍，因此行车视距较低。

上述在平面交叉口的行车特点导致了道路交通事故多发、易发，因此是交通安全管理的重点。

根据上述特点，平面交叉设计原则如下。

1）平面交叉位置的选择应综合考虑公路网现状和规划、地形和地物等因素。

2）平面交叉的形式应根据相交公路的功能、交通量、交通管理方式、地形、用地条件和工程造价等因素而确定。

3）平面交叉选型和设计中，应优先保证主要公路或主要交通流的畅通，尽量减少冲突点，缩小冲突区，并分散和分隔冲突区。

4）平面交叉的几何设计应结合交通管理方式及其有关设施一并考虑。

5）平面交叉及其引道上，应保证安全所需的各种视距。

6）相交公路在平面交叉范围内的路段宜采用直线。当采用曲线时，宜采用不设超高的曲线半径。纵面应力求平缓，并设置符合交叉处立面所需的纵坡。

7）平面交叉的间距的设计应尽量大。

8）平面交叉设计应以预测的交通量为基本依据，设计所采用的交通量应为设计小时交通量。当缺乏交通量预测资料（特别是与次要公路有关部分）时，其交通量可参考附近类似功能的交叉的交通量进行推算。

9）有平面交叉改建设计时，除应收集交通量以外，还应调查分析包括交通延误以及交通事故的数量、程度和原因等的现有交叉的使用状况。

10）拟分期建设的互通式立交，当近期先建平面交叉时，应对首期平面交叉和最终的互通式立交两者作统筹构思，并对互通式立交进行足够深度的设计（简单情况下的方案设计至复杂情况下的初步设计），以保证分期建设方案在技术处理、占地和投资安排上的合理性。

（2）立体交叉口

设置立体交叉口能够消除平面交叉口的车流冲突点，大大提高各交通流的运行效率，对保证车辆安全畅通有重要意义。尽管如此，由于立交范围内车辆混杂，情况多变，驾驶员、车辆、道路、交通和环境条件的任何突变都会成为交通安全隐患。使道路上原本未经干扰的交通流在立交范围内产生突变的原因有驾驶员需要进行必要的决策、车辆组成发生变化、道路几何线形变化、车速变化以及行驶条件和环境的变化（如冰雪路面）。

立体交叉口设计中要考虑以下几个重要因素。

1）立体交叉口各部分的尺寸。表7-2列出了某地区道路交通事故与立体交叉出入口匝道的关系，从表中可以看出，事故率随着进出口匝道间距的减少而增加，而且驶出匝道的交通事故明显多于驶入。

表7-2　交通事故与公路立体交叉出入口匝道的关系

出入口匝道间距 d/km	出口		入口	
	事故数/次	事故率/（次/百万车公里）	事故数/次	事故率/（次/百万车公里）
$d<2$	160	76	117	80
$0.2\leqslant d<0.5$	459	75	482	82
$0.5\leqslant d<1.0$	559	69	560	72
$1.0\leqslant d<2.0$	479	69	435	64
$2.0\leqslant d<4.0$	222	68	169	51
$4.0\leqslant d<8.0$	46	62	52	40
$d\geqslant 8.0$	—	—	—	—

2）出口匝道外形。由于公路干道上的行车速度一般高于驶入匝道的连接道路上的行车速度，因此从公路干线转入匝道时减速车的平顺性是交叉口匝道事故的主要影响因素。除了个别因匝道构筑条件不当（如超高不足、摩擦系数过低）外，多数是由于进入匝道后没有充分减速，车速高于匝道的限制车速而在离心力的作用下发生的翻车事故。因此，在设计时确保出口匝道的轨迹外形与车速产生的离心力之间的协调性十分重要。

3）驾驶员。有些驾驶员不注意交叉口的指示，或为了缩短行车路线而有意识地走不应走的路线也是交叉口事故的重要原因。为此，交叉口的设计中应预先定出"消极调整"走错路线的措施，降低驾驶员不正确行驶的可能性。例如，在接近交叉口时，加宽道路，预留转入匝道的引路，提早设置分隔带以阻止驾驶员驶到左边的行车道上去。另外，加强对驾驶员的培训教育，让他们学习有关道路的基本知识，包括有关交叉口的设计知识，使他们成为“道路的内行”，也有益于防止发生此类事故。

4）道路标志与方向指示牌。在交叉口上，还必须设置大量的路线标志与禁止驶入岔道的标志，其位置、尺寸、颜色等应与车行速度、位置相适应，以便于驾驶员辨认和预知。

二、道路交通设施安全工程

1. 道路交通设施

如果说交通规则属于交通安全管理的“软件”，关于道路交通设施的规定则是明确和规范道路交通安全的“硬件”，它是道路交通安全、畅通的必要前提条件。

一般来说，道路交通设施可以分为交通信号和交通安全设施。其中交通信号包括交通信号灯、交通标志、交通标线和交通警察的指挥，是指挥车辆、行人前进、停止或者转弯的特定信号，包括以光色、手势表示的信号和标志、标线所表示出的指挥、引导意图，其作用是对道路上车辆、行人科学地分配通行权，使之有秩序地顺利通行。交通安全设施是道路的基础设施和道路交通系统不可缺少的重要组成部分，主要包括安全护栏、隔离设施、防眩设施和诱导设施，是保证行车安全、防止交通事故、减轻交通事故后果的重要手段。

2. 交通信号灯

交通信号灯是指用手动、电动或计算机操作，以信号灯光指挥交通，在道路交叉口分配车辆通行权的设施。交通信号灯规定了交叉口车辆的运行次序，减少或消除了交叉口的冲突点，可以大大降低交叉口的事故率。

（1）交通信号灯的组成

交通信号灯由红灯、绿灯、黄灯组成。红灯表示禁止通行，绿灯表示准许通行，黄灯表示警示。警示的意思就是提醒驾驶员的注意。

使用红、绿、黄三种光色作为交通信号灯的信号是国际通用的标准。习惯上为了红绿色盲者容易辨认绿色光，给绿色光加了一定的蓝色。选择这三种颜色的主要依据是光学原理。

红色——在七种颜色中，以红色的光波最长，穿透周围介质的能力最强。光度相同的条件下，红色显示最远。另外，从心理学的角度看，“红色”容易使人产生火与血的联想，有危险感以及兴奋与强烈刺激的感觉，所以选择红色灯光代表“禁止通行”的意思。

黄色——从光学角度看，光波仅次于红色，在七种颜色中居第二位，也会使人感到危险，但没有红色那么强烈。因此，被用作“缓冲信号”，有警告或停止之意。

绿色——在七种颜色中，除红、橙、黄色以外，绿色是较长的一种色光。由于它与红色区别很大，易辨认，也因为“绿色”能给人以和平、祥和、安全之感，因此，被用来作为允许通行的信号。

（2）交通信号灯的分类及效力

1）机动车信号灯和非机动车信号灯。绿灯亮时，准许车辆通行，但转弯的车辆不得妨碍被放行的直行的车辆、行人通行；黄灯亮时，已越过停止线的车辆可以继续通行；红灯亮时，禁止车辆通行。

在未设置非机动车信号灯和人行横道信号灯的路口，非机动车和行人应当按照机动车信号灯的表示通行。红灯亮时，右转弯的车辆在不妨碍被放行的车辆、行人通行的情况下，可以通行。

2）人行横道信号灯。绿灯亮时，准许行人通过人行横道；红灯亮时，禁止行人进入人行横道，但是已经进入人行横道的，可以继续通过或者在道路中心线处停留等候。

3）车道信号灯。绿色箭头灯亮时，准许本车道车辆按指示方向通行。红色叉形灯或者箭头灯亮时，禁止本车道车辆通行。

4）方向指示信号灯。箭头方向向左、向上、向右分别表示左转、直行、右转。

5）闪光警告信号灯。为持续闪烁的黄灯，提示车辆、行人通行时注意瞭望，确认安全后通过。

6）道路与铁路平面交叉道口信号灯。有两个红灯交替闪烁或者一个红灯亮时，表示禁止车辆、行人通行；红灯熄灭时，表示允许车辆、行人通行。

（3）交通信号灯设置依据

国家标准《道路交通信号灯设置与安全规范》（GB 14886—2016）规定了交通信号灯设置依据。

1）路口类型。符合下列条件的城市道路路口应设置信号灯：

①城市道路主干路与主干路平交的路口；

②城市道路主干路与次干路平交的路口；

③规划、设计的平 A1 类、平 A2 类路口。

符合下列条件的公路路口应设置信号灯：

①一级公路与一级公路平交的路口；

②采用信号交通管理方式设计的路口。

平面交叉路口的安全停车视距三角形限界内有妨碍机动车驾驶人视线的障碍物时，宜设置信号灯。

2）路口交通流量条件。路口机动车高峰小时流量超过表7-3所列数值时，应设置信号灯。

表7-3　　路口机动车高峰小时流量

主要道路单向车道数/条	次要道路单向车道数/条	主要道路双向高峰小时流量/（PCU/h）	流量较大次要道路单向高峰小时流量/（PCU/h）
1	1	750	300
		900	230
		1 200	140
1	≥2	750	400
		900	340
		1 200	220
≥2	1	900	340
		1 050	280
		1 400	160
≥2	≥2	900	420
		1 050	350
		1 400	200

注1：主要道路指两条相交道路中流量较大的道路。

注2：次要道路指两条相交道路中流量较小的道路。

注3：车道数以路口50 m以上的渠化段或路段数计。

注4：在无专用非机动车道的进口，应将该进口进入路口非机动车流量折算成当量小汽车流量并统一考虑。

注5：在统计次要道路单向流量时应取每一个流量统计时间段内两个进口的较大值累计。

注6：PCU指当量小汽车。

路口任意连续8 h的机动车平均小时流量超过表7-4所列数值时，应设置信号灯。

表 7-4　　路口任意连续 8h 机动车小时流量

主要道路单向车道数/条	次要道路单向车道数/条	主要道路双向任意连续 8 h 平均小时流量/（PCU/h）	流量较大次要道路单向任意连续 8 h 平均小时流量/（PCU/h）
1	1	750	75
		500	150
1	≥2	750	100
		500	200
≥2	1	900	75
		600	150
≥2	≥2	900	100
		600	200

3）路口交通事故条件。根据路口的交通事故情况，达到以下条件之一的路口应设置信号灯：

①3 年内平均每年发生 5 次以上交通事故，从事故原因分析通过设置信号灯可避免发生事故的路口；

②3 年内平均每年发生一次以上死亡交通事故的路口。

4）路口综合条件

①当表 7-3、表 7-4 和道路交通事故条件中，有两个或两个以上条件达到 80% 时，路口应设置信号灯。

②对于畸形路口或多路交叉的路口，应进行合理交通渠化后设置信号灯。

③在不具备①条件的路口，但在交通信号控制系统协调控制范围内的，可设置信号灯。

④在不具备城市道路条件，但因行人和非机动车通行易造成路口拥堵或交通事故时，可设置信号灯。

5）路口非机动车信号灯设置条件

①非机动车驾驶人在路口距停车线 25 m 范围内不能清晰视认用于指导机动车通行的信号灯的显示状态时，应设置非机动车信号灯。

②对于机动车单行线上的路口，在与机动车交通流相对的进口应设置非机动车

信号灯。

③非机动车交通流与机动车交通流通行权冲突，可设置非机动车信号灯。

6）路口人行横道信号灯设置条件

①在采用信号控制的路口，已施划人行横道标线的，应设置人行横道信号灯。

②行人与车辆交通流通行权冲突，可设置人行横道信号灯。

7）闪光警告信号灯设置条件。在需要提示驾驶人和行人注意瞭望、确认安全后通过的路口，宜设置闪光警告信号灯。

8）道口信号灯设置条件。达到以下条件之一的道路与铁路的平面交叉口（以下简称道口），应设置道口信号灯：

①日间连续 12 h 内，通过道口的车辆平均小时流量达到 500 PCU/h 以上，且瞭望条件良好的道口；

②日间连续 12 h 内，通过道口的车辆平均小时流量达到 200 PCU/h 以上，且瞭望条件不良的道口；

③近 5 年内发生过较大事故或重复发生事故的道口；

④有通勤汽车或公交车通过的道口。

3. 道路交通标志

道路交通标志是用图形符号、颜色和文字向交通参与者传递特定信息，用于管理交通的设施。道路交通标志设置在路侧或道路上，是交通法规具体化、形象化的表现形式，它能为道路使用者提供确切的交通情报，保证车辆安全、顺畅、有序运行。

（1）道路交通标志的构成要素

要充分发挥交通标志的作用，必须使驾驶员在一定的距离内迅速而准确地辨认出标志形状和文字、字符图案，从而可以及时掌握交通信息和采取相应措施。因此，要求交通标志有良好的视认性。决定视认性好坏的主要因素是标志的颜色、形状和字符图案，通常被称为交通标志的三要素。

1）颜色。我国安全色国家标准规定，红、蓝、黄、绿四种颜色为安全色，黑、白两种颜色为对比色。所谓安全色，是指表达安全信息含义的颜色，用以表示禁止、警告、指令、提示等意思，安全色的含义及用途见表 7-5；所谓对比色，是使安全色更加醒目的反衬色，关于对比色使用规定见表 7-6。

在交通标志中，一般是以安全色为主，以对比色为辅，按规定配合使用。其中，黑色用于安全标志的图案、文字和符号以及警告标志的几何图形；白色作为安全标志红、蓝、绿色的背景色，也可用于安全标志的文字和图形符号。

表 7-5　　安全色的含义及用途

颜色	含义	用途举例
红色	禁止 停止	禁止标志 停止信号；机器、车辆上的紧急停止手柄或按钮以及禁止人们触动的部位
	红色也表示防火	
蓝色	指令 必须遵守的规定	指令标志：如必须佩戴个人防护用具，道路上指引车辆和行人行驶方向的指令
黄色	警告 注意	警告标志 警戒标志：如厂内危险机器和坑池边周围的警戒线，行车道中线，机械上齿轮箱内部，安全帽
绿色	提示 安全状态 通行	提示标志：如车间内的安全通道，行人和车辆通行标志，消防设备和其他安全防护设备的位置

注：1. 蓝色只有与几何图形同时使用时才表示指令。

2. 为了不与道路两旁绿色树木相混淆，交通上用的指示标志为蓝色。

表 7-6　　对比色使用规定

安全色	相应的对比色	安全色	相应的对比色
红色	白色	黄色	黑色
蓝色	白色	绿色	白色

2）形状。道路交通标志应选择简单、明快的形式，以便易于辨认。研究发现，同面积几何体的视认性因其几何形状的不同而不同。在一般情况下，具有锐角的物体外形容易辨认。在同等面积、同样距离、同样照明条件下，容易识别的外形顺序是三角形、菱形、长方形、圆形、正方形、五边形、六边形。我国交通标志的基本形状有矩形、长方形、圆形、三角形等几种。指示、指路和辅助标志因要标以文字说明、图像符号等，故采用长方形或正方形。警告标志主要目的是为了引起驾驶员注意，应当比较醒目、容易辨认，因此选用视认性最好的三角形。虽然圆形易见性较低，但在同样条件下，圆形内的字符图案显得大一些，看起来更清楚，且圆形比其他形状如矩形、长方形和三角形等易于区别，故选用圆形带斜杠作为禁令标志。交通标志的形状要根据易见性和使用习惯来确定，不得随意更改、替换。交通标志的图形及其含义见表 7-7。

表 7-7　　交通标志图形及其含义

图形	含义	图形	含义
圆加斜线	禁止	圆	指令
三角形	警告	方形和矩形	提示

3）字符图案。交通标志中，以颜色和形状表示标志的种类，以字符和图案直接表示标志的具体内容。图案设计要简单明了，与客观事物尽可能相似。同时表示不同客观事物的图案要有明显区别，以便于驾驶人员在车速快、辨认时间短的情况下能准确识别。投影图案具有简单、清晰、逼真的特点，从远处观察视认性好，所以交通标志图案一般使用投影图案。

交通标志所用的符号也必须具有简单、易认、意义明确和不受文化程度局限等特点。在规定符号所代表的意义时，要考虑其直观性和符号的单义性，要符合人们在日常生活中的思维习惯，使人们容易理解。

虽然图案和符号具有较强的视认性，但文字也是交通标志不可缺少的部分，因为有些内容不可能用图案和符号来表达清楚，文字表达应力求简洁明了。《道路交通标志和标线》（GB 5768—2017）中规定，道路交通标志的文字应书写规范、正确、工整；根据需要，可并用汉字和其他文字；当标志上采用中英两种文字时，地名用汉语拼音，专用名词用英文。

除以上三种基本类型外，道路交通标线还包括用以指示道路方向、车行道边界的轮廓标和固定于路面上起标线作用的突起标记块（突起路标）。

（2）道路交通标线设置的基本要求

1）道路交通标线的颜色。道路交通路面标线一般采用白色和黄色两种，以白色为主。因为白色比较醒目，尤其是在沥青道路的色度对比下，视认效果最好。黄色标线对光的反射性比白色标线低53%，在有雾的情况下与白色标线相比，黄色标线可见性要减少1/5，黎明和黄昏时也会明显减少可见性，驾驶员不易区分允许超车和禁止超车区段的差别。但采用黄色标线可弥补白色标线的单调缺陷，白色的单一色调容易使长途行驶的驾驶员感觉疲劳，增加黄色标线可起到颜色鲜明、对比强烈的效果，能满足视觉的基本特性要求。总体来说，白色为指示、控制意义，黄色为禁止、警告意义，特殊需要也可采用红色。缘石标线一般用黄色，也有用红色、白色的；立面标记采用黑白、黑黄或红黄相间的条纹。为提高夜间的视认性，标线可根据需要采用反光标线，立面标记可加设照明、闪光灯等设备。

2）道路交通标线的宽度。道路交通标线的宽度有一个规定范围。一般来说，标线越宽越能起到强调作用，但并不需要过分加宽，因为这样不但会增加费用，而且会增加打滑的危险。国家标准《道路交通标志和标线》（GB 5768—2017）规定，纵向标线的宽度为10~15 cm，高速公路边缘线宽度规定为15~20 cm，一般采用下限值，在需要强调的地方可采用上限值。

驾驶员在行车中发现横向标线往往是由远至近，尤其在距横向标线较远的时候其视角范围很小，加上远小近大的原理，所以通常横向标线宽度要比纵向标线宽。一般横向标线宽度为20~40 cm，斑马线为40~45 cm。

3）标线实线与间隔长度比例。虚线是道路交通标线中不可缺少的组成要素之一。虚线中的实线段和间隔段的比例与车辆的行驶速度有直接关系。实线段与间隔距离太近，会造成闪现率过高而使虚线出现连续感，对驾驶员产生过分的刺激；但实线段与间隔距离太远，闪现率太低，就使驾驶员在行驶中获得的信息量太少，起不到标线应有的作用。

选择标线比例的时候，既要考虑驾驶员的心理生理指标，也要考虑尽量减小每公里标线面积的因素。在郊外公路上，闪现率不大于4次/s被认为是可以接受的，闪现率为2.5~3.0次/s时效果最佳；在城市道路上，闪现率在8次/s以下认为可以接受。

4）导向箭头。车辆在行驶过程中，驾驶员因受视线高度的限制和自身运动状态的影响，所看到的导向箭头的形状有很大的不同，有时会增加行车的危险性。因此，正确设置导向箭头，对提高驾驶员的认读速度和认读正确率具有非常重要的意义。

为寻求导向箭头的最佳形式，需要对各种直行、转弯、直行和转弯组合箭头进行比较。根据认读速度和错误率试验结果的统计分析，最终的箭头形式是根据试验结果的平均值来选用的。最好的箭头形式可归纳如下：最好的直行箭头的宽约为箭杆宽的4倍，箭头长度要比箭杆短，后掠式箭头和锥式箭头都是不好的；最好的转弯箭头的特征在很大程度上是由不对称的形式来显示方向的，其特征是保持箭头的转弯部分清晰。

4. 安全护栏

护栏是防止车辆驶出路外或闯入对向车道而沿着道路路基边缘或中央隔离带设置的一种安全防护设施，在高等级公路和城市道路上有着广泛的应用，是一种重要的交通安全设施。

早期的道路设计主要是针对道路本身，而对道路上附属的安全设施重视不够。然而在实际的驾驶行为中，驾驶员不仅要求有良好的路况及道路线形，同时还更需要一定的行车安全感。另外，随着汽车性能的日益改进，车速不断提高，越出路段外的事故越来越严重，使得道路设计者认识到需要分析路侧的潜在危险并改进其设计。于是，安全护栏得到了重视并获得了广泛的应用。

护栏的防撞机理是通过护栏和车辆的弹塑性变形摩擦、车体变位来吸收车辆碰撞能量，从而达到保护车内人员生命安全的目的。因此从某种程度上说，护栏是一种“被动”的交通安全设施。同时护栏还具有诱导驾驶员视线、限制行人横穿等功能。

（1）护栏的类别

按结构特点可分为轻型护栏和重型护栏两类。重型护栏的形式较多，一般分为刚性、半刚性及柔性三种。

1）轻型护栏。轻型护栏一般是由金属管栏杆和立柱组成的护栏结构，力学强度较低，不能阻止高速行驶车辆的冲撞，主要作用是限制行人通过。

2）重型护栏

①刚性护栏。刚性护栏是一种基本不变形的刚性护栏结构。它通过车轮转动角的改变，车体变位、变形及车辆与护栏、车辆与地面的摩擦来吸收碰撞能量。刚性护栏主要设置在需严格阻止车辆越出路外，会引起二次事故的路段。它对保障乘员安全性的要求略低。

②半刚性护栏。半刚性护栏是一种连续的梁柱结构。它通过车辆与护栏间的摩擦，车辆与地面间的摩擦及车辆、土基和护栏本身产生一定量的弹、塑性变形吸收碰撞能量，延长碰撞过程的作用时间来降低减速度，迫使失控车辆改变行驶方向，回复到正确的行驶方向，以确保乘员安全和减少车辆损坏。半刚性护栏主要设置在需要着重保护乘员安全的路段。

③柔性护栏。柔性护栏是一种具有较大缓冲能力的韧性护栏结构。缆索护栏是柔性护栏的主要代表形式。它是一种以数根施加初张力的缆索固定于立柱上面组成的结构，主要依靠缆索的拉应力来抵抗车辆的碰撞，吸收碰撞能量。

（2）护栏的安全功能

公路上的安全护栏，经正确设计应具备四大主要功能，即保护功能、隔离功能、缓冲功能和导向功能。

1）保护功能。正确设置安全护栏，应阻止车辆越出路外，保护路外建筑物的安全，确保行人免受重大伤害。应能使车辆回到正常行驶方向，车辆碰撞护栏的运动轨迹应能圆滑过渡，以较小的驶离角和较小的回弹量停留在不影响车辆正常行驶的地方，不致发生二次事故。

2）隔离功能。护栏与道路交通标线一样，都具有分隔同向或对向交通流的作用。可以有效阻止失控车辆穿越中央分隔带闯入对向车道。在城市道路的机动车道与非机动车道之间、机动车道与人行道之间采用护栏隔离，可有效保护非机动车和行人的安全，同时又可避免他们对机动车行驶造成干扰。在郊区，护栏还可以防止牲畜进入道路的行驶区域。

3）缓冲功能。护栏具有良好的吸收碰撞能量的功能。当汽车失控与护栏发生碰撞时，护栏可通过其自身的变形或破坏，减缓碰撞产生的冲击力，降低对驾驶员和乘客的伤害程度。

4）导向功能。沿着道路线形连续设置的护栏，能够对驾驶员起到良好的视线诱导作用，能预示有关道路的轮廓及前进方向的线形可以增加行车的安全性，使道路更加美观。

为了实现上述功能，防止车辆越出或冲断护栏，护栏必须具有一定的强度和刚度，抵挡车辆的冲撞。而从保护车内人员免受伤害或减轻伤害程度的角度考虑，则希望护栏刚度不要太大，要具有良好的柔性。

5. 防眩设施

驾驶员在夜间行车时，极易受到眩光的影响产生操作失误而导致事故。眩光是指在驾驶员视野前方出现极高的强光，使其视觉机能或视力降低，产生烦恼和不舒适的光照。它使驾驶员获得视觉信息的质量显著降低，造成视觉机能的损伤和心理的不舒适感觉，易使驾驶员产生紧张和疲劳，是发生交通事故的潜在因素。

防眩设施是指设置于中央分隔带上的防止夜间行车不受对向车辆前照灯眩目的构造物，主要包括防眩板、防眩网等，可有效消除对向车前照灯的眩光影响。

（1）防眩设施的形式

1）防眩板。防眩板是以方形型钢作为纵向骨架，把一定厚度、宽度的板条按一定间隔固定在方形型钢上而形成的一种防眩结构。防眩板这种形式之所以备受国内外公路界的欢迎，其主要优点是对风阻挡小、不易引起积雪、美观经济和对驾驶员心理影响小等。防眩板的设置主要有三种情况：①防眩板单独设置；②防眩板设置在波形梁护栏的横梁上；③防眩板设置在混凝土护栏上。

2）植树防眩。在中央分隔带上，植树是最先采用的防眩措施，它具有防眩、美化路容、降低噪声和诱导交通等多重功能。植树防眩特别适用于较宽的中央分隔带，作为道路总体景观的一部分，与自然环境相协调，给驾驶员提供了绿荫连绵、幽美舒适的行车环境。道路绿化是视野所及范围内行车的重要参照物。

（2）防眩设施设置的基本要求

1）有效地减小对向车前照灯的眩目。

2）对驾驶员的心理影响小（行车质量的影响、单调感等）。

3）经济性。

4）良好的景观（美观）。

5）施工简单，养护方便。

6）对风阻挡小，积雪少。

7）有效地阻止人为破坏和车辆损坏。

8）通视效果好。

（3）防眩设施的设置原则

我国推荐标准《公路交通安全设施设计细则》（JTG/T D81—2017）提出，高速公路、一级公路中央分隔带宽度小于 9 m 且符合下列条件之一者，宜设置防眩设施：

1）夜间交通量较大，且设计交通量中，大型货车和大型客车自然交通量之和所占比例大于或等于 15%的路段；

2）设置超高的圆曲线路段；

3）凹形竖曲线半径等于或接近于现行《公路工程技术标准》（JTG B01）规定的最小半径值的路段；

4）公路路基横断面为分离式断面，上下车行道高差小于或等于 2 m 时；

5）与相邻公路、铁路或交叉公路、铁路有严重眩光影响的路段；

6）连拱隧道出入口附近。

6. 视线诱导设施

视线诱导设施是一种沿车道两侧设置，用以指示道路方向、车行道边界及危险路段位置等设施的总称。视线诱导设施可在白天、黑夜诱导驾驶员的视线，表明道路轮廓，保证行车安全。

（1）视线诱导设施的分类

视线诱导设施按功能可分为轮廓标、分流合流诱导标、指示性或警告性线形诱导标三类，以不同的侧重点来诱导驾驶员的视线，使行车更趋安全、舒适。

1）轮廓标。轮廓标是设置于行车道边缘，用以指示道路线形轮廓的设施。其构造与路边构造物有关。当路边无构造物时，轮廓标为柱体独立设置于土路肩中；当路边有护栏、桥梁栏杆、侧墙等构造物时，轮廓标就附着于这些构造物的适当位置上。当道路处在经常有雾、阴雨、风沙、下雪和暴雨的地区，会给视认带来困难时，可尽量提高轮廓标的反射性能，如采用面积较大的反射器，并将轮廓标安装于波形梁护栏的立柱上。

2）分流或合流诱导标。分流或合流诱导标是指设置于交通分流或合流区段的设施。它可以引起驾驶员对高速公路或城市快速路进、出口匝道附近的交织运行的注意。分、合流诱导标是以反射器制作符号粘贴在底板上的标志，其图案如图 7-3 所示。高速公路诱导标的底色为绿色，其他公路为蓝色，诱导标的符号均为白色。汽车在高速公路上行驶，在分、合流诱导标的诱导下，无论在白天还是黑夜，驾驶员可以非常清楚地辨认交通流的分、合流情况。

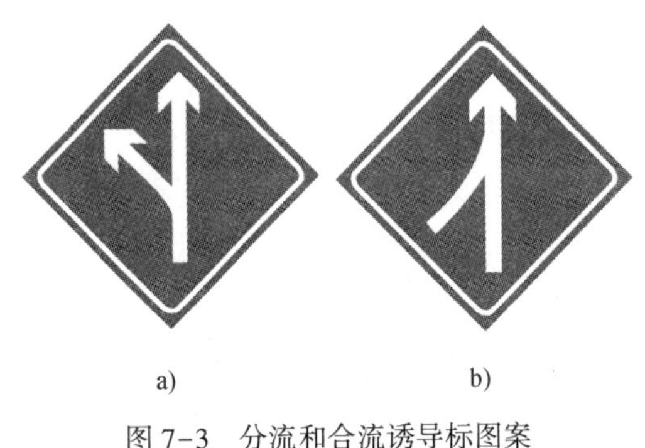

a)　　　　b)

图 7-3　分流和合流诱导标图案

a）分流诱导标　b）合流诱导标

3）线形诱导标。线形诱导标是指设置于急弯或视距不良路段，用来指示道路改变方向，或设置于施工、维修作业路段，用来警告驾驶员注意改变行驶方向的设施。线形诱导标又分为指示性线形诱导标和警告性线形诱导标两种。

线形诱导标的颜色规定为：指示性线形诱导标一般道路为蓝底白图案，高速公路为绿底白图案，用以提供一般性行驶指示；警告性线形诱导标为红底白图案，可使车辆驾驶人提高警觉，并准备防范应变的措施。

只有一个箭头的线形诱导标称为基本单元，可以单独使用，也可以把几个基本单元组合使用，如图 7-4 所示。

（2）视线诱导设施形式的选择

视线诱导设施形式的选择，应根据道路的线形情况、照明的配置及交通流向情况，充分考虑各种视线诱导设施的效果、经济性、美观及与道路环境协调等因素后确定。

1）路边轮廓标的形式选择，主要根据路侧的设施情况，采用附着式或立柱式的轮廓标。在一些气候恶劣地区，如经常有雾、风沙、阴雨、下雪、暴雨时，为了

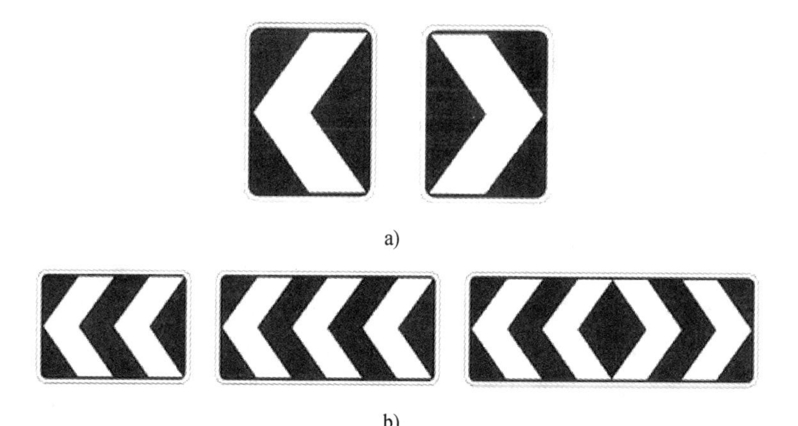

a)

b)

图 7-4　线形诱导标

a）基本单元　b）组合使用

使轮廓标更加显眼，可以采用较大尺寸的反射器。

2）分流或合流诱导标，应根据交通流情况选择。

3）在急弯或视距不良路段可采用指示性诱导标，在道路施工或维修作业等需临时改变行车方向的路段可采用警告性诱导标。

第五节　道路交通事故案例分析

一、8·26 包茂高速特大交通事故

1. 事故经过

2012 年 8 月 26 日凌晨，陕西延安境内的包茂高速公路化子坪服务区南出口 73 米处发生特大交通事故，一辆车牌号为蒙 AK1475 的双层卧铺客车和一辆车牌号为豫 HD6962 的罐车（装有甲醇）追尾，造成 36 人死亡、3 人受伤。

当天 19 时 3 分，河南孟州市汽车运输有限责任公司的一辆重型半挂货车在装载 30 多吨甲醇后，前往陕西韩城，车辆由司机闪某、张某轮换驾驶。这辆货车核定载货 33. 5 吨，但实际装载了 35. 22 吨甲醇，超载 1. 72 吨。

第二天 2 时 29 分，司机闪某驾驶重型半挂货车从服务区出发，违法越过出口匝道导流线驶入包茂高速公路第二车道。而在此时，卧铺大客车正沿包茂高速公路在第二车道行驶至服务区路段。卧铺大客车在未采取任何制动措施的情况下，正面

追尾碰撞货车。碰撞致使货车内的大量甲醇泄漏，也造成客车内电气设备短路，产生的火花引发爆燃起火，大火迅速引燃货车和大客车，并沿甲醇泄漏方向蔓延至附近高速公路路面和涵洞。

事故共造成大客车内 36 人死亡、3 人受伤，大客车报废，重型半挂货车、高速公路路面和涵洞受损，直接经济损失 3 160. 6 万元。

2. 事故分析

（1）直接原因

1）卧铺大客车驾驶人陈某遇重型半挂货车从匝道驶入高速公路时，本应能够采取安全措施避免事故发生，但因疲劳驾驶而未采取安全措施，其违法行为在事故发生中起重要作用，是导致卧铺大客车追尾碰撞重型半挂货车的主要原因。

2）重型半挂货车驾驶人闪某从匝道违法驶入高速公路，在高速公路上违法低速行驶，其违法行为也在事故发生中起一定作用，是导致卧铺大客车追尾碰撞重型半挂货车的次要原因。

（2）间接原因

1）呼和浩特市呼运（集团）有限责任公司客运安全管理的主体责任落实不力。未严格执行驾驶员落地休息制度，未认真督促事故大客车在凌晨 2 点至 5 点期间停车休息；开展道路运输车辆动态监控工作不到位，对事故大客车驾驶人夜间疲劳驾驶的问题失察。

2）孟州市汽车运输有限责任公司危险货物运输安全管理的主体责任落实不到位。安全管理制度不健全，安全管理措施不落实；未纠正事故重型半挂货车驾驶人没有在公司内部备案、没有参加过安全教育培训等问题；未认真开展危险货物运输动态监控工作，对事故重型半挂货车未按规定配备两名合格驾驶人和超量装载危险货物等问题失察。

3）呼和浩特市交通运输管理部门道路客运安全的监管责任落实不到位。组织开展道路客运市场管理和监督检查工作不力，对落实车辆动态监控工作的情况督促检查不到位；组织开展道路运输行业安全监管工作不到位，对履行监管职责的情况督促检查不到位。

4）焦作市交通运输管理部门危险货物道路运输的监管责任落实不到位。组织开展危险货物道路运输管理和监督检查工作不力，未认真督促孟州市汽车运输有限责任公司整改安全管理制度不健全和安全管理措施不落实等问题；指导孟州市道路运输管理部门开展危险货物道路运输管理工作不力，对存在的安全隐患督促检查不到位；组织开展危险货物道路运输监督检查工作不到位，对履行监管职责的情况督促检查不到位。

5）延安市、呼和浩特市、孟州市公安交通管理部门道路交通安全的监管责任落实不到位。对包茂高速安塞服务区出口加速车道的通行秩序疏导不到位，对车辆违法越过导流区进入高速公路主线缺乏有效管控措施；开展客运车辆及驾驶人交通安全教育工作存在薄弱环节，对客运车辆及驾驶人的违法行为监管不到位；开展危险货物运输车辆及驾驶人排查建档、安全教育等工作存在薄弱环节，对危险货物运输车辆及驾驶员的违法行为监管不到位。

3. 事故预防

（1）高度重视道路交通安全工作

要结合实际，抓紧制定并落实本地区实施相关文件中新制度、新措施的可操作性意见和办法，明确细化责任分工方案，确保道路运输企业安全生产主体责任、部门监管责任、属地管理责任、道路交通安全工作目标考核和责任追究制度等落到实处。要切实改进道路交通安全监管的手段和方法，建立由道路交通安全工作联席会议等机构牵头协调的工作机制，形成工作联动、数据共享、联合执法的道路交通安全工作合力。

（2）进一步加强长途卧铺客车安全管理

要结合本地区实际，认真研究制定切实有效的长途卧铺客车安全管理措施，督促运输企业切实履行交通安全主体责任。要严格客运班线审批和监管，加强班线途经道路的安全适应性评估，合理确定营运线路、车型和时段，严格控制 1 000 公里以上的跨省长途客运班线和夜间运行时间。要加大对现有长途客运车辆的清理整顿，对于不符合安全标准、技术等级不达标的，要坚决停运并彻底整改。要督促道路客运企业严格落实长途客运车辆凌晨 2 时至 5 时停止运行或实行接驳运输制度，充分利用车辆动态监控手段加大对车辆的监督检查力度，督促运输企业严格落实长途客运驾驶人停车换人、落地休息等制度，杜绝驾驶人疲劳驾驶。

（3）进一步加强危险化学品运输安全管理

要督促危险化学品运输企业认真履行承运人的义务和职责，建立健全安全管理制度，根据化学品的危险特性采取相应的安全防护措施，并在车辆上配备必要的防护用品和应急救援器材，进一步完善应急预案，有针对性地开展不同条件下的应急预案演练活动；充分利用危险化学品运输车辆动态监控系统，加强对危险化学品运输车辆的管理，严禁危险化学品运输车辆在高速公路上低速行驶、随意停靠。要对全省危险化学品运输车辆进行全面排查和清理整顿，禁止任何形式的挂靠车辆从事危险化学品道路运输经营行为；用于运输易燃易爆危险化学品的罐式车辆不符合相关安全技术标准、生产一致性要求的，要积极联系生产企业进行改造。要建立驾驶人驾驶资质、从业资质、交通违法、交通事故等信息的共享联动机制，加强对危险化学品运输车辆驾驶人的动态监管。

（4）加大道路路面秩序巡查力度

要继续强化路面秩序管控，严把出站、出城、上高速、过境“四关”，对7座以上客车、旅游包车、危险品运输车实行“六必查”，坚决消除交通安全隐患，严防发生重特大道路交通事故。要加强高速公路日常巡查监管力度，针对高速公路重点交通违法行为进行专项研判，提前优化警力部署，提升工作成效。要因地制宜，在高速公路服务区等处设立临时执勤点，加强交通流量集中路段的巡逻，严查严纠违法占道、疲劳驾驶、超速超载、高速公路上下客等各类严重交通违法行为。要严格执行有关客运车辆夜间安全通行方面的新要求，科学调整勤务，改进执勤执法方式，完善交通管理设施，并督促指导运输企业相应调整动态监控系统设定的行驶速度预警指标，确保夜间客运车辆按规定运行。

（5）着力提升道路运输行业从业人员教育管理水平

要高度重视道路运输行业从业人员的安全教育培训工作，采用案例教育等多种形式，不断提高从业人员的安全意识、法治意识、责任意识和技能水平。要按照相关要求督促道路运输企业建立驾驶人安全教育、培训及考核制度，定期对客运驾驶人开展法律法规、技能训练、应急处置等教育培训，并对客运驾驶人教育与培训的效果进行考核。危险化学品道路运输企业还应当针对危险化学品的性质，强化驾驶人员和押运人员的应急演练，确保驾驶人员、押运人员在事故发生后及时采取相应的警示措施和安全措施，并按规定及时向当地公安机关报告。要督促运输企业建立驾驶员档案，定期进行考核，及时了解掌握驾驶员状况，严禁不具备相应资质的人员驾驶机动车辆。

（6）尽快完善道路交通安全法律法规和技术标准

要适应道路交通安全管理工作的实际需求，进一步完善罐式危险化学品运输车辆的技术标准和规范，提高危险化学品运输车辆后下部防护装置的强度，优化车辆罐体阀门等装置的连接方式，提升罐式危险化学品运输车辆的被动安全性。要进一步完善高速公路技术标准体系，结合实际情况对高速公路服务区出口加减速车道长度、导流区物理隔离设施设置标准等内容进行适当修订和细化。要借鉴剧毒化学品和爆炸品运输相关管理措施，研究进一步加强易燃危险化学品运输管理的综合措施。要进一步完善道路运输车辆动态监管机制，尽快出台动态监管工作管理办法，明确车辆动态监控系统的使用管理规定，加强对道路运输企业的指导和管理。

二、11·3兰新高速兰州南事故

1. 事故经过

2018年11月3日19时21分，李某驾驶辽AK4481号重型半挂载重牵引车，沿兰海高速公路由南向北行驶，经17公里长下坡路段行驶至距兰州南收费站50米处，以116 km/h的时速与兰州南收费广场内正在行进的甘N25856重型仓栅式货车发生碰撞，随后连续与正在等待收费的13辆车直接碰撞，并导致周围18辆车相互碰撞。事故发生时，肇事车辆装载的货物全部甩出，其中起重机副臂上节臂直接砸中一辆小型普通客车，造成小型普通客车内10人全部当场死亡；在其他散落物和车辆碰撞的共同作用下，造成4辆小轿车内5人当场死亡。事故共造成15人死亡，45人不同程度受伤。

2. 事故分析

（1）直接原因

1）肇事车辆技术状况不良。肇事车辆的半挂车制动系统不符合安全技术标准且制动储气筒接头处有漏气隐患。

2）肇事车辆驾驶人操作不当。在长下坡路段，驾驶人未按交通标志提示采用低档低速行驶，而是超速行驶且频繁使用制动，致使牵引车及挂车制动器发热，整车制动距离加大，制动效能减弱，失灵直至失效。

3）肇事车辆驾驶人采取应急措施不当。肇事车辆驾驶人从发现制动失灵至事故发生行驶约10公里，经过4处避险车道均未驶入避险，也未采取报警求助等其他应急处置措施。

（2）间接原因

1）沈阳建华新物流有限责任公司（牵引车所属公司）未认真履行企业安全生产主体责任，未严格落实安全管理职责，对挂靠车辆长期挂而不管，安全教育培训管理缺失，导致挂靠车辆车主及驾驶人安全意识淡薄。

2）吉林市意通物流有限责任公司（半挂车所属公司）未认真履行企业安全生产主体责任，未严格落实企业安全管理职责，公司安全管理流于形式，驾驶人安全教育培训缺失，对挂靠车辆只收取管理费，挂车管理严重失管失控。

3）海南鑫捷通物流有限公司（托运人）未履行运输合同约定的安全责任，未按照承载货物的重量选择承运车辆；对员工安全教育管理不严。

（3）路况原因

兰临高速17公里长下坡路段本身就容易发生货车失控引发的重特大道路交通

事故，如果有失控的大货车冲了下来，正好又碰上了停在这里等待进城的大货车，那么发生群死群伤的交通事故就在所难免了。据统计，自 2004 年 12 月底开通至 2013 年 6 月 15 日，兰临高速新七道梁长下坡路段共有 240 辆车辆失控，造成 42 人死亡，55 人受伤。其中失控车辆冲入兰州市区引发事故 18 起，造成 31 人死亡，36 人受伤。仅仅 2012 年，长下坡路段共发生 55 起失控事故，造成 9 人死亡。

3. 事故预防

（1）车辆分道行驶和限行

该路段左侧车道为客车道，中间车道为客货车道，右侧车道为应急车道。货运车辆应当在客货车道行驶，严禁货运车辆驶入左侧车道，严禁货运车辆超车，严禁占用应急车道。该路段南北双向禁止运输不可解体的超限运输车辆和危化品运输车辆通行。

（2）严格控制车速和车距

机动车在该路段行驶不得超过限速标志标明的速度。客货车道限速 70 公里/小时，客车道限速 100 公里/小时；七道梁隧道内客货车道限速 50 公里/小时，客车道限速 60 公里/小时。机动车在该路段行驶时，与前车最小距离不得少于 50 米，严格控制车速和车距。

（3）加强路面管控和应急管理

途经该路段的所有重型货车必须自觉驶入七道梁隧道出口处的公安检查站，接受安全检查。公安机关发现不按规定车道行驶、超速行驶、未保持安全车距等交通违法行为，一律依法从重处罚。大型货车发生制动失灵等故障，须立即采取有效避险措施并报警求助，相关部门应当立即采取应急措施。

三、6·13 温岭槽罐车爆炸事故

1. 事故经过

2020 年 6 月 13 日 16 时，位于浙江台州温岭市的沈海高速公路温岭段温州方向温岭西出口下匝道发生一起液化石油气运输槽罐车重大爆炸事故，造成 20 人死亡，175 人入院治疗，其中 24 人重伤，直接经济损失 9 477. 815 万元。

2. 事故分析

（1）直接原因

驾驶员谢某驾驶车辆从限速 60 公里/小时路段行驶至限速 30 公里/小时的弯道路段时，未及时采取减速措施，导致车辆发生侧翻，罐体前封头与跨线桥混凝土护栏端头猛烈撞击，形成破口，在冲击力和罐内压力的作用下快速撕裂、解体，罐体内液化石油气迅速泄出、汽化、扩散，遇过往机动车产生的火花爆燃，最后发生蒸气云爆炸。

（2）主要原因

瑞安市瑞阳危险品运输有限公司及叶某等主要负责人无视国家有关危化品运输的法律法规，未落实 GPS 动态监管、安全教育管理、电子路单如实上传等安全生产主体责任，存在车辆挂靠经营等违规行为，是事故发生的主要原因。

（3）管理原因

GPS 监管平台运营服务商违规帮助运输公司逃避 GPS 监管、电子路单上传主体责任，行业协会未如实开展安全生产标准化建设等级评定，事故匝道提升改造工程业主、施工、监理单位在防撞护栏施工过程中未履行各自职责，是事故发生的管理原因。

3. 事故预防

（1）聚焦突出问题和薄弱环节，强化全链条、全生命周期安全监管，扎实推进危化品全生命周期安全整治

在生产环节重点推进城镇人口密集区危化品生产企业搬迁改造；在储存环节对涉及硝酸铵、硝酸胍、氯酸铵等爆炸危险性化学品企业开展全覆盖的检查整治，所有储存场所完成定量风险评估；在使用环节实施分类管理，重点使用企业落实安全评价和整改确认，一般使用企业加强安全管理，切实消除易造成群死群伤的安全隐患；在处置环节建立危险废物全过程监管体系，形成危险废物重大案件部门联动、区域协作、会商督办机制。

（2）加强危化品运输环节的管理

各地各有关部门要紧盯“人、车、路、企业”等要素，切实消除安全隐患，坚决遏制事故多发易发势头。要严格企业准入，深化危化品运输企业分级评定工作，根据评定等级实施分类管理。要严格违法处罚，严厉查处运输企业在动态监控、安全管理人员配备、安全制度落实等方面违反安全生产法律、法规的行为；严厉查处运输车辆交通违法行为；严厉处罚承运、托运、装卸危化品违法行为。同时，加快推进危化品运输行业安全发展长效机制建设，并加快推动危化品运输企业安全转型。此外，要完成全部危化品运输车辆加固改造。

（3）加强危化品运输保障

科学统筹和规划危化品运输物流结构，配套完善危化品运输设施，切实保障全省危化品物流大通道安全，设有“专区”的县域全部建设危化品运输车辆专用停车场，完成危化品运输重点路段安全设施改造提升工作，高速公路配套危化品运输

车辆专用停车位应增加20%以上。应急管理部门还将与省内各部门协作，全面提升危化品运输协同监管能力。

（4）在法律法规层面切实保证危化品运输安全

修订完善相关法规和标准。修订《道路运输条例》，提出道路危险货物运输管理相关要求。出台并实施《危险货物道路运输安全管理办法》，从车辆、道路、人员、企业、检验检测、监管体系、管理机制等方面提出加强管理的规定，推动建立在省内运营的危化品运输车辆长效安全管理机制。另外，危化品运输车辆和罐体的相关质量和安全标准提升工作也将进行。

（5）推动危化品运输安全社会共治工作

强化宣传引导、保险服务、信用管理、协作自治等机制建设，加大工作力度，完善危化品运输安全社会共治体系；推动设有化工园区和危化品进出口港区的县域建立危化品运输行业安全协作社会组织，积极发挥政策咨询、技术研究、教育宣传等作用，提升行业自治能力。

本章小结

本章介绍了道路交通安全工程的主要内容，阐述了道路交通事故的特点、表现形式，以及动能突破系统的安全屏蔽而导致交通事故发生的机理，说明防止交通事故，保障交通安全，就是要求人、车、道路环境三要素均安全可靠。为了减少人的失误，需要改善驾驶人员的安全驾驶习惯、保持正常体能，加强驾驶中对交通状况的观察，恰当运用灯光和喇叭，正确使用安全带、儿童座椅、防滑链、安全锤等车上的安全设施，要文明驾驶。为了避免车辆的故障，需要提高车辆的动力性、制动性、操纵稳定性等主动安全性指标，需要确保汽车安全部件，如车身结构、安全带、气囊、吸能式转向柱、座椅、头枕及内饰件等被动安全设施的功能。为了杜绝环境的不良，一方面要在道路线形设计、纵断面设计、横断面设计、交叉口设计中充分考虑安全空间和容错能力，另一方面要正确布设交通信号和交通安全设施（主要包括信号灯、交通标志、安全护栏、防眩设施、视线诱导设施等），保证行车安全，防止交通事故，减轻交通事故后果。

复习思考题

1. 简述道路交通事故的特点、表现形式。

2. 结合道路交通事故案例，说明两类危险源是如何共同作用，导致能量意外释放的。

3. 结合交通安全的实例，说明“防止交通事故，保障交通安全，就是要求人、车、道路环境三要素均安全可靠”。

4. 简要说明安全驾驶的基本要求。

5. 简要说明行车观察的基本要求。

6. 为什么操作稳定性是车辆的主动安全性指标？

7. 说明安全带对于交通安全的重要作用。

8. 简述交通安全对道路设计构造的基本要求。

9. 说明道路交通设施的类别及其作用。

10. 简要说明交通信号灯的分类及效力。

参考文献

［1］王凯全．安全工程概论［M］．北京：中国劳动社会保障出版社，2010.

［2］王凯全．安全系统学导论［M］．北京：科学出版社，2019.

［3］周世宁，林柏泉，沈斐敏．安全科学与工程导论［M］．徐州：中国矿业大学出版社，2005.

［4］何学秋．安全科学与工程［M］．徐州：中国矿业大学出版社，2008.

［5］袁雄军，毕海普，刘龙飞．化工安全工程学［M］．北京：中国石化出版社，2018.

［6］邵辉，毕海普，邵小晗．安全风险分析与模拟仿真技术［M］．北京：科学出版社，2018.

［7］徐宝成．企业危险化学品事故预防及应急处置［M］．哈尔滨：黑龙江人民出版社，2008.

［8］吴庆洲．建筑安全［M］．2版．北京：中国建筑工业出版社，2021.

［9］王鸿鹏，李小军．建筑施工安全技术手册［M］．武汉：华中科技大学出版社，2008.

［10］武明霞．建筑安全技术与管理［M］．北京：机械工业出版社，2007.

［11］杨文柱．建筑安全工程［M］．北京：机械工业出版社，2004.

［12］唐山市建筑工程施工安全监督站．建筑工程安全生产实用手册［M］．北京：中国建筑工业出版社，2007.

［13］王学谦．建筑防火［M］．3版．北京：中国建筑工业出版社，2015.

［14］马贤智．机械安全基本概念与设计通则应用指南［M］．北京：中国计量出版社，1996.

［15］叶军献．建筑起重机械安全管理手册［M］．北京：科学技术文献出版社，2011.

［16］杨新华. 起重事故原因分析与起重机安全技术检验［J］. 工业安全与防尘，1995（3）：34-35.

［17］罗一新. 我国机械安全的现状及其对策［J］. 中国安全科学学报，2004，14（5）：92-94.

［18］汪永华. 建筑电气［M］. 2版. 北京：机械工业出版社，2018.

［19］崔政斌，石跃武. 用电安全技术［M］. 2版. 北京：化学工业出版社，2009.

［20］周南星. 实用电工技术问答［M］. 2版. 北京：中国水利水电出版社，2012.

［21］刘介才. 工厂供电［M］. 6版. 北京：机械工业出版社，2016.

［22］沈斐敏. 道路交通安全［M］. 北京：机械工业出版社，2007.